新达内·零基础玩转DeepSeek系列丛书

零基础玩转 DeepSeek 秒懂Linux操作系统

张韶维　总策划
牛　犇　赵瑞杰　编　著

中国水利水电出版社
www.waterpub.com.cn
·北京·

内 容 提 要

《零基础玩转 DeepSeek：秒懂 Linux 操作系统》是一本专为 Linux 初学者和希望快速提升技能的读者量身打造的实用指南。本书从 Linux 操作系统的基本操作入手，逐步深入到系统安装、目录结构、文件管理、用户权限、磁盘分区、网络配置等核心内容，以通俗易懂的语言和生动的案例，全面解析了 Linux 操作系统的内核原理、核心命令及实际应用，同时结合 AI 工具 DeepSeek 的强大功能，展示了如何利用智能化手段简化复杂的系统操作，帮助读者轻松掌握系统管理、网络配置、脚本编程等关键技能。

无论你想成为 Linux 系统管理员、DevOps 工程师，还是在云计算、AI 等领域深耕的技术人员，本书将成为你掌握专业技能的得力助手。跟随本书，开启你的 Linux 与 AI 融合之旅，轻松玩转 Linux 操作系统，成为技术达人！

图书在版编目（CIP）数据

零基础玩转 DeepSeek. 秒懂 Linux 操作系统 / 牛犇，赵瑞杰编著 . -- 北京 ： 中国水利水电出版社，2025. 5.
ISBN 978-7-5226-3399-2

Ⅰ . TP18 ； TP316.85

中国国家版本馆 CIP 数据核字第 20252MA860 号

书　　名	零基础玩转 DeepSeek： 秒懂 Linux 操作系统 LINGJICHU WANZHUAN DeepSeek: MIAODONG Linux CAOZUO XITONG
作　　者	牛犇　赵瑞杰　编著
出版发行	中国水利水电出版社 （北京市海淀区玉渊潭南路 1 号 D 座　100038） 网址：www.waterpub.com.cn E-mail：zhiboshangshu@163.com 电话：（010）62572966-2205/2266/2201 （营销中心）
经　　售	北京科水图书销售有限公司 电话：（010） 68545874、 63202643 全国各地新华书店和相关出版物销售网点
排　　版	北京智博尚书文化传媒有限公司
印　　刷	河北文福旺印刷有限公司
规　　格	170mm×240mm　16 开本　17 印张　267 千字
版　　次	2025 年 5 月第 1 版　2025 年 5 月第 1 次印刷
印　　数	0001—8000 册
定　　价	59.80 元

序言

FOREWORD

在物联网、边缘计算与数字孪生技术蓬勃发展的今天，Linux 操作系统早已超越了传统服务器领域的边界，成为支撑万物互联时代的核心技术底座。从智能工厂的工业控制节点，到智慧城市的边缘计算终端，再到数以百亿计的物联网设备，Linux 操作系统以其开源基因、稳定性和可定制性，构建了数字经济时代最坚实的技术基础设施。然而，面对复杂的命令行体系与系统架构，许多怀揣技术梦想的从业者常常在入门阶段便望而却步，这也导致产业界长期面临 Linux 技术人才的结构性短缺。《零基础玩转 DeepSeek：秒懂 Linux 操作系统》的出版，恰逢其时地为这一难题提供了破局之道 —— 它不仅是一本技术教程，更是一座连接技术理论与产业实践的桥梁，为物联网、云计算等前沿领域的人才培养开辟了新路径。

作为深耕物联网产业多年的从业者，我始终认为：技术普及的核心在于打破“认知壁垒”与“应用壁垒”。本书的最大价值，在于以“双重破壁”的姿态重构了 Linux 操作系统的学习范式。一方面，作者通过通俗化的语言体系与生活化的案例类比，将晦涩的内核原理转化为具象化的认知框架，让零基础读者能够轻松跨越命令行的心理障碍；另一方面，书中融入的 AI 工具 DeepSeek，实现了从“被动接受知识”到“主动探索实践”的学习模式升级。这种“技术原理 + 产业场景 + 智能辅助”的三维度教学，正是破解“学用脱节”难题的关键。职业教育的本质是“为产业育人才”，而本书在实战案例的设计上展现出鲜明的产业导向性。这种“产业问题进教材，解决方案出课堂”的编写理念，让本书成为物联网开发者不可多得的“案头手册”。

特别值得关注的是，本书对“开源精神”与“产业创新”的双重诠释。Linux 操作系统的发展本身就是开源协作的典范，而书中倡导的“借助 AI 工具提升技术效能”，正是对开源精神的当代延伸。当读者通过 DeepSeek 理解 chroot 环境搭建的原理，或者掌握 Docker 容器化部署的最佳实践时，实际上也在培养一种“站在巨人肩膀上创新”的思维方式。这种思维方式的培养，远比掌握某个具体命令更有价值。本书的价值，不仅在于它提供了一套系统的 Linux 操作系统知识图谱，更在于它构建了一个“产业需求驱动学习，智能工具赋能成长”的良性生态 —— 让零基础从业者能够沿着清晰的路径入门，让技术骨干在 AI 辅助下突破能力瓶颈，让产业界获得更符合实战需求的人才储备。

我衷心推荐这本书给所有致力于数字技术领域深耕的读者，无论你是初创企业的开发者、传统企业数字化转型的技术骨干，还是高校相关专业的学生，本书中的 AI 辅助学习模式、产业级实战案例与系统化知识框架，都能为你打开一扇通往 Linux 操作系统核心技术的大门。更重要的是，它将教会你一种面向未来的技术学习方式 —— 不是孤立地记忆命令，而是学会将 Linux 操作系统技术与物联网、云计算等产业场景深度结合，在解决真实产业问题的过程中实现能力的跃迁。这正是技术教育服务于产业创新的最高境界。

王正伟

国家物联网产业联盟副理事长

中关村物联网产业联盟秘书长

前言 PREFACE

Linux 操作系统的故事始于 1991 年，当时一位名叫林纳斯·托瓦兹（Linus Torvalds）的芬兰大学生，出于对 UNIX 系统的热爱和对现有操作系统的不满，开始着手开发一个自己的操作系统内核。他将自己的作品发布到了互联网上，很快便吸引了全球各地开发者的关注。在大家的共同努力下，这个原本只是个人项目的内核逐渐成长为一个完整的操作系统，并被命名为 Linux。

AI：技术革命的新浪潮

人工智能（AI）作为技术革命的新浪潮，正以前所未有的速度改变着我们的世界。从智能家居到自动驾驶，从医疗诊断到金融分析，AI 技术正渗透到我们生活的方方面面。AI 刚刚开始，就已经翻天覆地。

Linux 操作系统与 AI 的融合：技术的新篇章

当 Linux 操作系统与 AI 工具相遇时，一场技术的新篇章就此开启。Linux 操作系统为 AI 工具提供了稳定、高效的运行环境，而 AI 工具则赋予了 Linux 操作系统更加智能、强大的功能。无论是机器学习、深度学习，还是自然语言处理，Linux 操作系统都提供了丰富的资源和工具来支持这些 AI 技术的应用。

本书的读者对象

本书专为初学者打造，主要适合人群如下：

行业从业者：对于那些已经在互联网行业工作，但需要进一步提升 Linux 操作系统管理与服务知识的从业者来说，本书是一本实用的进阶指南。它将助力您更好地应对工作中的技术挑战，提升专业能力。

教育工作者：本书可作为教学辅助资料，为教育工作者提供丰富的教学内容和案例。它能够帮助教师向学生传授 Linux 操作系统的管理与服务知识，激发学生的学习兴趣，助力教学活动的开展。

技术爱好者：对于那些对系统技术与网络服务有着浓厚兴趣的读者，本书是一份实用的指南。它将带领您深入探索 Linux 操作系统的管理与服务，满足您对技术知识的渴望，拓宽您的技术视野。

本书特点

语言通俗易懂：本书以浅显易懂的语言深入剖析复杂的 Linux 概念与技术细节，让读者能够轻松理解并迅速上手。同时，书中运用生活化的实例，有效降低了理解难度，使读者在熟悉的情境中轻松掌握知识。

AI 融合赋能：本书创新性地融入 DeepSeek 等 AI 工具，将其贯穿于 Linux 学习的各个环节。借助 AI 的强大能力，读者可以更高效地掌握命令行操作、系统配置以及故障排查等技能，显著提升学习效率，同时享受智能化学习带来的便捷与乐趣。

实战案例丰富：本书通过大量精心设计的实战案例，如虚拟机安装、网络服务配置、磁盘管理以及 Shell 脚本编写等，为读者提供了丰富的实践机会。详细的操作演示与深入的讲解，帮助读者在实践中巩固所学知识，切实提升实际操作能力。

内容取其精华：本书聚焦于 Linux 操作系统管理与 Shell 脚本编写的核心知识点，去粗取精，直击重点。语言简洁明了，避免冗余，旨在帮助读者高效掌握 Linux 操作系统使用与 Shell 脚本编写的关键技能，快速提升实战水平。

目录

CONTENTS

第 1 章　AI 赋能 Linux 操作系统基础

第 2 章　AI 赋能 Linux 操作系统管理

第 3 章 AI 赋能 Linux 网络配置

第 4 章 AI 赋能 Linux 操作系统安全

第 1 章　AI 赋能 Linux 操作系统基础

1.1 Linux 操作系统简介

1.1.1 操作系统概述

操作系统（Operating System，OS）是管理计算机硬件与软件资源的系统软件，它是用户与计算机硬件之间的接口。操作系统的核心功能包括处理机管理、存储器管理、设备管理、文件管理以及用户接口等，它确保计算机系统的各部分能够协调、高效地工作。

除了上述核心功能外，操作系统还可以提供其他服务，如网络通信、安全性管理、多媒体支持等。操作系统的种类也很多，包括 Windows、Linux、macOS 等，它们各自有不同的特点和适用场景。

总的来说，操作系统是计算机系统中不可或缺的一部分，它使得计算机能够更加方便、高效、安全地运行各种应用程序和处理各种任务。

其实操作系统是一个很大的概念，如果想更详细地了解什么是操作系统。可以通过 DeepSeek 用通俗易懂的语言介绍。

提问：

> 利用通俗易懂的语言介绍什么是操作系统

解答：

> 操作系统就像电脑的“大管家”或“交通指挥员”。它主要做两件事：
>
> 1. 管理硬件资源
>
> 例如，你打开游戏时，操作系统会快速安排内存（像给游戏分配专属座位）、协调 CPU（像指挥交通，让游戏程序优先通行）、管理硬盘（像整理仓库，快速找到游戏文件）。
>
> 2. 搭建软件平台
>
> 它让所有软件（如微信、浏览器）能“踩在”操作系统上运行，就像给软件铺了

一条高速公路。同时提供桌面、文件夹等界面，让你轻松点几下就能用这些软件。

举个生活中的例子

就像你办一场音乐会：

操作系统负责安排座位（内存分配）、协调乐队上场顺序（进程调度）、管理后台仓库（硬盘存储），还要确保音响灯光（硬件设备）正常运作。

而观众（用户）只需通过门票（界面）进场，享受音乐（使用软件）即可，无须关心后台怎么运作。

常见操作系统

Windows：像多功能瑞士军刀，适合办公、游戏。

手机系统：如 iOS（苹果）、Android（安卓），让你刷视频、点外卖超方便。

Linux：像严谨的工程师，常用于服务器或程序员定制系统。

总之，操作系统就是让电脑硬件和软件能默契配合、让你用得顺手的关键角色！

通过以上输出结果可以看到，DeepSeek 输出的内容很多，我们不用每句话都读懂，简单浏览一下，随着学习会慢慢理解操作系统的作用，这里重点体会 DeepSeek 的初步使用。

1.1.2 服务器

服务器是能够为其他计算机提供服务的更高级的电脑，如图 1.1 所示。

图 1.1

服务器中使用的操作系统就是 Linux。

1.1.3 Linux 操作系统概述

1970 年 1 月 1 日，UNIX 操作系统诞生。

1969 年，肯· 汤普森（Ken Thompson）、丹尼斯· 里奇（Dennis Ritchie）根据 MULTICS 项目的经验，开发了一个操作系统 UNICS，后改为 UNIX。UNIX 操作系统性能强大但价格昂贵且源代码不公开；随着计算机硬件性能的不断提升和市场的不断扩大，计算机科学领域迫切需要一个更加完善、强大、廉价且完全开放的操作系统。

因此，托瓦兹决定从头开始开发一个自由可用的类 UNIX 内核。他利用 UNIX 的核心思想，去除繁杂的核心程序，改写成适用于一般计算机的 x86

助学答疑

系统。1991 年 10 月 5 日，托瓦兹在 Usenet 新闻组上发布了一个帖子，宣布了他正在开发这个自由版本的 Unix-like 操作系统内核，并提供了源代码的下载链接。这个内核最初被称为 Freax，但很快就被更名为 Linux，以纪念托瓦兹和 UNIX 的结合。

Linux 操作系统诞生后就采用了开源许可模式，允许任何人自由地使用、修改和分发源代码。这种开源模式极大地促进了 Linux 操作系统的发展和普及。随着 Linux 操作系统内核的不断完善和发行版的不断涌现，Linux 操作系统已经成为全球范围内最流行的开源操作系统之一，广泛应用于各种领域和场景。它不仅为用户提供了高效、稳定、安全的计算环境，还为开发者提供了一个开放、自由、协作的创新平台。

1.1.4　Linux 操作系统版本

Linux 操作系统版本包括：

（1）红帽 Linux 企业版（Red Hat Enterprise Linux，RHEL）。

（2）社区企业操作系统（Community Enterprise Operating System，CentOS），现在已经停止更新。

（3）Rocky Linux，一个开源、免费的企业级操作系统，旨在与 RHEL 100% 兼容，正在社区的密集开发中。

以上三个 Linux 操作系统版本较为出众，其中 Rocky Linux 开源、免费且有着更丰富的软件包。本书主要以 Rocky Linux 9.5 版本进行讲解。Rocky Linux 与 CentOS、Red Hat 相差不多，但是与 Ubuntu 有区别。下面利用 DeepSeek 解析 Rocky Linux 与 Ubuntu 有什么区别。

提问：

> Rocky Linux 与 Ubuntu 的区别，利用生活中的比喻

解答：

> Rocky Linux 和 Ubuntu 都是优秀的 Linux 发行版，但它们的定位和特点有所不同。用生活中的比喻来说：
>
> Rocky Linux 像“稳健的货车”
>
> 适合场景：企业级服务器、长期稳定运行的生产环境。

助学答疑

特点：

稳定可靠：基于企业级的 RHEL（红帽 Linux），经过严格测试，适合承载关键业务。

兼容性强：与 RHEL 完全兼容，企业可以轻松将原有系统迁移过来，像货车能无缝对接各种货物。

社区支持：由社区维护，提供长期支持（类似货车有固定的维修点保障）。

适合用户：企业、需要高稳定性和安全性的组织，如搭建网站服务器或数据库。

Ubuntu 像“多功能家用车”

适合场景：个人桌面、开发环境、快速迭代的服务器。

特点：

用户友好：界面直观，新手也能快速上手，像家用车容易驾驶。

软件丰富：自带软件商店，一键安装各种应用（如办公软件、编程工具），类似家用车能装各种行李。

更新频繁：每 6 个月发布新版本，提供最新功能（但长期支持版每 2 年更新）。

适合用户：普通用户、开发者、需要灵活性和新功能的场景，如写代码或日常使用。

举个实际例子

如果你开一家网店，需要一台 24 小时运行的服务器处理订单，Rocky Linux 更适合，因为它稳定且兼容企业软件。

如果你是学生或程序员，需要一台电脑写代码、看视频，Ubuntu 更合适，因为它易用且软件丰富。

总结：Rocky Linux 偏向企业级稳定，Ubuntu 更侧重灵活和易用，选择取决于你的需求！

1.2 虚拟机软件简介

由于 Linux 操作系统要安装在硬件上，那么到哪里去得到硬件呢？花钱买成本太高，本节将学习如何使用虚拟机软件模拟真实计算机。

1.2.1 为什么使用虚拟机软件

虚拟机软件是通过软件来模拟真实计算机的一类软件程序。一台物理机可运行多个虚拟机，每个虚拟机提供一个相对独立的操作系统环境，如图 1.2 所示。虚拟机软件包括 VMware Workstation、KVM、VirtualBox、Hyper-V 等。

大多数人是在 Windows 平台学习，而 Windows 平台功能丰富，可使用简单的虚拟机软件，推荐 VMware Workstation。

助学答疑

本书也采用 VMware Workstation 进行讲解。

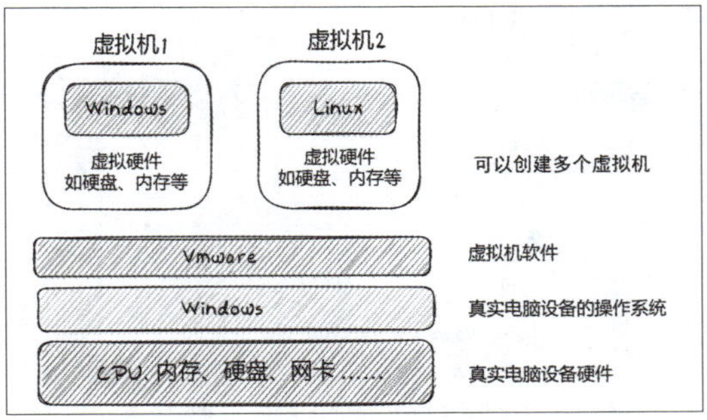

图 1.2

1.2.2　安装虚拟机软件的硬件要求

CPU 支持虚拟化功能：现在绝多数 CPU 都支持虚拟化功能，只是有一些电脑的 CPU 没有开启虚拟化功能，需要进入 BIOS 开启虚拟化功能。

内存：8GB 以上，最好 16GB，越高越好，其他硬件配置一般即可。

1.2.3　VMware Workstation 的安装

VMware Workstation 的安装步骤如下：

（1）运行 VMware-workstation 安装软件，如图 1.3 所示。

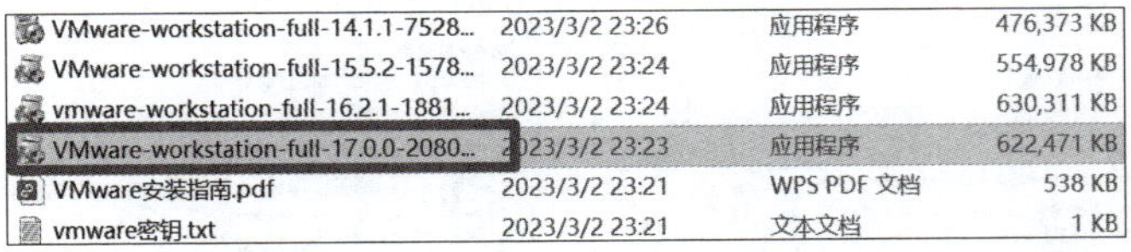

图 1.3

（2）在弹出的安装界面中单击“下一步”按钮，如图 1.4 所示。

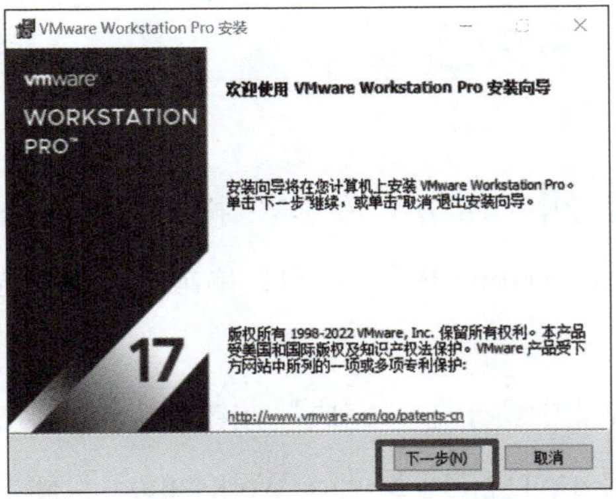

图 1.4

助学答疑

（3）在弹出的界面中勾选“我接受许可协议中的条款”复选框，然后单击“下一步”按钮，如图 1.5 所示。

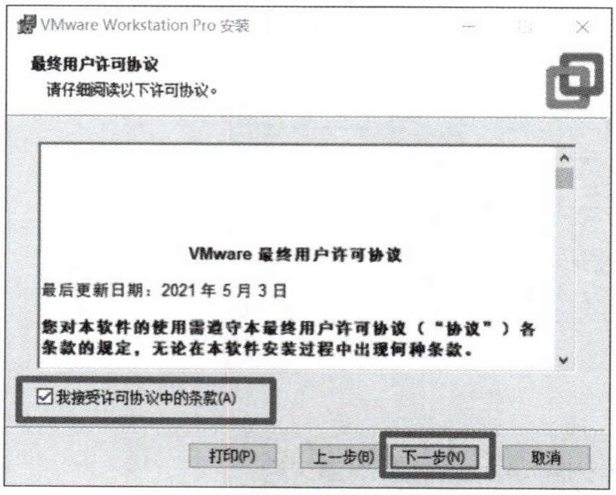

图 1.5

（4）在弹出的界面中定义安装位置。如果计算机上的 C 盘空间比较大，可以直接安装在 C 盘上。勾选“增强型键盘驱动程序”复选框，提高兼容性，单击“下一步”按钮，如图 1.6 所示。

（5）在弹出的界面中，取消勾选“启动时检查产品更新”“加入 VMware 客户体验提升计划”复选框，单击“下一步”按钮，如图 1.7 所示。

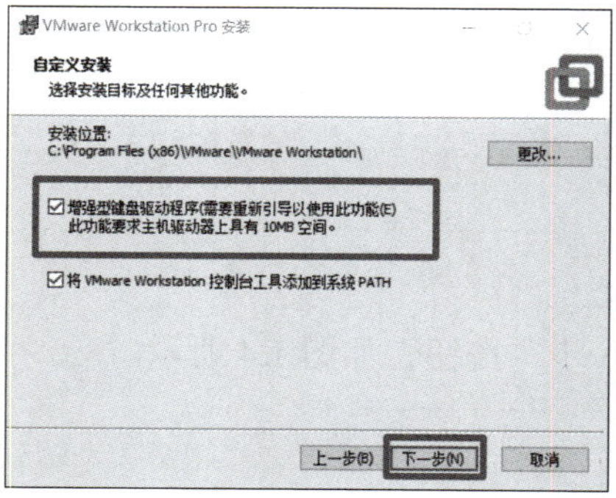

图 1.6

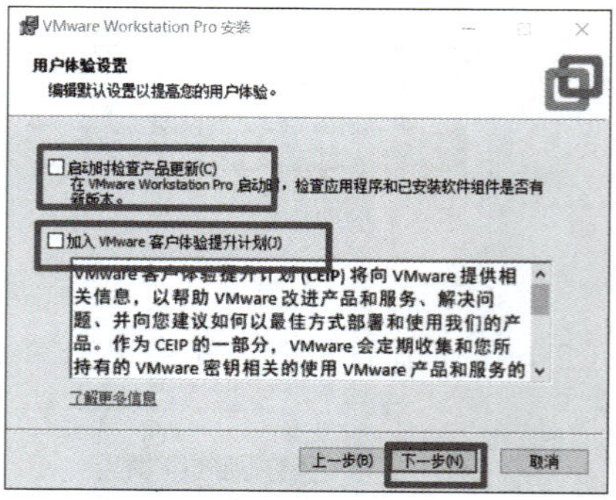

图 1.7

（6）在弹出的界面中，单击“下一步”按钮，如图 1.8 所示，弹出“已准备好安装 VMware Workstation Pro”界面，单击“安装”按钮，开始安装，如图 1.9 所示。

（7）在弹出的界面中，单击“完成”按钮，完成安装，如图 1.10 所示。

这时在桌面中显示对应的 VMware Workstation 图标，双击即可运行，如

助学答疑

图 1.11 所示。

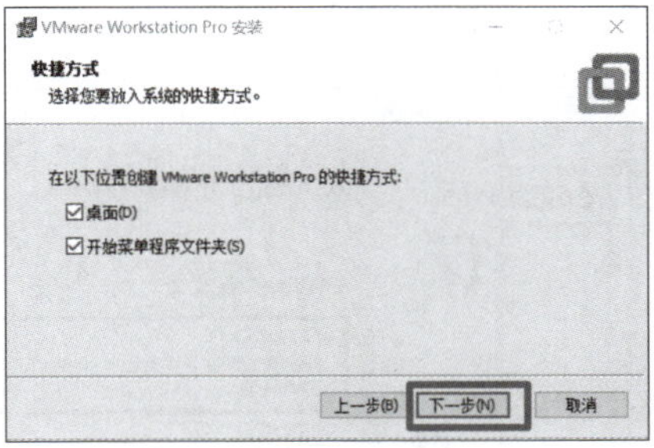

图 1.8

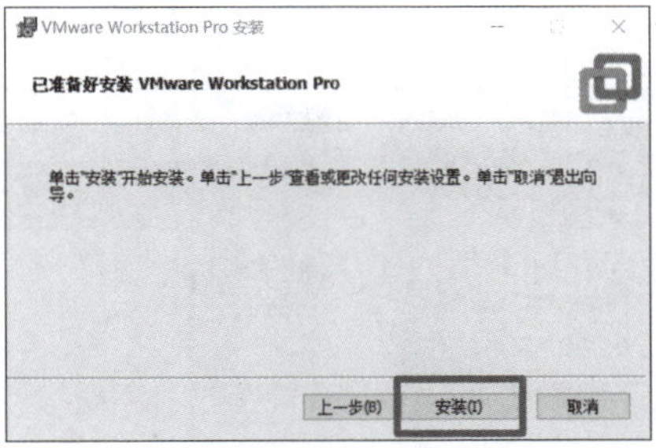

图 1.9

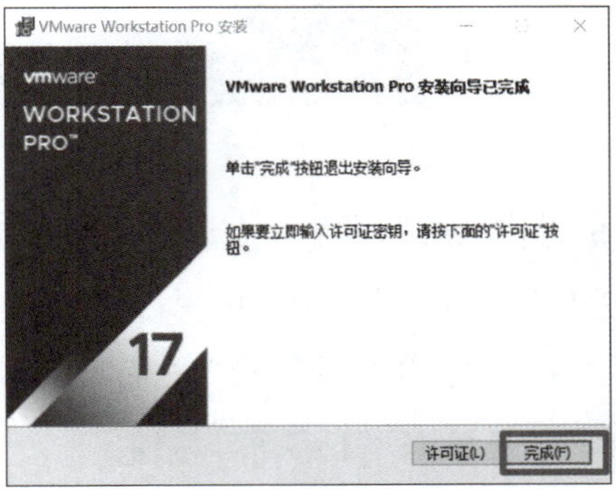

图 1.10

图 1.11

1.2.4 安装 Linux 操作系统前的准备

安装操作系统之前，需要下载 Rocky Linux 9.5 的镜像文件。用户可以登录 Rocky Linux 官网进行下载，如图 1.12 所示。

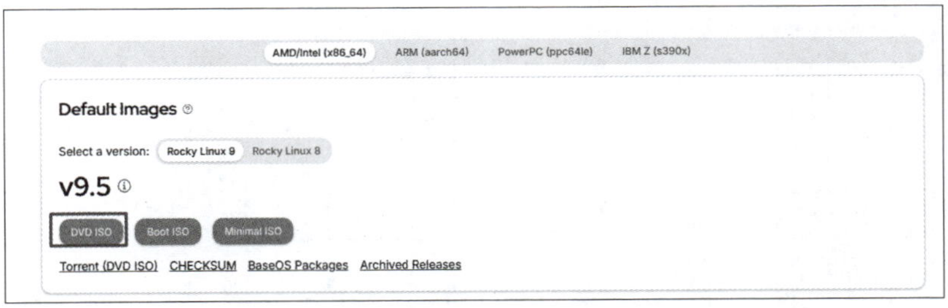

图 1.12

1.2.5 新建虚拟机

新建虚拟机的步骤如下：

（1）选择“文件”→“新建虚拟机”命令（图 1.13），弹出“新建虚拟机向导”

助学答疑

界面。作为初学者，建议在该界面中选择“典型”选项，单击“下一步”按钮，如图 1.14 所示。

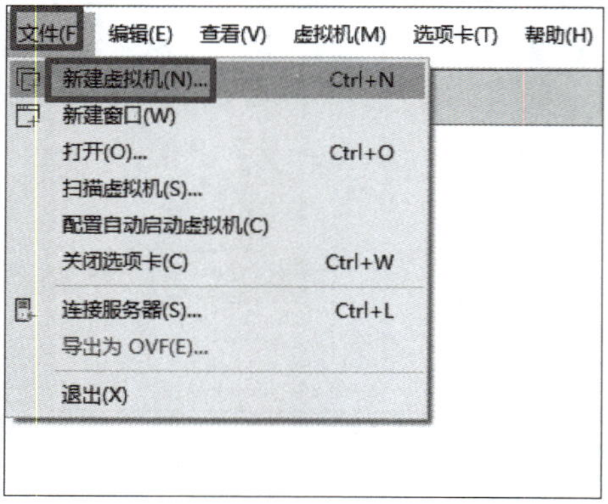

图 1.13

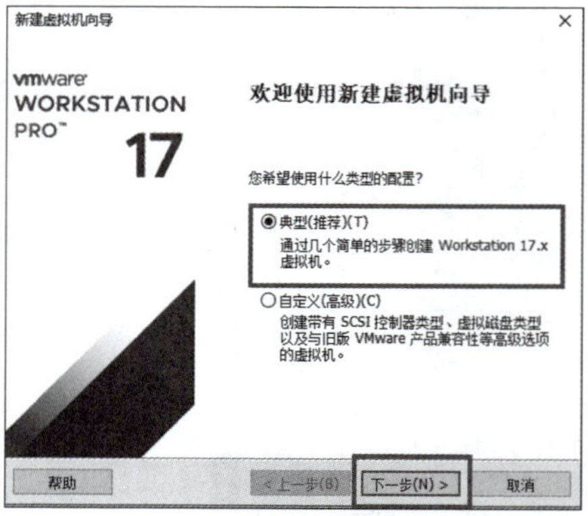

图 1.14

（2）在弹出的“安装客户机操作系统”界面中，选择下载的 Rocky Linux 9.5 光盘镜像文件（图 1.15），这里下载到 E 盘，用户可视自己的情况进行选择。单击“下一步”按钮，在弹出的“选择客户机操作系统”界面中选中 Linux（L），版本选择 CentOS 7，如图 1.16 所示，单击“下一步”按钮。

这里解释一下为何选 CentOS 7 版本。这里选择的操作系统版本，可以不对应要安装的操作系统版本。例如，我们要安装的是 Rocky Linux 9.5，VMware 一般没有 Rocky Linux 版本，但 Rocky Linux 是完美兼容 CentOS 系列的，并且 VMware 软件有多个版本，支持 CentOS 7 版本较为稳定成熟。

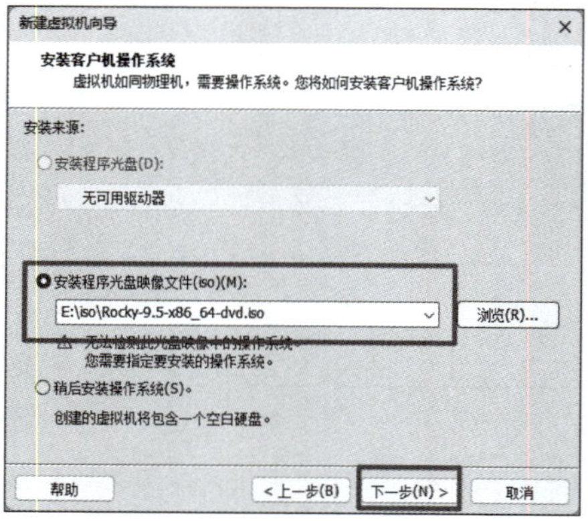

图 1.15

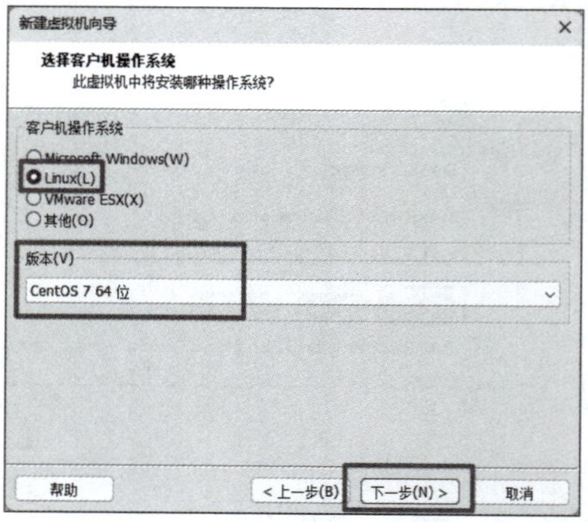

图 1.16

（3）在弹出的“命令虚拟机”界面中，为虚拟机起一个名字，由于虚拟机是比较占用空间的，因此最好不要放在 C 盘上，建议选择放在空间较大的

助学答疑

分区进行存储，如图 1.17 所示，单击“下一步”按钮，在弹出的“指定磁盘容量”界面中指定“最大磁盘大小”，一般遵循默认值，如图 1.18 所示，单击“下一步”按钮。

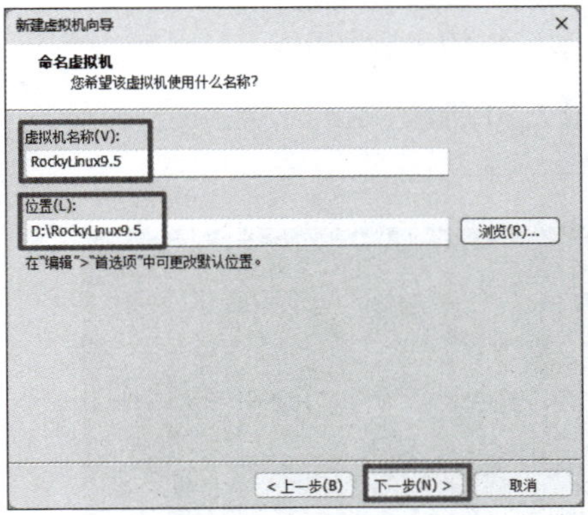

图 1.17

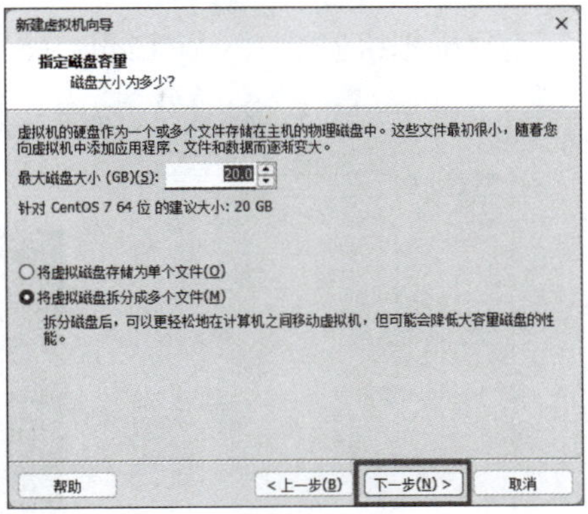

图 1.18

（4）在弹出的“已准备好创建虚拟机”窗口中，单击“完成”按钮，完成虚拟机的创建，如图 1.19 所示。

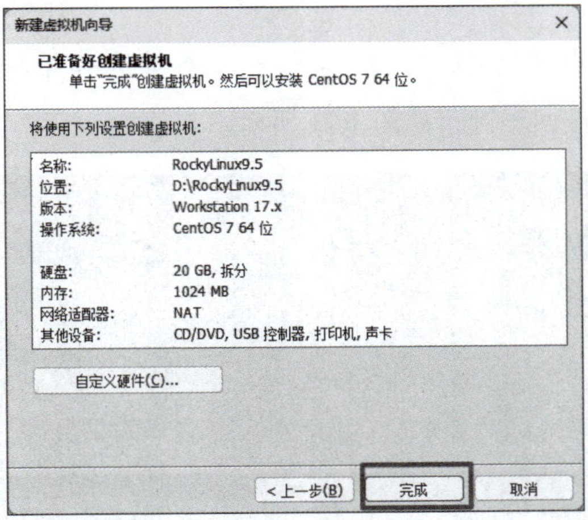

图 1.19

助学答疑

1.3 Rocky Linux 9.5 操作系统安装

1.3.1 通过虚拟机安装 Rocky Linux 9.5 操作系统

通过虚拟机安装 Rocky Linux 9.5 操作系统的步骤如下：

（1）单击“开启虚拟机”按钮，如图 1.20 所示。

图 1.20

（2）用鼠标点进虚拟机，按键盘上、下键选择第一项“Install Rocky Linux 9.5”，然后按回车键，如图 1.21 所示。

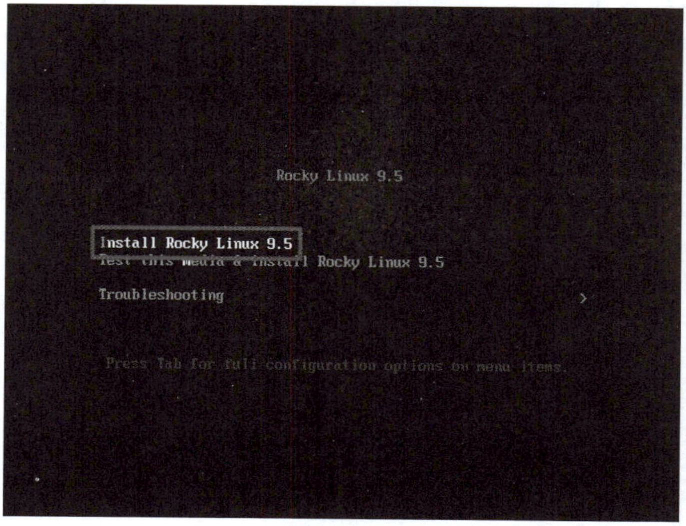

图 1.21

（3）在弹出的界面中选择“中文”→“简体中文”，单击“继续”按钮，如图 1.22 所示。

助学答疑

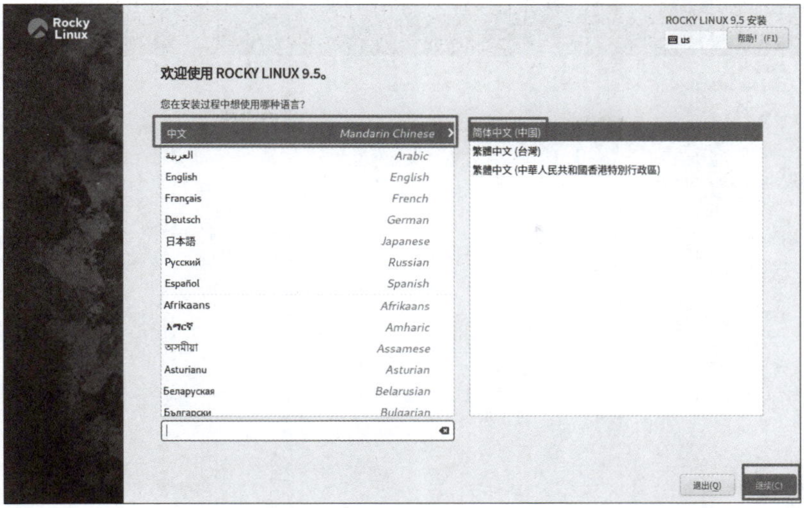

图 1.22

（4）在弹出的“安装信息摘要”界面中选择“安装目标位置”，直接自动分区即可，如图 1.23 所示，然后单击“开始安装”按钮。

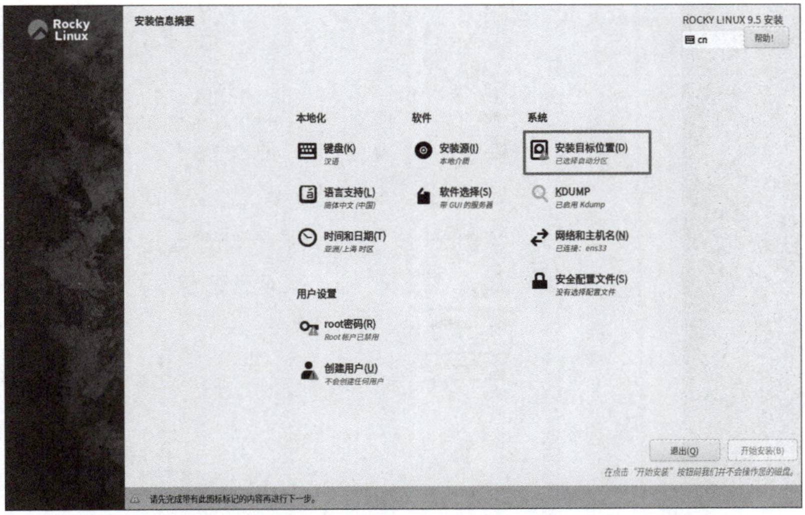

图 1.23

（5）在弹出的“安装目标位置”界面中，单击左上角的“完成”按钮即可，如图 1.24 所示。

助学答疑

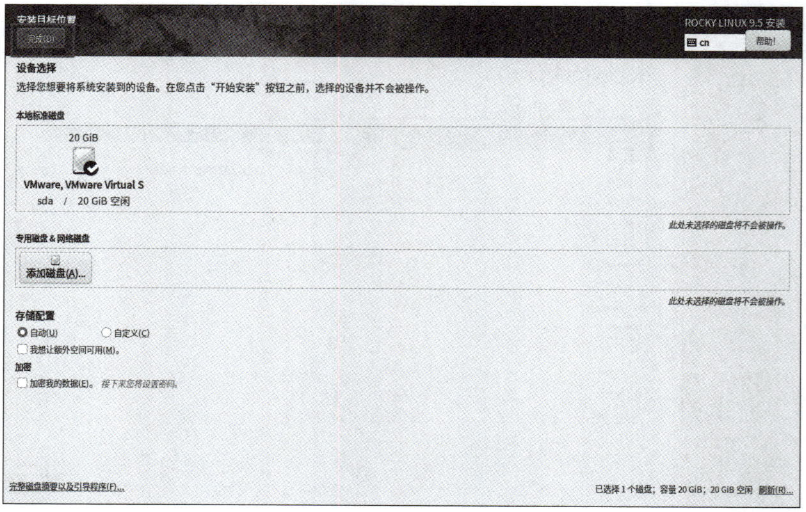

图 1.24

（6）返回“安装信息摘要”界面，设置 root 密码，以便于后续学习（root 用户不需要创建且是 Linux 操作系统的最高权限用户），如图 1.25 所示。

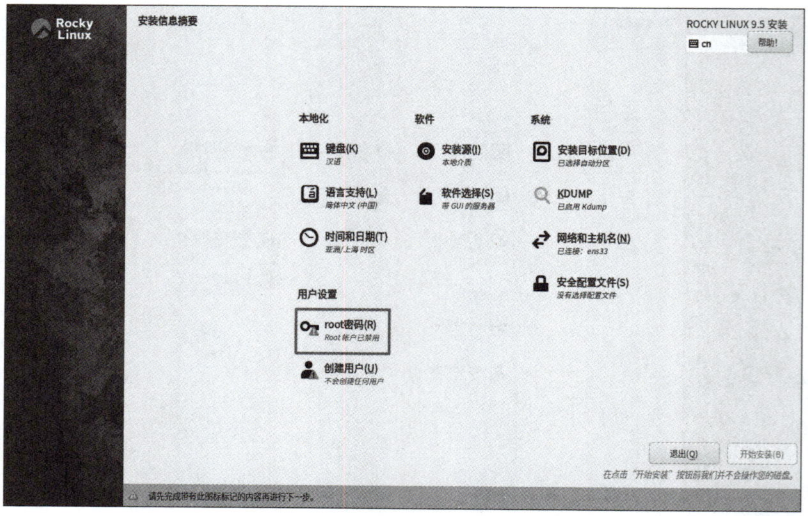

图 1.25

（7）在弹出的“ROOT 密码”界面中，设置“Root 密码”为 123，需要注意，要单击两次“完成”按钮，如图 1.26 所示。

助学答疑

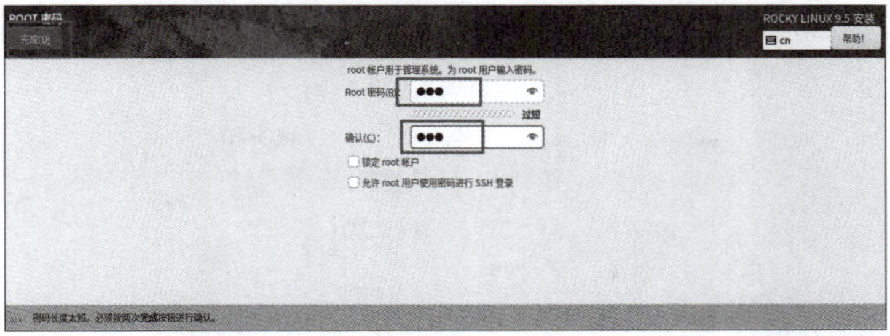

图 1.26

（8）返回“安装信息摘要”界面，创建用户，以便于后续实验，如图 1.27 所示。

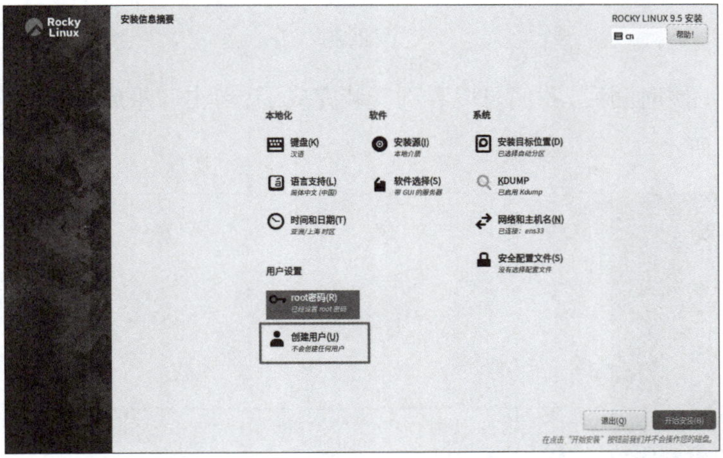

图 1.27

（9）创建普通用户 zhangsan，设置密码为 123，以便于后续学习和实验测试，如图 1.28 所示。

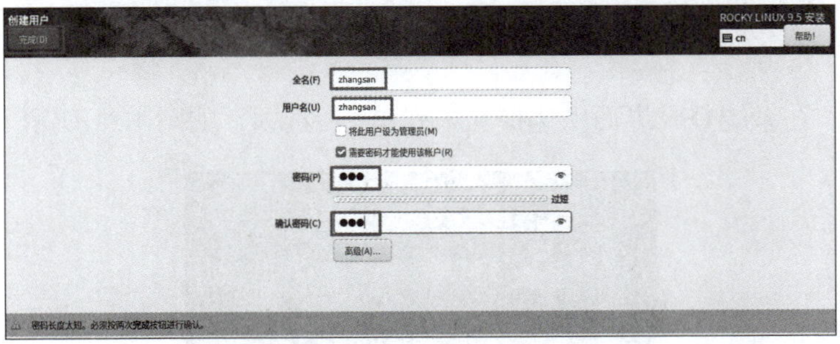

图 1.28

（10）返回“安装信息摘要”界面，单击“开始安装”按钮，开始安装，如图 1.29 所示。

助学答疑

图 1.29

等待一段时间后，我们可以看到安装完成了，单击“重启系统”按钮即可，如图 1.30 所示。

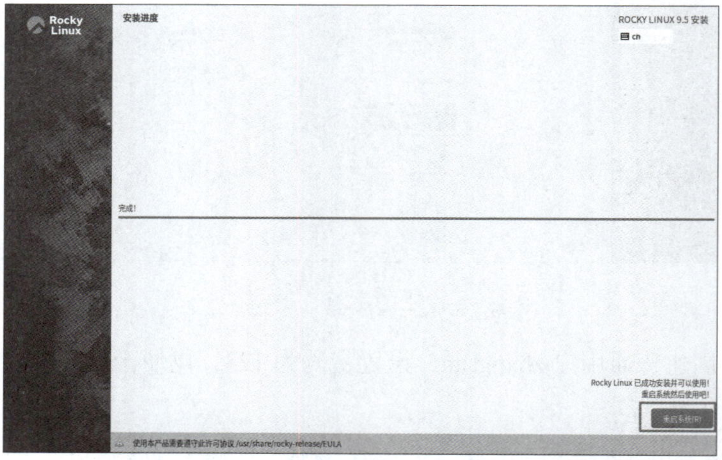

图 1.30

（11）在系统登录界面中选择“未列出？”选项，如图 1.31 所示。

图 1.31

助学答疑

（12）在弹出的界面中，先输入 root，然后按回车键，再输入 root 用户的密码，然后按回车键，如图 1.32 和图 1.33 所示。

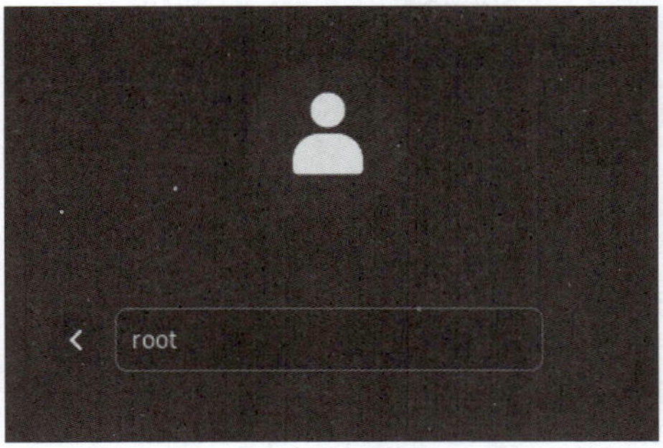

图 1.32

图 1.33

（13）进入 Linux 操作系统界面，如图 1.34 所示。

图 1.34

（14）关闭节能功能，右击桌面空白处，在弹出快捷菜单中选择“设置”选项，如图 1.35 所示。

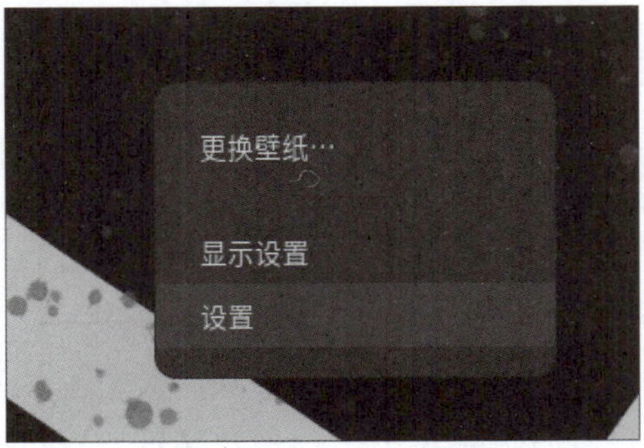

图 1.35

（15）在“设置”栏中选择“电源”，然后将 Screen Blank（节能休眠功能）

助学答疑

设置为 Never（从不），如图 1.36 所示。

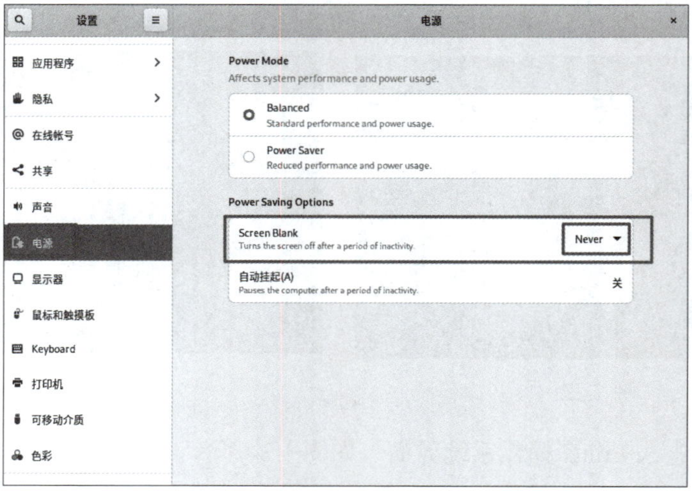

图 1.36

至此，Rocky Linux 9.5 操作系统安装完成。

1.3.2 Linux 操作系统的目录结构

目录结构就是 Linux 操作系统存放数据的框架。首先看一下用户熟悉的 Windows 目录结构，如图 1.37 所示。

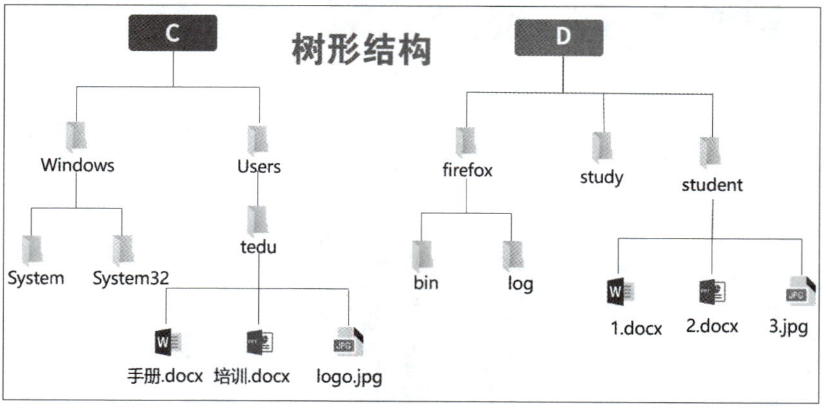

图 1.37

从图 1.37 中可以看出，Windows 目录结构是一个由上到下的树形结构，C 盘与 D 盘就像树根，向下生长出文件夹及文件。Windows 是有多棵树的，如 C 盘、D 盘、E 盘等。

助学答疑

Linux 操作系统的目录结构是倒挂的树形结构，如图 1.38 所示。

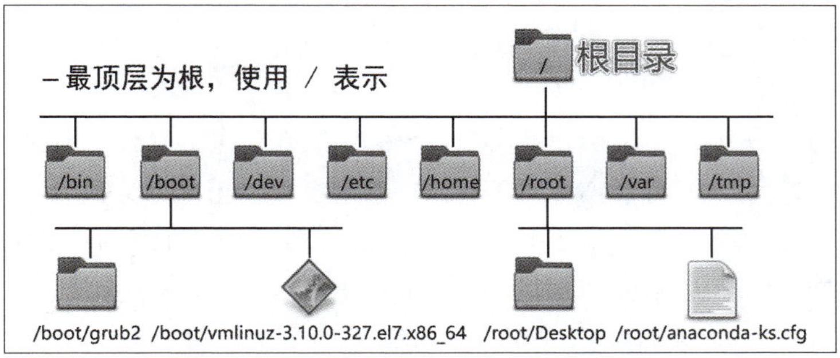

图 1.38

下面借助 DeepSeek 介绍默认的 Linux 操作系统目录结构。

提问：

请利用通俗易懂的语言，运用生活化的例子介绍 Linux 操作系统目录结构

解答：

Linux 操作系统的目录结构就像我们日常生活中的物品摆放一样，非常有规律，方便我们快速找到需要的东西。我们可以把 Linux 的文件系统想象成一个大家庭的房子，每个房间和柜子都有它特定的用途。

1. 根目录（/）

就像房子的入口大门，所有的文件和目录都是从这里开始的。它是 Linux 文件系统的起点，我们称它为“根目录”。

2. 主要目录介绍

/bin：存放最常用的命令，如 ls（列出文件）、cp（复制文件）等，就像客厅里的工具箱，里面放着螺丝刀、扳手等日常小工具，谁都可以用。

/boot：包含启动 Linux 操作系统所需的文件，如内核和启动加载器。这就像汽车的发动机舱，没有它，汽车就启动不了。

/dev：存放设备文件，如硬盘、USB 设备等。它像一个设备仓库，里面放着各种设备的“钥匙”，通过这些“钥匙”我们可以访问和操作设备。

/etc：存放系统配置文件，如网络配置、用户账户等。这个目录就像家里的控制面板，所有的设置都在这里调整，如调整电视的音量、频道等。

/home：每个普通用户都有自己的家目录，用来存放个人文件。例如，用户 Alice 的家目录是 /home/alice，就像 Alice 有自己的房间，里面放着她的书、衣服等私人物品。

/lib：存放系统和应用程序使用的共享库文件，类似于 Windows 的 DLL 文件。这些库文件就像厨房里的调味料，做菜时经常需要用到。

助学答疑

/media 和 /mnt：用于挂载外部存储设备，如 USB 驱动器、光盘等。这就像家里的临时储物间，用来存放从外面带回来的东西。

/opt：用于安装第三方软件。这个目录就像一个额外的书房，里面放着一些不常用的书籍或资料。

/proc：一个虚拟文件系统，提供系统内核和进程的信息。它像一个实时更新的公告板，展示着系统的运行状态。

/root：系统管理员（root 用户）的家目录，普通用户不能访问。这就像房子的主人（管理员）的私人书房，里面放着一些重要的文件和工具。

/run：存放系统运行时产生的信息，如进程 ID 等。这就像厨房里的操作台，上面放着正在使用的食材和工具。

/sbin：存放系统管理员使用的命令，如 fdisk（分区工具）、shutdown（关机命令）等。这些命令就像一些高级工具，只有专业人士（管理员）才能使用。

/sys：包含系统硬件和驱动的信息，类似于 /proc，但更侧重于硬件层面。这就像房子的电路图和水管图，只有维修工人（系统管理员）才会用到。

/tmp：用于存放临时文件，系统重启后会被清空。这就像餐桌上的临时放物区，吃完饭就要收拾干净。

/usr：存放大多数用户程序和文件，类似于 Windows 的 Program Files 目录。这个目录就像是一个大型的图书馆，里面放着各种各样的书籍（程序）。

/var：存放经常变化的文件，如日志文件、邮件队列等。这就像是一个杂物间，里面放着一些需要定期整理和清理的东西。

3. 其他目录

/lost+found：当文件系统发生错误时，用于存放恢复的文件碎片。这就像是家里的一个备用箱，用来存放一些暂时不知道放哪里的东西。

/srv：存放服务相关的数据，如 Web 服务器的网站内容。这就像是餐厅的厨房，里面放着为客人准备的食物和饮料。

4. 总结

Linux 操作系统的目录结构就像是一个精心设计的家，每个房间和柜子都有它特定的用途。了解这些目录的作用和用途，可以帮助我们更好地管理 Linux 操作系统，就像我们整理家务一样，让一切都井井有条。

由以上输出结果可知，在 Linux 操作系统中，文件夹称为目录，将 Linux 操作系统的目录理解成 Windows 的文件夹即可。Linux 操作系统没有 C 盘、D 盘，它整体就像一棵参天大树，所有的数据都在最顶层的目录中，最顶层的目录又称“根目录”，根目录还有很多子目录，这些子目录将在后续章节中介绍。

助学答疑

另外,因为 Linux 操作系统“根目录”使用频繁,所以在命令行中用“/ ”表示。

Linux 操作系统采用路径方式描述数据所在的位置。例如，/root/test/1.txt 表示在根目录下有 root 目录，在 root 目录中有 test 目录，在 test 目录中有文件 1.txt。

注意: 在完整的路径中，只有开头的 “/” 才表示根目录，其他的 “/” 均表示父目录与子数据的分隔。

1.3.3　命令行操作

由于 Linux 操作系统主要运用在服务器上，因此企业服务器基于安装软件越少越高效的原则，所有 Linux 操作系统都不安装图形，而采用全命令行进行操作。下面介绍命令行的具体操作方法。

（1）开启命令行。单击左上角的 “活动” 按钮，再单击屏幕下方的命令行，如图 1.39 和图 1.40 所示。

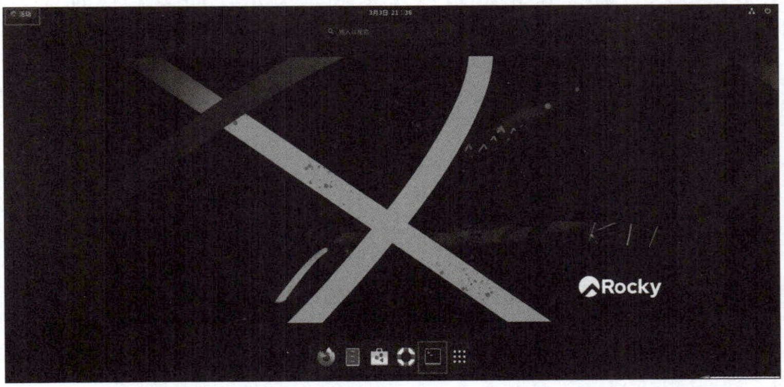

图 1.39

图 1.40

（2）临时调节命令行界面字体。

字体变大: 按住 Ctrl ＋ Shift 组合键，然后多次按 “+” 键。

助学答疑

字体变小：按住 Ctrl 键，然后多次按“–”键。

（3）永久调节命令行界面字体：通过单击命令行窗口右上角的三个横杠来设置，在弹出的窗格中，选择“配置文件首选项”选项，如图 1.41 所示。

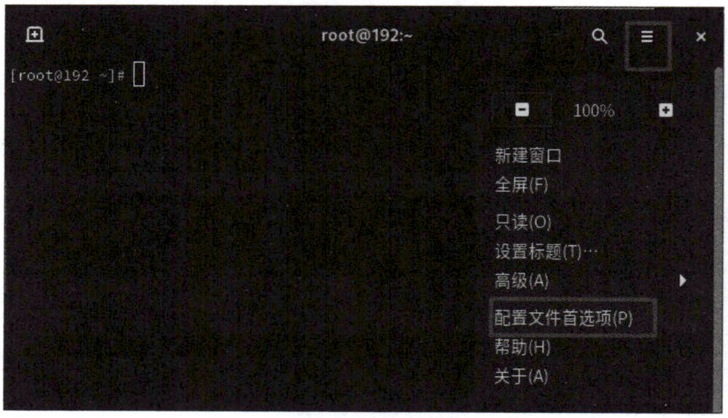

图 1.41

（4）在弹出的界面中，单击“未命名”，勾选“自定义字体”复选框，然后单击 Monospace 按钮，即可调整字体类型与大小，如图 1.42 所示。

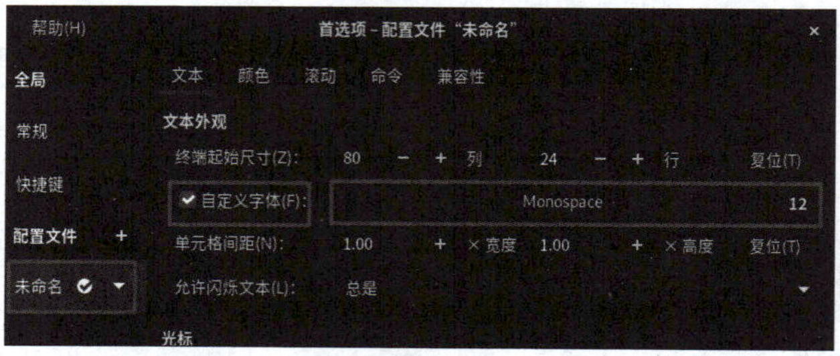

图 1.42

切换到“颜色”选项卡，修改界面颜色，如图 1.43 所示。

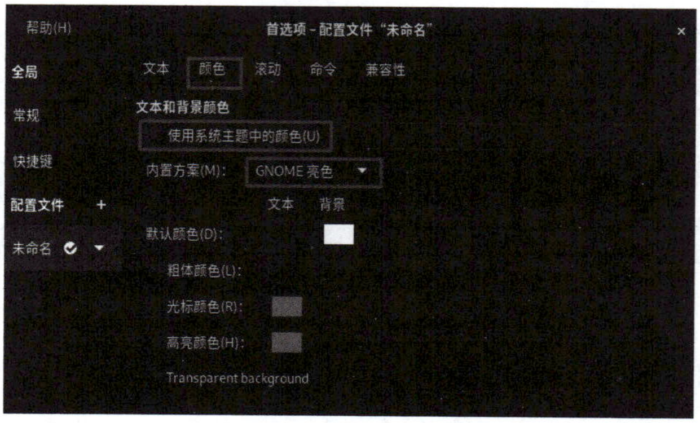

图 1.43

助学答疑

1.3.4 命令行提示符

命令行提示符的格式：[当前登录的用户 @ 主机名 当前所在的目录]。

其中，以 # 结尾表示当前登录的身份为 root；以 $ 结尾表示当前登录的身份为普通用户。

1.4 用 DeepSeek 快速掌握系统命令

1.4.1 目录探索命令

与目录相关的命令如下：

（1）pwd（Print Working Directory）：用于查看当前所在的位置。

（2）cd（Change Directory）：用于进入目录。

（3）ls（List）：用于列出目录内容。

具体用法如下：

```
[root@localhost ~]#pwd                  # 显示当前所在的位置
[root@localhost ~]#cd    /              # 进入根目录
[root@localhost /]#pwd
[root@localhost /]# ls                  # 显示当前目录下的内容
[root@localhost /]#cd    /boot
[root@localhost boot]#ls
[root@localhost boot]#cd    /
[root@localhost /]#ls
```

ls 命令还可以直接列出指定目录下的内容。具体用法如下：

```
[root@localhost etc]#ls  /              # 查看根目录内容
[root@localhost etc]#ls  /home
[root@localhost etc]#ls  /opt           # 目录内容为空
[root@localhost etc]#ls  /boot
[root@localhost etc]#ls  /var
```

在 Linux 操作系统中，用 ls 命令列出的目录内容会以不同的颜色显示。下面使用 DeepSeek 对这些颜色的作用进行解析。

助学答疑

提问：

Linux 操作系统中通过 ls 命令，显示的内容有不同的颜色，这些颜色有什么含义？

解答：

蓝色：目录
绿色：可执行文件
浅蓝色（青色）：符号链接
红色：压缩文件（如 .tar、.gz、.zip 等）
浅绿色或黄色：设备文件
紫色：图片文件或设备文件
灰色：其他文件（普通文件）

1.4.2 查看文件内容的基础命令

下面介绍用于查看文件内容的基础命令。

cat 命令用于查看文本文件内容。

下面先练习命令操作，对于文件内容先大致浏览即可。命令示例如下：

```
[root@localhost /]#ls    /root/
[root@localhost /]#ls    /root/anaconda-ks.cfg
[root@localhost /]#cat    /root/anaconda-ks.cfg
[root@localhost /]#cat    /root/initial-setup-ks.cfg
[root@localhost /]#cat    /etc/passwd
[root@localhost /]#cat    /etc/redhat-release   #查看系统版本
Rocky Linux release 9.5 (Blue Onyx)
```

从以上结果可以发现，cat 命令适用于查看内容比较少的文件，那么内容比较多的文件使用什么命令更合适呢？下面使用 DeepSeek 来结合已学的知识，继续深入探索。

提问：

在 Rocky Linux 操作系统中，我已经学过 cat 命令查看文件内容了，如果文件内容比较多使用什么命令较为合适？还有哪些与查看文件内容有关的命令？

解答：

less 用途：查看文本文件内容，适合查看内容较多的文件

```
[root@localhost /]#less   /etc/passwd
```

助学答疑

```
按上、下键进行滚动
按 q 键进行退出

head、tail 命令（查看部分文件内容）
格式：
head  -数字  文件名
tail  -数字  文件名
[root@A /]#head   -1    /etc/passwd
[root@A /]#head   -2    /etc/passwd
[root@A /]#head   -3    /etc/passwd
[root@A /]#tail   -1   /etc/passwd
[root@A /]#tail   -2   /etc/passwd
[root@A /]#tail   -3   /etc/passwd

grep 用途：输出包含指定字符串的行
[root@A /]#grep  root     /etc/passwd
[root@A /]#grep  bash     /etc/passwd
[root@A /]#grep  lisi     /etc/passwd
[root@A /]#grep  zhangsan   /etc/passwd
[root@A /]#grep  haha    /etc/passwd    # 命令没有输出，说明该文件
                                        # 没有 haha 关键字
```

1.4.3　设置与查看主机名

下面介绍用于设置与查看主机名的命令。

hostnamectl 命令用于永久设置主机名。

格式：hostnamectl set-hostname 永久设置主机名

命令示例如下：

```
[root@localhost /]#hostnamectl   set-hostname   nb.xixi.linux
[root@localhost /]#hostname             # 查看主机名

新开启一个全新的命令行终端，查看提示符变化
[root@nb /]#hostname                    # 查看主机名
```

助学答疑

1.4.4 探索 Linux 操作系统路径

Linux 操作系统中的路径包括绝对路径和相对路径。

1. 绝对路径

定义：以根开始的路径，作为初学者建议用绝对路径，有利于熟悉 Linux 操作系统目录结构。

例子：地球→亚洲→中国→北京→海淀区→学清路→ ××× 大厦→ 5 楼→ ×× 科技→ 6 教室→苹果。

2. 相对路径

定义：以当前所在的位置为参照，用于表示想要去的位置，与当前所在的位置有关联。

例子：6 教室→苹果。

具体用法如下：

```
[root@localhost ~]#cd    /usr
[root@localhost usr]#ls
[root@localhost usr]#cd   games              # 相对路径
[root@localhost games]#pwd
[root@localhost games]#cd     /
[root@localhost /]#cd    /usr/games      # 绝对路径
[root@localhost games]#pwd
```

下面使用 DeepSeek 理解绝对路径与相对路径的区别。

提问：

> 请利用生活化的例子，解释 Linux 操作系统中绝对路径与相对路径的区别

解答：

> 绝对路径
>
> 生活中的例子：
>
> 想象你住在城市的一个小区里，小区有一个唯一的入口，从入口开始，你可以按照固定的路线找到任何一栋楼、一个房间。例如，你要去小区里的“1 号楼 2 单元 301 室”，你可以说：“从小区入口开始，直走 100 米，左转，再走 50 米，然后上 1 号楼，进 2 单元，到 301 室。”
>
> Linux 操作系统中的绝对路径：
>
> 绝对路径就像上面的例子一样，它从根目录（在 Linux 中用“/”表示，就像小

助学答疑

区的入口）开始，按照固定的路线（目录结构）找到目标文件或目录。例如，/home/user/Documents/file.txt 就是一个绝对路径，它表示从根目录开始，依次进入 home、user、Documents 目录，最后找到 file.txt 文件。无论你在 Linux 操作系统的哪个位置，使用绝对路径都能准确地找到文件或目录。

相对路径

生活中的例子：

还是上面的例子，但这次你不在小区入口，而是在小区里的“5 号楼”楼下。现在你想去“1 号楼 2 单元 301 室”，你可以说：“从 5 号楼开始，往回走 50 米，再右转，直走 50 米，然后上 1 号楼，进 2 单元，到 301 室。”

或者更简单地说：“往 1 号楼方向走，上 1 号楼，进 2 单元，到 301 室。”

Linux 操作系统中的相对路径：

相对路径就像上面的例子一样，它不是从根目录开始，而是从当前工作目录（在 Linux 中用 pwd 命令可以查看，就像你在小区里的当前位置）开始，按照相对于当前位置的路线找到目标文件或目录。例如，假设你的当前工作目录是 /home/user，那么 Documents/file.txt 就是一个相对路径，它表示从当前目录开始，进入 Documents 目录，找到 file.txt 文件。

如果当前工作目录是 /home/user/Documents，那么 ../user2/Documents/file.txt 也是一个相对路径，它表示从当前目录返回上一级目录（即 /home/user），然后进入 user2 目录，再进入 Documents 目录，最后找到 file.txt 文件。

总结

绝对路径：从根目录开始，固定不变，适用于需要精确找到文件或目录的场合，如系统配置文件、脚本启动命令等。就像从小区入口开始，按照固定的路线找东西。

相对路径：从当前工作目录开始，相对灵活，适用于在当前目录或其子目录下进行文件操作的场合，如项目开发、日常文件管理等。就像从你当前的位置开始，按照相对于当前位置的路线找东西。

在 Linux 操作系统中，“..”专门用于表示上一级目录（父目录）。

```
[root@localhost /]#cd      /etc/pki/rpm-gpg
[root@localhost rpm-gpg]#pwd
[root@localhost rpm-gpg]#cd    ..
[root@localhost pki]#pwd
[root@localhost pki]#cd    ..
[root@localhost etc]#pwd
[root@localhost etc]#cd    ..
```

助学答疑

```
[root@localhost /]#pwd
[root@localhost /]#
```

1.4.5 查看硬件信息

下面介绍如何查看硬件信息。

（1）列出 CPU 处理器信息。命令示例如下：

```
[root@A ~]#lscpu
……
CPU(s):              1      # 核心数
……
型号名称：Intel(R) Core(TM) i5-4430 CPU @ 3.00GHz
……
```

（2）列出内存信息。命令示例如下：

```
[root@A ~]#cat   /proc/meminfo
MemTotal:            997956 kB    # 内存总和
……
[root@A ~]#free   -h    # 查看内存信息
```

这里输出内容较多，下面使用 DeepSeek 对 free 命令的输出进行解析。

提问：

```
对以下命令输出进行解析：
     [root@nb ~]#free -h
     total          used          free        shared   buff/cache
available
     Mem:           735Mi         564Mi         63Mi         7.0Mi
226Mi        170Mi
     Swap:          2.0Gi         511Mi         1.5Gi
     [root@nb ~]#
```

解答：

从您提供的 free -h 命令输出可以看出，当前系统的内存使用情况如下：

总内存 (Mem: total)：735MiB

已用内存 (Mem: used)：564MiB

空闲内存 (Mem: free)：63MiB

共享内存（Mem: shared）：7.0MiB
缓冲区 / 缓存（Mem: buff/cache）：226MiB
可用内存（Mem: available）：170MiB
交换分区（Swap）的使用情况：
总交换分区（Swap: total）：2.0GiB
已用交换分区（Swap: used）：511MiB
空闲交换分区（Swap: free）：1.5GiB
简单分析：
内存使用情况：

系统已用了大部分物理内存（564MiB），剩余空闲内存仅 63MiB。

缓冲区 / 缓存占用了 226MiB，这部分内存实际上是可回收的，如果其他进程需要，操作系统会优先利用这部分内存。

可用内存（available）为 170MiB，这是操作系统计算出的实际还可以供新程序使用的内存，包括空闲内存和可快速释放的缓存部分。

交换分区使用情况：

当前交换分区已用了 511MiB，剩余 1.5GiB。交换分区的使用说明部分内存页被移到了硬盘交换分区中，但整体负载还算健康。

1.4.6 创建数据

下面介绍创建数据的命令。

1. mkdir

用途：创建目录，默认创建的是空目录，如果创建时没有写路径，则是在当前位置进行创建。

命令示例如下：

```
[root@A ~]#mkdir   /opt/test
[root@A ~]#ls   /opt
[root@A ~]#mkdir  /root/nsd01
[root@A ~]#ls  /root
```

2. touch

用途：创建文本文件，如果在创建默认的空文件时没有写路径，则是在当前位置创建。

```
[root@A ~]#touch    /opt/1.txt
[root@A ~]#ls  /opt
[root@A ~]#touch     /opt/2.txt      /opt/3.txt
```

助学答疑

```
[root@A ~]#ls  /opt
```

1.4.7 vim 文本编辑器

vim 命令用于修改文本文件内容（文本编辑器），包括命令模式、编辑模式（插入模式）、末行模式。

注意：在文件不存在时，vim 命令会自动创建此文件；vim 命令不能创建目录；命令模式不可与末行模式进行直接切换。

命令示例如下：

```
[root@A /]#vim    /opt/haxi.txt
命 --- i 键 或者 o 键 ---> 插入模式（Esc 回到命令模式）
令
模
式 --- 英文的冒号：---> 末行模式（Esc 回到命令模式）
末行模式 :wq        # 保存并退出
末行模式 :q!        # 强制不保存并退出
```

1.4.8 重启系统与关闭系统

重启系统的命令如下：

```
[root@A /]#reboot
```

关闭系统的命令如下：

```
[root@A /]#poweroff
```

1.4.9 虚拟机快照

虚拟机快照就像游戏存档，下面介绍虚拟快照的功能。

1. 快速恢复系统状态

虚拟机快照是在特定时间点保存的虚拟机状态和数据的完整副本。当虚拟机出现故障、系统崩溃或配置错误时，用户可以通过恢复快照，将虚拟机快速恢复到快照创建时的状态，从而避免长时间的故障排查和系统恢复过程。这对于需要高可靠性和可用性的应用场景尤为重要。

助学答疑

2. 支持安全测试与实验

在开发和测试环境中，用户可以使用虚拟机快照功能在不影响生产环境的情况下，进行各种测试、实验和配置更改，还可以在虚拟机配置完成后创建一个快照，然后在其上进行软件安装、升级、补丁应用等操作。如果出现任何问题，可以随时恢复到快照创建时的状态，从而保护原始配置不受影响。

3. 拍摄快照

虚拟机开机时可以拍摄快照，但是强烈建议在“关机”时拍摄快照，因为如果“开机”时拍摄，速度较慢且会让虚拟机占用空间变大，容易导致死机。拍摄快照也没有必要过于频繁，重点时刻进行拍摄即可，具体时刻书中会提示。

关闭虚拟机，选择图 1.44 中带加号的钟表 进行拍摄快照。

```
[root@nb ~]#poweroff
```

图 1.44

为快照起一个名字，最好能说明现在的状态特点，然后单击“拍摄快照”按钮，如图 1.45 所示。

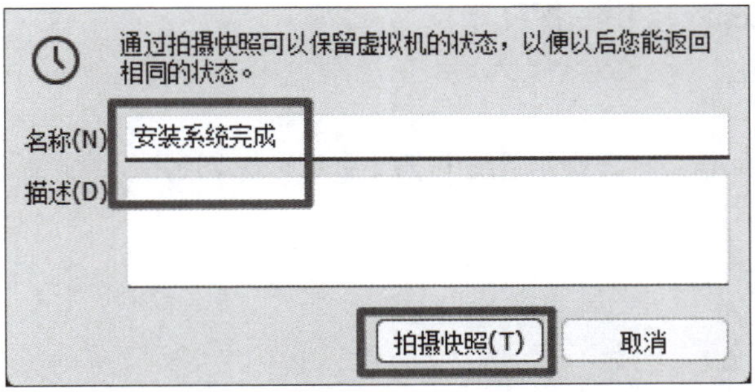

图 1.45

如果想要还原快照，单击带扳手的钟表 ，再单击“安装系统完成”，最后单击“转到”按钮，如图 1.46 所示。

助学答疑

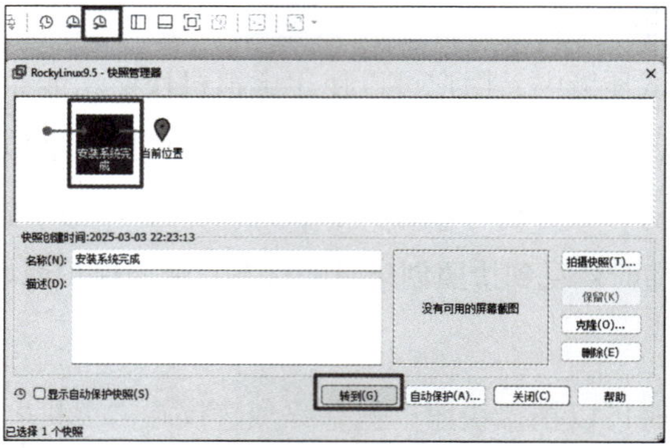

图 1.46

在弹出的对话框中单击“是”按钮，可还原快照，将系统恢复到“安装系统完成”时的状态，如图 1.47 所示。

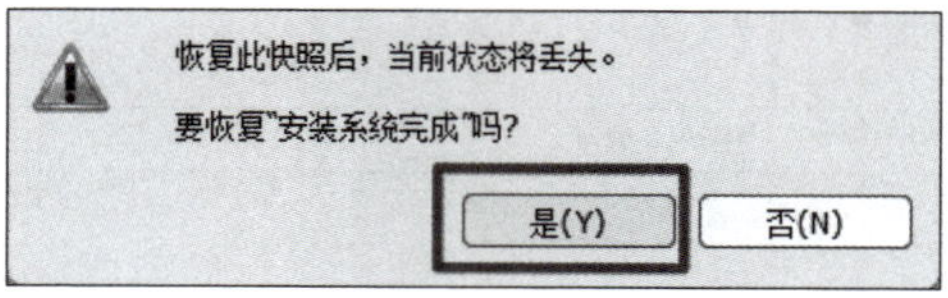

图 1.47

1.4.10　DeepSeek 案例：vim 的编辑技巧

本小节将学习 vim 命令的编辑技巧。

下面在 DeepSeek 中一探究竟！

提问：

我已经学会了 Linux 操作系统中 vim 命令的基本使用，vim 命令还有哪些编辑技巧？

解答：

命令模式

光标移动技巧

按字符移动：除了使用方向键，还可以使用 h（左）、j（下）、k（上）、l（右）来移动光标。在字符前面添加数字可以跳转指定字符数，如 5j 将光标向下移动 5 行。

按单词移动：按 w 键跳到下一个单词的开头，按 W 键跳到空格后下一个单词的开头；按 b 键跳到上一个单词的开头，按 B 键在空格前跳到上一个单词的开头。

按行移动：0 或按 Ctrl+6 或 Home 键跳到行首，按 Ctrl+4 或 End 键跳到行尾；按 Ctrl+f 或 Page Up 键向下移动一页，按 Ctrl+b 或 Page Down 键向上移动一页；

助学答疑

按两下 g 键跳到文件的第一行，按 G 键跳到文件的最后一行，按 n+G 键跳到文件的第 n 行。

复制（Yank）

复制整行：将光标移动到要复制的行上，然后按 yy（yank yank）复制整行。

复制指定行数：在 yy 前加上数字，如 3yy，可以复制从当前行开始的 3 行。

粘贴（Put）

粘贴到光标后：按 p（Put）将复制的内容粘贴到光标所在行的后面。

粘贴到光标前：按 P 将复制的内容粘贴到光标所在行的前面。

……

编辑模式技巧

插入模式：在命令模式中按 i 键进入插入模式，可以在当前光标位置开始输入文本；按 o 键，在当前行后插入一个新行并进入插入模式；按 O 键，在当前行前插入一个新行并进入插入模式。

取代模式：在命令模式中按 R 键进入取代模式，输入的值会取代光标所在的内容。

在插入模式下删除文本：

Ctrl+h：向后删除一个字符（与退格相同）。

Ctrl+w：向后删除一个单词。

Ctrl+u：删除从光标到行首的所有内容。

Ctrl+k：删除从光标到行末的所有内容。

……

末行模式技巧

显示行号：运行命令 :set number 显示行号，运行命令 :set relativenumber 显示相对行号，运行命令 :set number relativenumber 显示混合行号。

拼写检查：运行命令 :set spell 打开拼写检查器，它会突出显示拼写错误的单词。

搜索替换：

/pattern：搜索 pattern 的字符串（如果搜索出多个匹配，可按 n 键到下一个，N 上一个）。

:%s/word1/word2/g：将文件中的 word1 替换为 word2。

:%s/word1/word2/gc：将文件中的 word1 替换为 word2，但替换前需要用户确认。

:1,10s/word1/word2/g：将第 1 行到第 10 行的 word1 替换为 word2。

文件操作：

:w：保存文件。

:q!：强制退出不保存。

:wq：保存并退出。

……

助学答疑

1.5 DeepSeek 智能管理目录与文件

1.5.1 命令解析

什么是命令？ Linux 操作系统中的命令用来实现某一类功能的指令或程序，其实真正实现功能的，是命令对应的程序。在Linux操作系统中运行命令时，系统会寻找到命令所对应的程序，运行程序实现相应的功能。

如何知道命令所对应的程序呢？下面使用 which 命令查看：

```
[root@localhost /]# hostname
[root@localhost /]# which  hostname          # 查询命令对应的程序
[root@localhost /]# ls  /usr/bin/hostname    # 绿色：可执行的程序

[root@localhost /]# which ifconfig           # 查询命令对应的程序
[root@localhost /]# firefox
[root@localhost /]# which  firefox           # 查询命令对应的程序
```

1.5.2 Linux 操作系统中的解释器

在 Linux 操作系统中，解释器（通常称为 Shell）的主要作用是作为用户与操作系统内核之间的接口，负责解释和执行用户输入的命令。用户所做的操作会由解释器翻译给内核，内核再去调配相应的硬件完成。Linux 操作系统中默认的解释器程序为 /bin/bash。

下面使用 DeepSeek 进行通俗的解析。

提问：

> 请利用生活化的例子，解释 Linux 操作系统的解释器程序作用

解答：

> Linux 操作系统的解释器程序，我们通常称之为 Shell（壳），它的作用可以用一个生活化的例子来解释。
>
> 想象你住在一个小区里，小区里有各种各样的设施和服务，如快递柜、健身房、超市等，但你无法直接控制这些设施和服务。这时，小区管理处（Shell）就起到了关键作用。

助学答疑

Shell 的作用：

桥梁作用：

你（用户）不能直接操作小区里的每一个设施（如直接控制快递柜开关门），但你可以通过小区管理处（Shell）提出请求。

比如，你想取快递，就告诉小区管理处（Shell）："我要取快递。"小区管理处（Shell）会理解你的需求，然后操作快递柜为你打开柜门。

解释和执行：

你对小区管理处（Shell）说出你的需求，该管理处（Shell）会理解你的指令，并将其转换为具体的操作。

就像你在终端中输入命令"ls"（列出目录内容），Shell 会解释这个命令，并调用相应的系统功能来列出当前目录的文件和文件夹。

提供用户界面：

Shell 为你提供了一个与小区设施交互的界面。通过这个界面，你可以方便地提出请求，而无须了解每个设施的具体工作原理。

类似地，Shell 为你提供了一个与 Linux 操作系统交互的命令行界面（CLI），你可以通过输入命令来控制和管理系统。

增强控制能力：

Shell 不仅支持简单的命令，还支持复杂的操作，如变量赋值、流程控制、管道和重定向等。

这就像小区管理处（Shell）不仅能帮你取快递，还能帮你安排快递的存放位置，或者将多个服务（如快递和购物）组合起来，提供更便捷的服务。

生活化的例子：

假设你是一位居民，想要使用小区里的健身器材。

直接操作：你可能不知道如何直接操作健身器材的电路或机械部件。

通过 Shell（小区管理处）：

你告诉小区管理处（Shell）："我要使用健身器材。"

小区管理处（Shell）理解你的需求后，会检查健身器材是否空闲，然后为你打开器材的电源，甚至可能为你调整器材的设置。

你无须了解健身器材的内部结构和工作原理，只需通过小区管理处（Shell）这个接口与器材交互。

总结：

Linux 操作系统的解释器程序（Shell）就像小区管理处一样，架起了用户和系统之间的桥梁。它接收用户的指令，解释这些指令，并将其转换为系统能够理解的操作。通过 Shell，用户可以方便地控制和管理 Linux 操作系统，而无须了解系统的内部工作机制。

助学答疑

1.5.3 完整的命令格式

下面介绍完整的命令格式。

格式：命令　[选项]　[参数 1]　[参数 2]　[参数 3] ……

命令格式一般是由三部分组成：命令、选项、参数。其中，每个部分之间都要用空格隔开。

（1）命令：一般决定整体的动作是查看文件内容，还是创建目录等。

（2）参数：命令作用的对象，参数可以有多个，有些命令没有参数也可以运行。

（3）选项：是带来功能的，不同的选项可以实现不同的功能，每个命令都有许多选项，可以实现丰富的功能，用户只需掌握重点的选项即可。

```
[root@localhost /]# cat    --help                # 查看命令帮助信息
[root@localhost /]# cat    -n    /etc/shells     # 显示行号
[root@localhost /]# cat    -n    /etc/passwd
[root@localhost /]# cat    -n    /etc/redhat-release
```

我们也可以使用 DeepSeek 解析一下，命令、选项、参数三者之间的关系。

提问：

请使用生活化的例子，解释 Linux 操作系统中命令、选项、参数三者之间的关系

解答：

想象一下，你在家里准备做一顿晚餐。在这个过程中，你可以将 Linux 命令、选项和参数与烹饪的步骤、调料和食材进行类比。

命令（Command）：

就像你决定要做的那道菜，如“炒青菜”。这个“炒青菜”就是你的命令，它告诉系统（在这个例子中是厨房）你想要执行的操作。

选项（Option）：

就像你炒菜时使用的调料，如“少油”“少盐”“加蒜末”。这些调料（选项）会改变菜品的味道（即命令的行为）。

例如，如果你想要青菜更清淡一些，可能会选择“少油”“少盐”这些选项。

如果想要青菜更香，你可能会选择“加蒜末”这个选项。

在 Linux 中，选项通常以短横线“-”或双短横线“--”开头，如 -l（显示详细信息）或 --all（显示所有内容）。

参数（Argument）：

就像你炒菜时使用的食材，如“一斤青菜”。这个食材（参数）是命令执行所必需

的对象。

没有青菜，你就无法炒青菜这道菜。

在 Linux 中，参数是命令操作的对象或目标，如文件名、目录名等。

三者之间的关系：

当你想要炒青菜时，你首先需要确定要做的菜（命令），然后根据你的口味选择调料（选项），最后准备好食材（参数）。

比如，你说："我要炒青菜，少油少盐，用一斤青菜。"

生活化的例子总结：

命令：你想要执行的操作，如"炒青菜"。

选项：用来修改命令行为的调料，如"少油""少盐"或"加蒜末"。

参数：命令执行所必需的对象，如"一斤青菜"。

ls 命令有一个常用的选项 -l，此选项用于显示数据的详细信息（长格式显示）。命令示例如下：

```
[root@localhost /]# ls   -l    example.txt     # 长格式显示
-rw-r--r-- 1 user group 1024 Oct 12 10:30 example.txt
```

下面使用 DeepSeek 对以上输出信息进行解析。

提问：

```
-rw-r--r-- 1 user group 1024 Oct 12 10:30 example.txt
```

解答：

-rw-r--r--：权限显示，后续章节专门讲解 。

1：文件的硬链接数为 1，后续章节专门讲解。

user：文件的所有者，后续章节专门讲解。

group：文件所属的组，后续章节专门讲解。

1024：文件的大小为 1024 字节。

Oct 12 10:30：文件的最后修改时间为 10 月 12 日 10:30。

example.txt：文件的名称。

我们还可以做一些其他的练习：

```
[root@localhost /]# ls   -l    /etc/passwd        # 长格式显示
[root@localhost /]# ls   -l    /etc/fstab         # 显示详细属性
[root@localhost /]# ls   -l    /root   # 默认显示目录内容的详细属性
```

助学答疑

下面使用 DeepSeek 探索 ls 命令的更多选项。

提问：

```
在 Linux 操作系统中，列出 ls 命令常用的选项
```

解答：

```
-l：以长格式显示，显示详细信息
-d：显示目录本身（而不是内容）的属性
[root@localhost /]#ls  -ld   /home
[root@localhost /]#ls  -ld   /root
[root@localhost /]#ls  -ld    /
[root@localhost /]#ls  -l     /etc/passwd
-A：显示所有内容，包含隐藏数据
-R：递归显示目录内容
[root@localhost /]#ls  -A     /root
[root@localhost /]#touch    /opt/.nsd.txt
[root@localhost /]#ls    /opt/
[root@localhost /]#ls   -A    /opt
[root@localhost /]#ls  -R   /boot

[root@localhost /]#tree  /boot    # 显示目录结构
[root@localhost /]#tree  /opt     # 显示目录结构
……
选项非常之多，我们只需要先掌握最基础常用即可。
```

1.5.4　Tab 键自动补全

Tab 键可用于补齐命令、选项、参数、文件路径、软件名和服务名。

命令示例如下：

```
[root@localhost /]#if(tab) (tab)          # 列出以 if 开头的命令
[root@localhost /]#ifco(tab)
[root@localhost /]#cat   /etc/re(tab) (tab)
[root@localhost /]#cat   /etc/red(tab)

[root@localhost /]#ls  /etc/sysconfig/network-scripts/
[root@localhost /]#ls  /et(tab)/sysco(tab)/netw(tab)- (tab)
```

助学答疑

快捷键的示例如下：

```
Ctrl   c：结束正在运行的命令
Esc + . 或 Alt + . ：粘贴上一个命令的参数
[root@localhost ~]#ls     /etc/shells
[root@localhost ~]#ls  -l     Alt + .
[root@localhost ~]#cat      Alt + .
[root@localhost ~]#cat   -n     Alt + .
Ctrl + l：清空整个屏幕
```

1.5.5　家目录

家目录：存储用户个性化设置的目录。

/root：管理员的家目录。

/home：存放所有普通用户的家目录。

Linux 操作系统中用“~”表示用户的家目录。

命令示例如下：

```
[root@localhost /]# cd  ~root           # 进入 root 用户的家目录
[root@localhost /]# pwd
[root@localhost /]# useradd  dc         # 创建用户 dc
[root@localhost /]# cd  ~dc             # 进入用户 dc 的家目录
[root@localhost /]# pwd
[root@localhost /]# useradd  tom        # 创建用户 tom
[root@localhost /]# cd  ~tom            # 进入用户 tom 的家目录
[root@localhost /]# pwd
```

1.5.6　通配符

通配符针对不确定的文档名称，以特殊字符表示。

下面介绍常用通配符的用法。

（1）*：表示任意多个任意字符。命令示例如下：

```
[root@localhost /]#ls     /root/a*
[root@localhost /]#ls     /boot/vm*
[root@localhost /]#ls     /etc/*tab
[root@localhost /]#ls     /etc/*.conf
```

助学答疑

```
[root@localhost /]#ls    /etc/re*.conf
[root@localhost /]#ls    /dev/tty*
[root@localhost /]#ls   -d   /etc/r*      #-d表示如果有匹配的目录，
                                          # 不显示目录内容
[root@localhost /]#ls   -d   /etc/*as*
```

（2）?：表示单个字符（必须要有一个）。

命令示例如下：

```
[root@localhost /]#ls   /etc/??tab
[root@localhost /]#ls   /dev/tty?
[root@localhost /]#ls   /dev/tty??
```

（3）[a–z]: 表示连续范围中的一个，若无则忽略。

（4）{a,min,xy}: 表示分别对多种不同的字符串进行匹配。

```
[root@localhost /]#ls    /dev/tty[3-9]
[root@localhost /]#ls    /dev/tty[1-7]
[root@localhost /]#ls    /dev/tty{1,17,20}
[root@localhost /]#ls    /dev/tty{10,18,22,33}
[root@localhost /]#ls    /dev/tty{26,19,21,30,40}
[root@localhost /]#ls    /etc/{rw,fs}tab
```

1.5.7 定义别名

别名主要用于简化复杂的命令，下列介绍与别名有关的命令。

（1）查看已设置的别名：alias。

（2）定义新的别名：alias 别名名称 ='实际执行的命令行'。

（3）取消已设置的别名：unalias [别名名称]。

注意：别名的优先级是最高的，假设定义了一个别名为“pwd”，那么 Linux 操作系统会以定义的别名为准进行执行，所以在定义别名时，不要与系统命令冲突。

```
[root@localhost /]# hostname
[root@localhost /]# alias   hn='hostname'     # 临时定义别名
[root@localhost /]# hn
[root@localhost /]# alias                     # 查看系统中有哪些别名
```

助学答疑

```
[root@localhost /]# unalias    hn          # 删除 hn 别名
[root@localhost /]# hn
bash: hn: 未找到命令 ...

[root@localhost /]# alias     myls='ls   -l'
[root@localhost /]# myls   /etc/passwd
```

下面用 DeepSeek 分析如何实现永久设置别名。

提问：

```
在 Linux 操作系统中如何实现永久别名 hn='hostname'
```

解答：

```
永久定义别名
利用 vim 修改用户家目录下的文件 .bashrc
[root@nb ~]#vim    /root/.bashrc
......
alias   hn='hostname'        # 新增一行配置，注意原有配置不要修改
......

新开启一个全新的命令行终端进行验证
[root@nb ~]#hn
```

1.5.8　目录与文件管理

目录与文件管理命令如下：

（1）mkdir：创建目录。

格式：mkdir [/ 路径 /] 目录名……

常用命令选项：

[-p]：连同父目录一并创建。命令示例如下：

```
[root@localhost /]# mkdir   -p    /opt/aa/bb/cc/dd
[root@localhost /]# ls   -R    /opt/aa       # 递归显示目录内容
[root@localhost /]# mkdir   -p    /nsd04/test04
[root@localhost /]# ls   -R    /nsd04
```

（2）rm：删除目录。

常用命令选项：

助学答疑

-r、-f：递归删除（含目录）、强制删除。命令示例如下：

```
[root@localhost /]# ls      /opt
[root@localhost /]# rm      -rf      /opt/1.txt
[root@localhost /]# ls     /opt
```

（3）mv：移动（剪切）目录。

格式：mv　源数据……　目标路径

注意：源数据会消失。命令示例如下：

```
[root@nb ~]#rm  -rf   /opt/*
[root@nb ~]#touch   /opt/1.txt
[root@nb ~]#mkdir   /opt/nsd01
[root@nb ~]#ls  /opt/
[root@nb ~]#mv  /opt/1.txt   /opt/nsd01
[root@nb ~]#ls  /opt
[root@nb ~]#ls  /opt/nsd01
```

重命名是路径不变的移动。命令示例如下：

```
[root@localhost /]# ls   /opt/
[root@localhost /]# mv   /opt/nsd01    /opt/abc
[root@localhost /]# ls   /opt/

[root@localhost /]# mv    /opt/student     /mnt/stu01
[root@localhost /]# ls    /mnt/
```

（4）cp：复制 / 拷贝目录。

格式：cp　原文件……　目标路径

常用命令选项：

-r：递归，复制目录时必须有此选项。命令示例如下：

```
[root@localhost /]# cp      /etc/passwd       /opt
[root@localhost /]# ls      /opt
[root@localhost /]# cp    -r      /boot         /opt
[root@localhost /]# ls      /opt
[root@localhost /]# cp    -r      /home        /opt
[root@localhost /]# ls      /opt
```

助学答疑

Linux 操作系统通过复制数据进行备份，对于重要数据，可能每天都要进行备份。然而，这会出现一个问题：如果存在同名文件是否需要覆盖？下面使用 DeepSeek 来解决这一问题。

提问：

> 在 Linux 操作系统中，出现同名需要强制覆盖如何实现

解答：

进行强制覆盖

```
[root@localhost /]# \cp  -r  /boot  /opt  #本次操作临时取消别名
[root@localhost /]# \cp  -r  /boot  /opt  #本次操作临时取消别名
```

在 Linux 操作系统中，复制是否能将多个数据同时复制到一个位置？下面使用 DeepSeek 来助力。

提问：

> 在 Linux 操作系统中，复制能不能实现将多个数据同时复制到一个位置

解答：

复制可以支持两个以上的参数

永远把最后一个参数作为目标，其他的所有参数都作为源数据

```
[root@localhost /]#mkdir    /nsd05
[root@localhost /]#ls   /nsd05

[root@localhost /]#cp  -r  /home  /boot   /etc/passwd     /
etc/shells       /nsd05
[root@localhost /]#ls    /nsd05
```

注意：复制不可以实现，将一个数据复制到多个不同的位置。

复制可以重新命名目标路径下的数据。命令示例如下：

```
[root@localhost /]# cp    -r    /home    /opt/myhome
[root@localhost /]# ls    /opt
[root@localhost /]# cp    /etc/shells       /opt/r.txt
[root@localhost /]# ls    /opt
[root@localhost /]# cp    -r     /root      /opt/myroot
[root@localhost /]# ls    /opt
```

助学答疑

```
[root@localhost /]# cp  -r   /root    /opt/myroot
[root@localhost /]# ls    /opt/myroot
```

复制可与“.”连用，在 Linux 操作系统中，“.”表示当前所在的位置。下面将数据复制到当前路径下。命令示例如下：

```
[root@localhost /]# cd   /etc/sysconfig/network-scripts/
[root@localhost /]# pwd
[root@localhost /]# cp   /etc/passwd     .
[root@localhost /]# ls

[root@localhost /]# cd    /mnt
[root@localhost /]# pwd
[root@localhost /]# cp   /etc/shells     .
```

（5）grep：过滤文件内容。

常用命令选项：

-v：取反匹配（不包含）。

-i：忽略大小写。

命令示例如下：

```
[root@localhost /]# grep   root     /etc/passwd
[root@localhost /]# grep  -v   root    /etc/passwd

[root@localhost /]# grep  ROOT    /etc/passwd
[root@localhost /]# grep  -i  ROOT  /etc/passwd
```

对于以 root 开头的行，能否使用 grep 过滤 /etc/passwd 文件？下面使用 DeepSeek 来助力。

提问：

在 Linux 操作系统中，我想使用 grep 过滤 /etc/passwd 文件，以 root 开头的行能不能实现

解答：

```
^word    以字符串 word 开头
word$    以字符串 word 结尾
[root@localhost /]# grep   ^root   /etc/passwd
```

助学答疑

```
[root@localhost /]# grep   ^bin    /etc/passwd

[root@localhost /]# grep   root$    /etc/passwd
[root@localhost /]# grep   bash$    /etc/passwd
^$ 表示空行
[root@localhost /]# cat    /etc/default/useradd
[root@localhost /]# grep  ^$   /etc/default/useradd
# 过滤空行
[root@localhost /]# grep -v  ^$   /etc/default/useradd
# 过滤不要空行的内容

[root@localhost /]# cat    /etc/login.defs
[root@localhost /]# grep  ^$   /etc/login.defs     # 过滤空行
# 过滤不要空行的内容
[root@localhost /]# grep -v  ^$   /etc/login.defs
```

1.5.9　删除交换文件

在使用 vim 命令编辑文件时，如果出现以下情况，该如何解决？如图 1.48 所示。

```
E325: 注意
发现交换文件 "/opt/.1.txt.swp"
             所有者: root    日期: Mon Apr 21 14:41:35 2025
             文件名: /opt/1.txt
             修改过: 是
             用户名: root     主机名: localhost.localdomain
            进程 ID: 2865
正在打开文件 "/opt/1.txt"

(1) Another program may be editing the same file.  If this is the
 case,
    be careful not to end up with two different instances of the
-- 更多 --
```

图 1.48

这个问题可以使用 DeepSeek 来助力。

提问：

在 Linux 操作系统中，使用 vim 命令编辑文件时，提示发现交换文件，如何解决?

解答：

删除交换文件即可

```
[root@localhost ~]#rm  -rf   /opt/.1.txt.swp
```

注意：要注意不能死记，交换文件位置不是固定的，要通过屏幕查看屏幕提示进行判定

助学答疑

1.5.10 数据的归档和压缩

归档是指将许多零散的文件整理为一个文件，文件总的大小基本不变。而压缩的是指按某种算法减小文件所占用空间的大小，恢复时按对应的逆向算法解压。

Linux 操作系统中的常见压缩格式如下：

gzip → .gz。

bzip2 → .bz2。

xz → .xz。

以上压缩格式有什么区别？下面使用 DeepSeek 来助力。

提问：

> 在 Linux 操作系统中，gzip 与 bzip2、xz 有什么区别？

解答：

> gzip 压缩率为中等，压缩速度快，适用于大多数文本文件和需要快速压缩的场景
> bzip2 压缩率为高，压缩速度慢，适用于需要高压缩率的场景
> xz 压缩率为非常高，压缩速度非常慢，适用于需要最高压缩率的场景

tar 命令用于文件归档及压缩，下面介绍其具体用法。

（1）制作 tar 包。

格式 :tar [选项] / 路径 / 压缩包名字 / 路径 / 源数据……

常用命令选项：

–c: 打包数据。

–f: 指定压缩包名字，必须在所有选项最后。

–z、–j、–J : 分别对应 gzip、bzip2、xz。

命令示例如下：

```
[root@localhost ~]#tar -zcf /root/cbd.tar.gz /etc/passwd /home /boot
[root@localhost ~]#ls /root
[root@localhost ~]#tar -jcf /root/haha.tar.bz2 /etc/passwd /home /boot
[root@localhost ~]#ls /root
[root@localhost ~]#tar -Jcf /root/cctv.tar.xz /etc/passwd
```

助学答疑

```
/home /boot
    [root@localhost ~]#ls   /root
```

（2）tar 解包。

格式：tar ［选项］ / 路径 / 压缩包名字 ［选项］ / 释放的路径

常用命令选项：

–x: 解包。

–f: 指定压缩包名字，必须在所有选项最后。

–C：指定路径。

–t: 查看 tar 包内容。

命令示例如下：

```
    [root@localhost /]#tar  -tf  /root/cbd.tar.gz # 查看 tar 包内容
    [root@localhost /]#mkdir   /nsd12
    [root@localhost /]#tar -xf   /root/cbd.tar.gz     -C       /
nsd12
    [root@localhost /]#ls    /nsd12
    [root@localhost /]#ls    /nsd12/etc
```

通过 tar –tf 命令可以看出，归档压缩时会将路径进行归档压缩，那么可以不归档压缩路径只归档压缩数据吗？下面使用 DeepSeek 来助力。

提问：

> 在 Linux 操作系统中用 tar 归档压缩时，不要归档压缩路径，只想归档压缩数据即可

解答：

归档压缩时可以不归档压缩路径

```
    [root@localhost /]#tar -zcf /root/yy.tar.gz   -C   /etc/
passwd  -C  /usr   games
    [root@localhost /]#tar -tf  /root/yy.tar.gz

    [root@localhost /]#mkdir   /nsd13
    [root@localhost /]#tar   -xf   /root/yy.tar.gz    -C  /nsd13
    [root@localhost /]#ls   /nsd13
```

助学答疑

```
[root@localhost /]# tar -zcf /root/zz.tar.gz  -C  /etc passwd  shells  hosts  fstab
[root@localhost /]# tar -tf  /root/zz.tar.gz
```

另外，tar 命令也可以只归档压缩数据，而不进行归档压缩路径。

命令示例如下：

```
[root@localhost /]#tar  -cf  /root/abc.tar  /etc/passwd  /etc/fstab
[root@localhost /]#ls  /root/
```

1.5.11　重定向操作

重定向是指将前面命令的输出作为内容，写到后面的文件。

>: 覆盖重定向

>>: 追加重定向

命令示例如下：

```
[root@A /]#head -5  /etc/passwd  >  /opt/p.txt
[root@A /]#cat  /opt/p.txt
[root@A /]#head -2  /etc/passwd  >  /opt/p.txt
[root@A /]#cat  /opt/p.txt
[root@A /]#hostname
[root@A /]#hostname   >>   /opt/p.txt
[root@A /]#cat  /opt/p.txt
```

echo 命令就像复读机一样，在该命令后面写的内容会在屏幕中输出。

命令示例如下：

```
[root@localhost /]#echo    123456
[root@localhost /]#echo  123456   >    /opt/p.txt
[root@localhost /]#cat     /opt/p.txt
[root@localhost /]#echo    hello  world
[root@localhost /]#echo  hello  world   >>    /opt/p.txt
[root@localhost /]#cat     /opt/p.txt
```

重定向可以快速清空文件内容：

```
[root@localhost /]#> /opt/p.txt       # 快速清空文件内容
[root@localhost /]#cat  /opt/p.txt
```

助学答疑

1.5.12 管道操作

管道操作可将前面命令的输出，传递给后面命令，作为后面命令的参数。

注意：不是所有命令都支持管道操作，具体可以运行之后查看结果。

命令示例如下：

```
[root@localhost /]#head -4 /etc/passwd | tail -1
[root@localhost /]#head -8 /etc/passwd | tail -1
[root@localhost /]#cat -n /etc/passwd | head -8 | tail -1
[root@localhost /]#ifconfig | head -2
```

显示文件 8 ~ 12 行内容，命令示例如下：

```
[root@localhost /]#head -12 /etc/passwd | tail -5
[root@localhost /]#cat -n /etc/passwd | head -12
[root@localhost /]#cat -n /etc/passwd | head -12 | tail -5
[root@localhost /]#cat -n /etc/passwd | head -12 |
tail -5 > /opt/pa.txt
[root@localhost /]#cat /opt/pa.txt
```

在 Linux 操作系统的大多数配置文件中，以“#”开头的行是注释行。下面显示配置文件的有效信息（去除以“#”开头的注释行和空行）。命令示例如下：

```
[root@localhost /]#grep -v ^# /etc/login.defs
[root@localhost /]#grep -v ^# /etc/login.defs | grep -v ^$

[root@localhost /]#grep -v ^#/etc/login.defs | grep -v ^$ >
/opt/log.txt
[root@localhost /]#cat /opt/log.txt

[root@localhost /]#grep -v ^# /root/.bashrc
[root@localhost /]#grep -v ^# /root/.bashrc | grep -v ^$

[root@localhost /]#grep -v ^#/root/.bashrc | grep -v ^$ >
/opt/rc.txt
[root@localhost /]#cat /opt/rc.txt
```

助学答疑

1.5.13 find 命令

find 命令的具体用法如下：

格式：find [搜索路径] [选项] [表达式]

其中，表达式用于定义搜索条件，如类型（–type）、文件名（–name）等。

–type：f 表示文本文件；d 表示目录；l 表示快捷方式。

```
[root@A /]#find    /boot    -type    d
[root@A /]#find    /opt     -type    d
[root@A /]#find    /etc     -type    l
[root@A /]#find    /boot    -type    f
[root@A /]#find    /usr     -type    d
[root@A /]#find    /var     -type    d
[root@A /]#find    /sbin    -type    l
[root@A /]#find    /bin     -type    f
```

–name：名字。

iname：忽略大小写。

命令示例如下：

```
[root@localhost /]#find    /etc    -name    "passwd"
[root@localhost /]#find    /etc    -name    "*tab"
[root@localhost /]#find    /etc    -name    "*.conf"
[root@localhost /]#find   /root   -name   ".*"    # 查找隐藏数据
```

如何实现统计符合条件的数据有多少个？下面使用 DeepSeek 来助力。

提问：

> 在 Linux 操作系统中通过 find 命令查找符合条件的数据，想要统计有多少个满足条件的如何实现

解答：

```
wc  -l 专门用于统计行数
由于 find 命令的输出都是一行为一个满足条件，因此统计多少行就是多少个
[root@localhost /]#find  /boot  -type  d  |  cat  -n    # 统计个数
[root@localhost /]#find  /opt   -type  d  |  wc  -l     # 统计个数
[root@localhost /]#find  /boot  -type  f  |  cat  -n    # 统计个数
```

助学答疑

```
# 统计个数
[root@localhost /]#find  /boot  -type  f  |  wc  -l

# 统计个数
[root@localhost /]#find  /etc  -name  "*tab"  |  wc  -l
# 统计个数
[root@localhost /]#find  /etc  -name  "*.conf"  |  wc  -l
# 统计个数
[root@localhost /]#find  /etc  -name  "*.conf"  |  cat  -n
```

两个条件联合使用：

```
[root@localhost /] #mkdir  /mnt/cbd01
[root@localhost /] #mkdir  /mnt/cbd02
[root@localhost /] #touch  /mnt/cbd03.txt
[root@localhost /] #find  /mnt/  -name  "cbd*"
[root@localhost /] #find  /mnt/  -name  "cbd*"  -type  d
[root@localhost /] #find  /mnt/  -name  "cbd*"  -type  f
# 两个条件满足其中一个
[root@localhost /] #find  /mnt/  -name  "cbd*" -o  -type  f
```

如果出现以下情况的报错：

提问：

```
# 有时出现 /proc 的报错为正常
[root@A /]#find  /  -name  "sha"
```

解答：

> 这是因为 /proc 是内存的数据，不占用硬盘空间，而 find 命令只能寻找硬盘中的数据

下面使用 DeepSeek 大致浏览一下 find 命令的选项。

提问：

> 在 Linux 操作系统中，find 命令的常用选项有哪些？

解答：

```
……
-size 大小
```

助学答疑

```
[root@localhost /]#find   /boot   -size  +300k
[root@localhost /]#find   /boot   -size  +10M
[root@localhost /]#find   /boot   -size  +1M

[root@localhost /]#find   /boot   -size  +10M   -size  -50M
-user  用户名
按照数据的所有者进行查找
[root@localhost /]# ls   -l   example.txt    # 长格式显示
-rw-r--r-- 1 user group 1024 Oct 12 10:30 example.txt

-rw-r--r--：权限显示，后续章节专门讲解
1：文件的硬链接数为 1，后续章节专门讲解
user：文件的所有者，文件是由哪个用户创建的，该用户就是数据的所有者
group：文件所属的组，后续章节专门讲解
1024：文件的大小为 1024 字节。
Oct 12 10:30：文件的最后修改时间为 10 月 12 日 10:30。
example.txt：文件的名称。

[root@A /]#useradd  natasha    # 创建用户
[root@A /]#find  /home   -user    natasha # 查看数据的所有者为 natasha
[root@A /]#find    /     -user    natasha # 如果出现 /proc 的报错为正常
/proc：内存的数据，不占用硬盘空间

[root@A /]#useradd  harry    # 创建用户
[root@A /]#find  /home   -user    harry
[root@A /]#find    /      -user    harry
……
```

以上选项不需要全部掌握，使用时可以用 DeepSeek 查询。

在维护 Linux 服务器时，系统每天都会产生数据并进行记录，生成记录文件，这些记录文件称为日志文件。为了节省服务器的空间，需要定期删除过期的数据，一般行业内要求清理三个月之前的数据。那么如何找出三个月之前的数据呢？

下面使用 DeepSeek 进行解析。

提问：

> 在 Linux 操作系统中如何查找三个月之前的数据？

助学答疑

解答：

```
-mtime      修改时间
+90     # 90 天之前修改过的数据
-10     # 最近 10 天之内修改过的数据
/var  ：存放经常变化的数据（日志、数据库 .....）
三个月之前的数据：
# 虚拟机时间出现错乱的情况属于正常
[root@A /]#find  /var  -mtime  +90
```

提问：

找到三个月之前的数据，如何进行删除呢？

解答：

格式：find ［范围］ ［条件］ -exec 处理命令 {} \;

-exec 额外操作的开始

{} 永远表示前面 find 查找的结果

\; 额外操作的结束

每查找一个就传递一次，即每找到一个满足条件的就传递给后面命令，并不是找到全部满足条件的一起传递给后面命令

```
[root@A /]#find  /var  -mtime  +90
[root@A /]#find  /var  -mtime  +90  -exec  rm  -rf
{}  \;
```

1.5.14　处理 find 命令的查询结果

一般情况下，需要对 find 命令的查询结果进行操作。例如，用 find 命令查找以 tab 结尾的文件，并将其复制到 /root/mytab，这时发现管道是无法实现的。下面让 DeepSeek 来助力。

提问：

在 Linux 操作系统中用 find 命令查找以 tab 结尾的文件，并将其复制到 /root/mytab，如何实现

解答：

格式：find ［范围］ ［条件］ -exec 处理命令 {} \;

助学答疑

```
-exec 额外操作的开始
{} 永远表示前面 find 查找的结果
\；额外操作的结束
每查找一个就传递一次，即每找到一个满足条件的就传递给后面命令，并不是找到全部满足条件的一起传递给后面命令
[root@A /]#mkdir   /root/mytab
[root@A /]#find   /etc   -name   "*tab"   -type   f

[root@A /]#find   /etc   -name   "*tab"   -type   f   -exec cp   {}   /root/mytab   \;

[root@A /]#ls   /root/mytab
```

1.5.15 历史命令

历史命令用于管理 / 调用曾经执行过的命令，具体包括：

（1）history：查看历史命令列表。

（2）history –c：清空历史命令。

（3）history –w：记录历史命令为空的状态。

（4）!n：执行历史命令中的第 n 条命令。

（5）!str：执行最近一次以 str 开头的历史命令。

默认最多记录 1000 条历史命令。命令示例如下：

```
[root@localhost ~]#history          # 显示历史命令列表
[root@localhost ~]#history   -c     # 清空历史命令
[root@localhost ~]#history   -w     # 记录历史命令为空的状态
[root@localhost ~]#history
[root@localhost ~]#cat   /etc/redhat-release
[root@localhost ~]#ls   /root
[root@localhost ~]#history
[root@localhost ~]#!cat # 执行最近一条以 cat 开头的历史命令
```

1.5.16 date 命令

date 命令用于查看 / 调整系统日期时间。命令示例如下：

```
[root@localhost /]#date
```

助学答疑

```
# 修改系统时间
[root@localhost /]#date  -s   "2008-9-6  11:17:11"
[root@localhost /]#date
[root@localhost /]#date  -s   "2025-09-03  16:46:11"
[root@localhost /]#date

[root@localhost ~]#date  +%F    # 显示年 - 月 - 日
[root@localhost ~]#date  +%T    # 显示时 : 分 : 秒
```

1.5.17 zip 归档工具

zip 命令用于跨平台（Windows 与 Linux）归档操作。

（1）归档 + 压缩操作。

格式：zip [-r] 备份文件 .zip 被归档的文档……

命令示例如下：

```
[-r]：被归档的数据有目录，必须加上此选项
[root@localhost /]#zip  -r     /opt/abc.zip       /etc/
passwd    /home
[root@localhost /]#ls  /opt/
```

（2）释放归档 + 解压操作。

格式：unzip 备份文件 .zip [-d 目标文件夹]

命令示例如下：

```
[root@localhost /]#unzip  -l   /opt/abc.zip  # 查看压缩包的内容
[root@localhost /]#mkdir  /nsd20
[root@localhost /]#unzip     /opt/abc.zip     -d   /nsd20
[root@localhost /]#ls  /nsd20
[root@localhost /]#ls  /nsd20/etc
[root@localhost /]#ls  /nsd20/home
```

1.5.18 du 命令

du 命令用于统计目录占用硬盘的空间。

常用命令选项：

–s：只统计每个参数所占用的总空间大小。

助学答疑

-h：提供易读容量单位（KB、MB 等）

命令示例如下：

```
[root@localhost ~]#du  -sh   /root
[root@localhost ~]#du  -sh   /etc
[root@localhost ~]#du  -sh   /boot
[root@localhost ~]#du  -sh   /
```

1.5.19 bc 命令

bc 命令相当于计算器。

命令示例如下：

```
[root@nb ~]#echo 1+1 | bc
2
[root@nb ~]#echo 2*3 | bc
6
[root@nb ~]#
```

1.5.20 制作链接文件

链接文件又称为快捷方式、符号链接。

（1）软链接：既可以对目录进行制作，也可以对文件进行制作，支持跨越分区。

格式：ln -s /路径/源数据 /路径/快捷方式名字

命令示例如下：

```
[root@localhost /]#ls    /etc/hosts
[root@localhost /]#ln  -s  /etc/hosts    /hs
[root@localhost /]#ls    /
[root@localhost /]#ls   -l    /hs
[root@localhost /]#ls   /opt
[root@localhost /]#ln  -s  /opt   /haxi
[root@localhost /]#ls    -l    /haxi         #查看快捷方式详细属性
[root@localhost /]#ls   -l    /haxi/         #查看源目录内容详细数据
```

（2）硬链接：源数据消失，链接文件仍然有效，不可以对目录进行制作，

助学答疑

只能针对文件，不支持跨越分区。

格式：ln /路径/源数据 /路径/快捷方式名字

下面用 DeepSeek 分析软链接与硬链接的区别。

提问：

利用生活化的例子，介绍软链接与硬链接

解答：

硬链接（硬连接）

场景：

假设你有一本非常珍贵的书，名为《智慧宝典》。为了防止这本书丢失或损坏，你决定制作一本完全相同的复制品，并且把这两本书都放在书房里。这两本书的内容是完全一样的，无论哪一本被修改，另一本都会同步更新（当然，在实际书籍中这不可能，但这里是为了比喻）。

解释：

硬链接就像是这本《智慧宝典》的复制品。在文件系统中，硬链接是指向同一个物理数据块的多个文件名。

当你创建一个硬链接时，系统并不会复制文件的内容，而是创建一个新的目录项，指向原有的数据块。

因此，硬链接和原文件共享相同的数据。删除其中一个链接，并不会影响另一个链接的存在和数据。

硬链接只能在同一个文件系统内创建。

生活例子：

就像你有两本完全相同的《智慧宝典》，无论哪一本被阅读或修改，另一本都保持不变（内容相同），且删除一本不影响另一本的存在。

软链接（符号链接）

场景：

现在你不想制作复制品了，而是想在书房里放一个便笺纸，上面写着："《智慧宝典》在书架 A 的第二层"。这样，当你需要这本书时，你只需要看便笺纸，就知道去哪里找了。

解释：

软链接就像是书房里的这个便笺纸。它是一个指向另一个文件路径的引用。

软链接本身并不包含文件的数据，而只是存储了目标文件的路径。

当你访问软链接时，系统会根据便笺纸上的路径去找到并访问实际的文件。

软链接可以跨文件系统创建，因为它们只是路径的引用。

如果原文件被删除或移动，软链接就会变成一个"死链接"，指向一个不存在的位置。

助学答疑

生活例子：

就像书房里的便笺纸，它告诉你《智慧宝典》在哪里，但如果你把《智慧宝典》移走了，便笺纸上的信息就变得无效了。

总结

硬链接：像是文件的复制品（但不是真的复制内容），共享相同的数据块，删除一个不影响另一个。

软链接：像是一个指向文件位置的便笺纸，只存储路径信息，原文件移动或删除后，软链接可能失效。

```
[root@A ~]#rm  -rf   /opt/*
[root@A ~]#echo  123   >   /opt/A.txt
[root@A ~]#ln  -s  /opt/A.txt  /opt/B.txt # 软链接
[root@A ~]#ls   /opt/
[root@A ~]#ln   /opt/A.txt  /opt/C.txt    # 硬链接
[root@A ~]#ls    /opt/
[root@A ~]#cat    /opt/B.txt
[root@A ~]#cat    /opt/C.txt
[root@A ~]#ls  -i   /opt                  # 查看硬盘存储 i 节点编号
[root@A ~]#rm  -rf   /opt/A.txt
[root@A ~]#ls   /opt/
[root@A ~]#cat  /opt/B.txt                # 软链接失效
cat: /opt/B.txt: 没有那个文件或目录
[root@A ~]#cat   /opt/C.txt               # 硬链接仍然有效
123
```

助学答疑

第 2 章　AI 赋能 Linux 操作系统管理

2.1　高效构建软件仓库

2.1.1　挂载

在 Linux 操作系统中，安装软件是一个重要的操作。要想安装软件，首先要获得软件包。那么如何获得软件包呢？可以通过网络下载，也可以通过安装系统的光盘镜像文件。这里最简单的是通过光盘镜像文件，那么如何在 Linux 命令行界面中显示光盘镜像文件的内容呢？

（1）将光盘镜像文件放入虚拟机的光驱设备。

（2）右击虚拟的选项卡，选择“设置”选项，如图 2.1 所示。

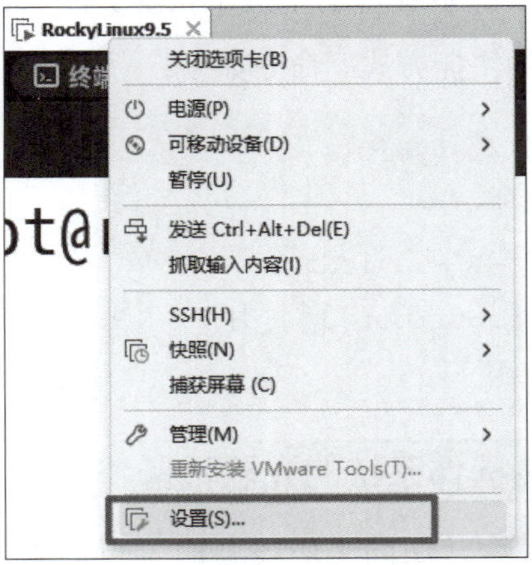

图 2.1

（3）在弹出的界面中，单击“CD/DVD”，选择“已连接”“启动时连接”，在“连接”中选择“使用 ISO 映像文件”，单击“浏览”按钮，导入安装系统时使用的 Rocky Linux 9.5 镜像文件，单击“确定”按钮，如图 2.2 所示。

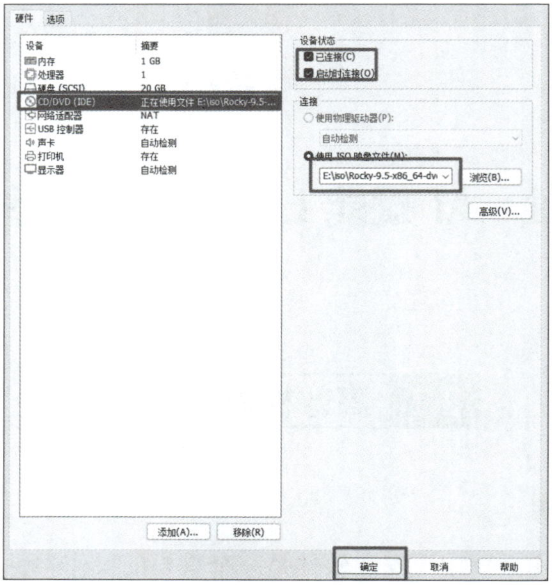

图 2.2

2.1.2　Linux 操作系统的光驱设备

Linux 操作系统的设计思想是“一切皆文件”，因此，其中的光驱设备也是用文件表示的，又称为设备文件。光驱的设备文件是 /dev/sr0，但是 sr0 这个名字不容易记住，于是系统自动生成了快捷方式 /dev/cdrom，但是一定要记住：cdrom 只是 sr0 的快捷方式。命令如下：

```
[root@nb ~]#ls /dev/sr0
/dev/sr0
[root@nb ~]#ls -l /dev/cdrom
lrwxrwxrwx. 1 root root 3  3月  4 19:17 /dev/cdrom -> sr0
[root@nb ~]#
```

2.1.3　访问 Linux 操作系统的光驱设备

在 Linux 操作系统中，访问光驱设备时不可以直接访问设备文件本身，而是必须通过挂载点作为媒介进行访问。

什么是挂载点呢？举个例子，在 Windows 系统中，用户访问自己的 U 盘时，需要双击 U 盘图标才能进入 U 盘，如果没有此图标，则无从访问进入。因此，这个图标就是访问 U 盘的媒介，又称为挂载点，如图 2.3 所示。

助学答疑

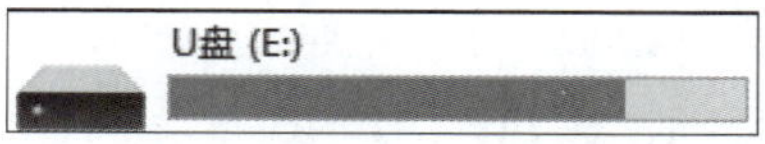

图 2.3

建议自己创建 Linux 操作系统中的挂载点，挂载点其实就是一个目录（文件夹）。

下面让 DeepSeek 举一些生活化的例子来理解挂载点。

提问：

利用生活化的例子，解释 Linux 操作系统的挂载点

解答：

在 Linux 操作系统中，挂载点（Mount Point）可以通过一个生活化的例子来解释：

想象你有一个大书架（代表 Linux 的文件系统），这个书架上有许多格子（代表目录），每个格子可以存放不同类型的书籍（代表文件）。现在，你手里有一本新书（代表一个新的存储设备或分区，如光驱设备、U 盘、硬盘分区等），你想把这本书放到书架上，以便随时阅读。

挂载点的概念就相当于你选择书架上的一个空格子，用来放置这本新书。一旦你把新书（存储设备或分区、光驱设备）放到这个格子（挂载点）里，这本书的内容（存储设备或分区、光驱设备上的文件）就变得可访问了。你只需打开这个格子（访问挂载点），就能阅读到新书的内容（存储设备或分区、光驱设备上的文件）。

具体来说：

书架（文件系统）：是 Linux 操作系统中存储和组织所有文件和目录的框架。

格子（目录）：是文件系统中的基本结构单元，用于存放文件和子目录。

新书（存储设备或分区）：是你想要访问的数据源，如一个 U 盘或一个硬盘分区。

选择空格子（选择挂载点）：你需要在文件系统中选择一个空的或合适的目录作为挂载点，这个目录将成为新书的“入口”。

放置新书（执行挂载命令）：使用 mount 命令将新书（存储设备或分区、光驱设备）放置到选定的格子（挂载点）中，使其内容变得可访问。

2.1.4 挂载操作

挂载操作让目录成为设备的访问点。命令示例如下：

```
[root@localhost /]# mkdir   /dvd
[root@localhost /]# ls    /
[root@localhost /]# ls    /dvd              # 显示内容为空
```

助学答疑

```
[root@localhost /]# mount   /dev/cdrom    /dvd
mount: /dvd: WARNING: device write-protected, mounted read-only.   # 只读提示
[root@localhost /]# ls    /dvd
AppStream  BaseOS  EFI  images  isolinux  LICENSE  media.repo
[root@nb ~]#ls /dvd/AppStream/Packages
 # 这里是进行软件包分类，是按照名字进行的分类，a 开头的软件包全部放到了
 #a 目录，b 开头的软件包全部放到了 b 目录……
[root@nb ~]#ls /dvd/AppStream/Packages/a    # 大致浏览一下软件包
```

卸载操作：

```
[root@localhost /]#umount  /dvd              # 卸载操作
[root@localhost /]#ls  /dvd                  # 目录内容为空
```

注意事项：

（1）卸载：当前所在的路径是挂载点目录，会认为有人正在使用。

```
[root@nb ~]#cd /dvd
[root@nb dvd]#umount /dvd
umount: /dvd: 目标忙.
[root@nb dvd]#
```

（2）允许：一个设备可以挂载到不同的挂载点目录。

（3）建议：最好自行创建挂载点目录。

（4）目前的挂载是临时的，重启系统会失效，后面章节会讲解开机自动挂载。

2.1.5 RPM 软件包

RPM 软件包由红帽公司提出，其 Red Hat、SUSE 等系列被采用，用于建立集中数据库，记录软件包安装 / 卸载等变化信息，分析软件包依赖关系。

安装 RPM 软件包不需要选择安装位置，也没有“下一步”，它是分散安装，而不是把所有产生的数据集中放在一个目录中。

助学答疑

2.1.6　RPM 软件包的一般安装位置

RPM 软件包的一般安装位置如下：

（1）普通执行程序：/usr/bin/ 、/bin/。

（2）服务器程序、管理工具：/usr/sbin/ 、/sbin/。

（3）配置文件：/etc/、/etc/ 软件名 /。

（4）日志文件：/var/log/、/var/log/ 软件名 /。

（5）程序文档、man 帮助手册页：/usr/share/doc/ 、/usr/share/man/。

注意：软件名不等同于软件包名。

（1）软件名：firefox。

（2）软件包名：firefox-128.4.0-1.el9_4.x86_64.rpm。

2.1.7　软件查询

软件查询命令如下：

（1）-q 或 --query：查询已安装软件包的信息。

（2）-l 或 --list：列出软件安装清单（在安装此软件时，在系统中产生了哪些数据）。

（3）-i 或 --info：列出软件的信息。

命令示例如下：

```
[root@localhost /]#rpm  -qa                  # 当前系统中所有已安装的软件包
[root@localhost /]#rpm  -q   firefox  # 查看 firefox 是否安装
[root@localhost /]#rpm  -q   httpd     # httpd 构建 Web 服务器软件
未安装软件包 httpd
[root@localhost /]#rpm  -q   bash
[root@localhost /]#rpm  -qa  |  grep  firefox
[root@localhost /]#rpm  -qa  |  wc   -l  # 统计已经安装多少个软件包
[root@localhost /]#rpm  -qi   firefox      # 查询软件信息
# 查询软件安装了哪些内容（安装清单）
[root@localhost /]#rpm  -ql   firefox
[root@localhost /]#rpm  -ql    firefox   |   less

[root@localhost /]#rpm  -qi   bash   # 查询软件信息
```

助学答疑

```
# 查询软件安装了哪些内容（安装清单）
[root@localhost /]#rpm  -ql   bash
[root@localhost /]#rpm  -ql    bash   |   less
```

（4）根据文件查询软件包。

格式：rpm -qf [文件路径]……

用途：查询某个目录 / 文件是由哪个 RPM 软件包带来的。

注意：在 Linux 操作系统中，软件名与软件所产生的程序名，不一定是一致的。例如，net-tools 软件产生的程序为 ifconfig。

命令示例如下：

```
[root@localhost ~]#which  vim  # 查询命令对应的程序文件
/usr/bin/vim
[root@localhost ~]#rpm  -qf   /usr/bin/vim
vim-enhanced-8.2.2637-21.el9.x86_64
[root@localhost ~]#rpm  -q   vim-enhanced
vim-enhanced-8.2.2637-21.el9.x86_64
[root@localhost ~]#rpm  -qf   /usr/sbin/poweroff
[root@localhost ~]#rpm  -qf   /usr/sbin/ifconfig
```

（5）查询软件包（参数软件包名）。

-qpl：列出 RPM 软件包内的文件信息。

-qpi：列出 RPM 软件包的描述信息。

命令示例如下：

```
[root@nb ~]#rpm -q vsftpd    # 查询 vsftpd 软件是否安装
未安装软件包 vsftpd
[root@nb ~]#mount /dev/cdrom  /mnt/
mount: /mnt: WARNING: source write-protected, mounted read-only.
[root@nb ~]#
[root@nb ~]#ls /mnt/
AppStream  BaseOS  EFI  images  isolinux  LICENSE  media.repo
[root@nb ~]#ls /mnt/AppStream/Packages/v/vsftpd-3.0.5-6.el9.x86_64.rpm
/mnt/AppStream/Packages/v/vsftpd-3.0.5-6.el9.x86_64.rpm
```

助学答疑

查询软件包的安装清单：

```
[root@nb ~]#rpm -qpl /mnt/AppStream/Packages/v/vsftpd-3.0.5-6.el9.x86_64.rpm
```

查询软件包信息

```
[root@nb ~]#rpm -qpi /mnt/AppStream/Packages/v/vsftpd-3.0.5-6.el9.x86_64.rpm
```

2.1.8 导入红帽签名信息

红帽签名，通常是指红帽为其软件产品生成的数字签名。这种签名技术使用非对称密钥加密和解密算法，为软件生成一个唯一的、不可伪造的标识。

红帽签名的作用：

（1）验证软件完整性：红帽签名可以确保软件在传输过程中未被篡改。任何对软件的修改都会导致红帽签名验证失败，从而提醒用户避免使用被修改过的软件。

（2）验证软件来源：通过验证红帽签名，用户可以确认软件是否来自红帽官方或其他受信任的发布者。这有助于防止未经授权的第三方软件的使用，减少潜在的安全风险。

当然，如果此软件包没有红帽签名，也并不代表一定会有风险，的确有一些开源软件没有红帽签名信息。

由于当前系统不认识红帽签名信息，因此导致查询光盘中的软件包会有警告提示。下面将红帽签名信息导入当前系统，以识别红帽签名信息。

命令示例如下：

```
[root@nb ~]#rpm --import /etc/pki/rpm-gpg/RPM-GPG-KEY-Rocky-9
[root@nb ~]#rpm -qpi /mnt/AppStream/Packages/v/vsftpd-3.0.5-6.el9.x86_64.rpm  #没有警告输出
```

也可以利用 DeepSeek 通俗化地解释一下“红帽签名”。

提问：

利用通俗易懂的语言，解释 Linux 操作系统中的“红帽签名”

助学答疑

解答：

在 Linux 操作系统中，“红帽签名”就像是一个官方的“印章”或“认证标志”，用来确保软件的真实性和完整性。下面我用通俗易懂的语言来解释这个概念：

什么是红帽签名？

红帽（Red Hat）是一家知名的 Linux 操作系统发行版提供商。当我们谈论“红帽签名”时，我们指的是红帽公司为其发布的软件或软件包添加的一种数字标识。这个标识就像是一个电子版的“签名”，用于告诉用户：“这个软件是红帽官方发布的，而且没有被篡改过。”

红帽签名的作用

确保软件的真实性：

在网络上，有很多软件可能被恶意篡改或冒充。红帽签名就像是一个官方的“身份证”，让用户能够确认他们下载的软件确实是红帽官方发布的。

保证软件的完整性：

在软件从服务器传输到用户电脑的过程中，可能会被不法分子篡改。红帽签名可以确保软件在传输过程中没有被修改过，保持了原始的完整性。

2.1.9 利用 rpm 命令安装软件

rpm 命令的选项如下：

（1）-i 或 --install：表示安装操作。

（2）-v 或 --verbose：表示详细模式。这个选项会让 rpm 命令在安装或查询过程中显示更多的信息，包括正在处理的文件、进度条等，有助于用户了解安装或查询的详细过程。

（3）-h 或 --hash：表示显示安装进度。这个选项会在安装过程中以哈希标记的形式显示进度条，让用户能够直观地看到安装的进度。

（4）-e 或 --erase：表示卸载操作。这是 rpm 命令用于卸载已安装软件包的基本选项。

命令示例如下：

```
[root@nb ~]#rpm -q vsftpd
未安装软件包 vsftpd
[root@nb ~]#rpm -ivh /mnt/AppStream/Packages/v/vsftpd-3.0.5-6.el9.x86_64.rpm
Verifying...                          #############################[100%]
```

助学答疑

```
准备中 ...                          ##########################
#########[100%]
正在升级 / 安装 ...
   1:vsftpd-3.0.5-6.el9                     #####################
##############[100%]
[root@nb ~]#rpm -q vsftpd   # 查看软件是否安装成功
vsftpd-3.0.5-6.el9.x86_64

[root@nb ~]#rpm -evh vsftpd   # 卸载软件
准备中 ...                          ##########################
#########[100%]
正在清理 / 删除 ...
   1:vsftpd-3.0.5-6.el9                     #####################
##############[100%]
[root@nb ~]#rpm -q vsftpd   # 查看软件是否卸载成功
未安装软件包 vsftpd
```

2.1.10 软件依赖关系

例如，在安装 A 软件时，无法直接安装，会提示依赖于 B 软件，需要首先找到 B 软件并安装，然后安装 A 软件，这种关系就称为依赖关系。依赖检测命令如下：

```
[root@nb ~]#rpm -ivh /mnt/AppStream/Packages/h/
httpd-2.4.62-1.el9.x86_64.rpm
错误：依赖检测失败：
httpd-core = 0:2.4.62-1.el9 被 httpd-2.4.62-1.el9.x86_64 需要
system-logos-httpd 被 httpd-2.4.62-1.el9.x86_64 需要
[root@nb ~]#
```

2.1.11 Yum 软件仓库

如何解决因依赖关系自动安装软件包呢？答案是 Yum 软件仓库。

Yum（Yellow dog Updater Modified）软件仓库是一个基于 RPM 软件包构建的软件更新机制。其主要作用是自动化处理软件包的安装、升级和卸载等操作，同时自动解决软件包之间的依赖关系。这极大地简化了 Linux 操作系统管理员的工作，提高了软件管理的效率。

助学答疑

我们可以简单地将 Yum 作为一个新的命令，只不过这个命令不可以直接使用，必须要构建软件仓库，那么如何构建软件仓库呢？

2.1.12 构建软件仓库

软件仓库其实就是一个目录，该目录包括两类要素：一是众多的软件包；二是仓库清单（仓库数据文件）。仓库清单可通俗理解为众多的软件包信息，如包的数量、软件版本、软件包分类等。

那么这两类要素在哪里呢？用户可以自己制作，也可以使用光盘中的 AppStream 目录。这是一个完美的软件仓库，其中既有众多的软件包，又有仓库清单。AppStream 目录中的内容如下：

```
[root@nb ~]#ls /mnt/AppStream/     # 注意：AppStream 在 /mnt 中是因为
                                   # 将光驱设备挂载到此目录
Packages（众多的软件包）  repodata（仓库清单）
[root@nb ~]#
```

在运行 yum 命令时，系统会通过仓库配置文件找到软件仓库的位置。软件仓库配置文件的主要作用就是指引软件仓库的具体位置。

使用软件仓库配置文件的注意事项：

（1）必须在 /etc/yum.repos.d 中。

（2）文件名必须要以“.repo”结尾。

（3）错误文件会影响正确的文件。

软件仓库配置文件完整实例如下：

```
[root@localhost /]#vim  /etc/yum.repos.d/mydvd.repo
[xixi]
name=xixi
baseurl=file:///mnt/AppStream
enabled=1
gpgcheck=1
gpgkey=file:///etc/pki/rpm-gpg/RPM-GPG-KEY-Rocky-9
[haha]
name=xixi
baseurl=file:///mnt/BaseOS
```

助学答疑

```
enabled=1
gpgcheck=1
gpgkey=file:///etc/pki/rpm-gpg/RPM-GPG-KEY-Rocky-9
```

在不检测红帽签名信息时，可以少写一行 gpgkey，因此为了提高效率，可以使用 gpgcheck=0 不检测红帽签名信息。命令示例如下：

```
[root@nb ~]#ls /etc/yum.repos.d/
rocky-addons.repo   rocky-devel.repo   rocky-extras.repo
rocky.repo
[root@nb ~]#mkdir  /etc/yum.repos.d/bak
[root@nb  ~]#mv  /etc/yum.repos.d/*.repo   /etc/yum.repos.d/
bak    # 移动原有配置文件防止影响
[root@nb ~]#ls /etc/yum.repos.d/
bak
[root@nb ~]#ls /etc/yum.repos.d/bak/
rocky-addons.repo   rocky-devel.repo   rocky-extras.repo
rocky.repo
[root@nb ~]#
[root@nb ~]#vim /etc/yum.repos.d/mylinux.repo # 此文件不可以写注解
[haha]                  # 软件仓库的标识
name=xixi               # 软件仓库描述信息，可以省略
# 指定软件仓库位置 file://，表示本地为服务端
baseurl=file:///mnt/AppStream
enabled=1               # 软件仓库是否启用，1 表示启用，可以省略
gpgcheck=0              # 是否检测软件包红帽签名信息，不检测红帽签名信息

[root@nb ~]#yum   repoinfo    # 查看本机识别的软件仓库
......
仓库 ID              : haha
仓库名称             : xixi
......
软件仓库的软件包            : 5,942
软件仓库的可用软件包 : 5,693
......
软件仓库基本 URL          : file:///mnt/AppStream
......
```

助学答疑

```
仓库文件名          : /etc/yum.repos.d/mylinux.repo
软件包总数: 5,942
[root@nb ~]#
```

其实，光盘中有两个完美的软件仓库，除了 AppStream 目录，还有 BaseOS 目录。命令示例如下：

```
[root@nb ~]#ls /mnt/BaseOS/
Packages(众多的软件包)   repodata(仓库清单)
[root@nb ~]#vim /etc/yum.repos.d/mylinux.repo # 增加一个软件仓库
[haha]
name=xixi
baseurl=file:///mnt/AppStream
enabled=1
gpgcheck=0
[xixi]                  # 必须修改软件仓库的标识，因为两个软件仓库不能重复
                        # 软件仓库描述信息，两个软件仓库可以相同，也可以不同
name=xixi
baseurl=file:///mnt/BaseOS    # 指定软件仓库位置
enabled=1
gpgcheck=0
[root@nb ~]#yum repoinfo
……
仓库 ID              : haha
仓库名称             : xixi
……
软件仓库的可用软件包 : 5,693
……
软件仓库基本 URL          : file:///mnt/AppStream
……
仓库文件名          : /etc/yum.repos.d/mylinux.repo

仓库 ID              : xixi
仓库名称             : xixi
……
软件仓库的可用软件包 : 1,170
……
```

助学答疑

```
软件仓库基本 URL          : file:///mnt/BaseOS
......
仓库文件名          : /etc/yum.repos.d/mylinux.repo
软件包总数: 7,112
[root@nb ~]#
```

如果不想自己写软件仓库配置文件，也可以通过 DeepSeek 进行助力。但是用户还是要懂得 Yum 技术，因为有时 DeepSeek 的回答也会出错，需要用户审查。

提问：

Rocky Linux 9.5 操作系统，我已经将光驱设备挂载到 /mnt，请书写软件仓库配置文件内容

解答：

在 Rocky Linux 9.5 操作系统中，如果你已经将光驱设备挂载到 /mnt 目录，并且希望将其用作软件仓库，你需要创建一个软件仓库配置文件。通常，这个文件会放在 /etc/yum.repos.d/ 目录下，并且以 .repo 为扩展名。以下是一个示例软件仓库配置文件的内容，你可以根据需要进行调整：

```
[cdrom-app]
name=Rocky Linux 9.5 - CD-ROM Repository
baseurl=file:///mnt/AppStream
enabled=1
gpgcheck=0
[cdrom-base]
name=Rocky Linux 9.5 - CD-ROM Repository
baseurl=file:///mnt/BaseOS
enabled=1
gpgcheck=0
```

解释：

[cdrom-repo]：

这是软件仓库的 ID，必须是唯一的。你可以根据需要为其命名。

name=Rocky Linux 9.5 - CD-ROM Repository：

这是软件仓库的描述性名称，可以是任何有助于识别软件仓库的文本。

baseurl=file:///mnt/AppStream

baseurl 定义了软件仓库的源位置。在这里，我们使用 file:///mnt/AppStream

助学答疑

来表示软件仓库位于本地挂载的 /mnt/AppStream 目录下。

enabled=1：

enabled 决定了这个软件仓库是否启用。1 表示启用，0 表示禁用。

gpgcheck=0：

gpgcheck 决定了 yum 在安装软件包时是否检查 GPG 签名，0 表示不检查，1 表示检查。对于本地光盘仓库，通常不需要检查 GPG 签名，因此这里设置为 0。

2.1.13 Yum 软件仓库的使用

下面介绍 Yum 软件仓库的使用。

（1）安装软件。本小节只需掌握软件的安装即可，关于软件的使用在后面章节讲解。

命令示例如下：

```
[root@localhost ~]#yum   -y   install   httpd    #-y 选项表示 yes，找
#到软件包直接进行安装
[root@localhost ~]#rpm    -q    httpd   # 检测软件是否安装成功

[root@localhost ~]#yum    -y    install    gcc
[root@localhost ~]#rpm    -q     gcc
```

（2）卸载软件。命令示例如下：

```
[root@localhost ~]#yum    remove    gcc   # 建议不要使用 -y 选项，
                                          # 确认好是否要卸载
[root@localhost ~]#yum    remove    httpd

[root@localhost ~]#rpm  -q  gcc
[root@localhost ~]#rpm  -q  httpd
```

（3）Yum 软件仓库的查询。命令示例如下：

```
]#yum list   ftp                    # 查询软件仓库是否有 ftp 软件
可安装的软件包                       # 表示当前系统没有安装该软件

]#yum   list   httpd
]#yum   search   ftp                    # 包含 ftp 就匹配
]#yum   provides   /etc/passwd          # 查询软件仓库中哪个软件包产生该文件
```

助学答疑

如果不慎删除某个文件，也可以通过 Yum 安装软件进行恢复。

例如，不小心删除了 /usr/bin/hostname，就可以通过 Yum 进行修复。

命令示例如下：

```
]#rm   -rf   /usr/bin/hostname
]#ls    /usr/bin/hostname
ls: 无法访问 /usr/bin/hostname: 没有那个文件或目录
]#yum  provides  /usr/bin/hostname  #查询软件仓库中哪个软件产生了
                                    #此程序

]#yum   -y    reinstall   hostname  #覆盖安装
]#ls   /usr/bin/hostname
/usr/bin/hostname
```

注意：不是任意数据被删除后都可以恢复，只能是一些小的失误，如果将 /etc 目录删除了，就无法恢复了。

（4）清空缓存。在使用 Yum 的过程中，会到硬盘上读取软件仓库清单，但是每次读取软件仓库清单较慢，硬盘的读写速度也慢，所以需要提高效率。Yum 会自动将硬盘上的软件仓库清单缓存到内存中。

命令示例如下：

```
[root@localhost ~]#yum  clean   all        #清空 Yum 的缓存
[root@localhost ~]#yum   repoinfo          #列出软件仓库信息
[root@localhost ~]#yum   repoinfo          #列出软件仓库信息
```

2.2 用户权限管理体系构建与优化

2.2.1 用户与组简介

1. 用户

作用：用户在 Linux 操作系统中有两个重要作用。

- 用于登录操作系统。
- 用于标识用户权限。

助学答疑

在 Linux 操作系统中，每个用户都有用户名进行标识，除此之外，还有一个重要的标识——UID(用户标识号)。在 Linux 操作系统中创建一个用户时，系统会自动为该用户生成一个唯一的数字标识，这个数字就称为 UID。UID 是从 0 开始编号的数字，默认最大值为 60000。默认情况下，UID 是唯一的，但后续有一些方法可以实现 UID 的重复。UID 的分层体系如下：

- 管理员 root 的 UID 永远为 0。
- 系统用户（Linux 操作系统提供服务或运行程序的用户）的 UID 范围为 1～999。
- 普通用户的 UID 默认从 1000 开始。

2. 组

作用：组可以将多个用户加入其中，从而方便管理用户。组也有组名进行标识，除此之外，还有一个标识——GID（组标识号）。GID 是从 0 开始编号的数字，默认最大值为 60000。在 Linux 操作系统中创建一个组时，系统会自动为该组生成一个唯一的数字标识，这个数字就称为 GID。

原则：在 Linux 操作系统中，一个用户必须至少属于一个组。

组账户的分类：

- 基本组：一般情况下，基本组与用户同名。一个用户必须有且仅有一个基本组。
- 附加组（从属组）：一个用户可以有多个附加组，也可以没有附加组。

例如，在 Linux 操作系统中创建一个用户 zhangsan 时，为了保证一个用户必须至少属于一个组，系统会自动创建一个与用户同名的组，即组名也是 zhangsan，然后将用户 zhangsan 加到 zhangsan 组中。如果将用户 zhangsan 删除，这个同名的 zhangsan 组通常也会被删除。这个同名的 zhangsan 组就是用户 zhangsan 的基本组。此外，用户还可以手动创建其他组，如 wudang 和 shaolin，并将用户 zhangsan 加到 wudang 和 shaolin 两个组中。此时，wudang 和 shaolin 就是用户 zhangsan 的附加组。

那么，wudang 组是否可以成为另一个用户 lisi 的基本组呢？答案是可以的，通过命令可以实现这一点。如果创建用户 lisi 时，指定他的基本组为 wudang，那么在创建用户 lisi 时不会再创建同名的 lisi 组。

助学答疑

2.2.2　用户基本信息配置文件

在 Linux 操作系统中，每创建一个用户，该用户的信息都会被记录在 /etc/passwd 文件中，一个用户信息占用一行，所以统计 /etc/passwd 文件的行数，就是 Linux 操作系统创建的用户数。

/etc/passwd：存放用户基本信息配置文件，用冒号分隔了 7 个字段。

查看 /etc/passwd 文件的命令示例如下：

```
[root@localhost ~]#head -1  /etc/passwd    # 显示文件第一行
root:x:0:0:root:/root:/bin/bash
用户名：密码占位符：UID：基本组 GID：用户描述信息：家目录：解释器
其中“密码占位符”不管用户有没有密码，都显示 x

[root@localhost ~]#useradd  wangwu
[root@localhost ~]#grep  wangwu  /etc/passwd
用户名：密码占位符：UID：基本组 GID：用户描述信息：家目录：解释器

[root@localhost ~]#id  wangwu    # 查看用户基本信息
uid=1001(wangwu) gid=1001(wangwu) 组 =1001(wangwu)
uid=1001(wangwu)：用户的 UID
gid=1001(wangwu)：此处永远只显示基本组
组 =1001(wangwu)：此处显示用户一共属于哪些组，包括基本组与附加组
```

2.2.3　用户管理

用户管理命令如下：

1. useradd

用途：创建用户。

常用命令参数如下：

（1）-u：创建用户时，用于指定用户的 UID 编号。

```
[root@localhost ~]#useradd  nsd01
[root@localhost ~]#ls  /home/    # 查看家目录
# 查看用户 nsd01 的信息
[root@localhost ~]#grep  nsd01  /etc/passwd
[root@localhost ~]#id  nsd01      # 查看用户 nsd01 的基本信息
[root@localhost ~]#id  gaga
```

助学答疑

```
id: gaga: no such user                    # 无此用户
[root@localhost ~]#useradd  -u  1200  nsd02  # 指定 UID 创建用户
[root@localhost ~]#id   nsd02          # 查看用户 nsd02 的基本信息
[root@localhost ~]#grep   nsd   /etc/passwd    # 查看用户信息
[root@localhost ~]#useradd   nsd03
[root@localhost ~]#grep   nsd    /etc/passwd
[root@localhost ~]#id   nsd03
```

（2）-d：指定宿主目录（家目录），默认为 /home/ 用户名（不可以事先新建用户的家目录）。

Linux 允许一个用户存在，但是此用户没有家目录。后面章节将详细讲解如何修复用户家目录。

命令示例如下：

```
[root@localhost ~]#useradd  -d  /opt/nsd04   nsd04
[root@localhost ~]#grep   nsd04   /etc/passwd
[root@localhost ~]#ls  /opt/

[root@localhost ~]#useradd   -d  /opt/haha05   nsd05
[root@localhost ~]#grep  nsd05   /etc/passwd
[root@localhost ~]#ls   /opt/
```

（3）–G：指定所属的附加组。

（4）–g：指定基本组（了解一下）。

```
[root@localhost ~]#groupadd    stugrp     # 单独创建 stugrp 组
[root@localhost ~]#useradd  -G   stugrp   nsd06
[root@localhost ~]#id  nsd06

[root@localhost ~]#useradd  -G   stugrp   nsd07
[root@localhost ~]#id   nsd07
[root@localhost ~]#groupadd    tmooc    # 单独创建 tmooc 组
[root@localhost ~]#useradd  -G   stugrp,tmooc   nsd11
[root@localhost ~]#id  nsd11
```

（5）–s：指定用户的登录解释器 /bin/bash。

（6）shell：壳，解释器。

助学答疑

（7）/sbin/nologin：禁止用户登录操作系统。

命令示例如下：

```
[root@localhost ~]# useradd  -s  /sbin/nologin   nsd10
[root@localhost ~]# grep   nsd10     /etc/passwd
[root@localhost ~]# useradd  -s  /sbin/nologin   nsd12
[root@localhost ~]# grep   nsd12    /etc/passwd
```

2. usermod

用途：修改用户属性。

常用的命令参数如下：

（1）–l：修改用户账号的登录名称。

（2）–u：修改用户的 UID。

（3）–s：修改登录解释器。

命令示例如下：

```
]#useradd   nsd13
]#id   nsd13
]#grep  nsd13  /etc/passwd
]#usermod  -l  stu13   nsd13              # 修改用户名字
]#id  stu13
]#usermod  -u  1600   stu13               # 修改用户的 UID
]#id  stu13
]#usermod  -s   /sbin/nologin  stu13      # 修改用户的解释器程序
]#grep  stu13  /etc/passwd
```

（4）–d：指定家目录路径（默认不会自动创建新的家目录）。

命令示例如下：

```
]#useradd   nsd15
]#grep  nsd15   /etc/passwd
]#ls   /home/
]#usermod   -d  /etc/abc   nsd15
]#grep   nsd15   /etc/passwd
]#ls  /etc/abc
ls: 无法访问 /etc/abc: 没有那个文件或目录
]#useradd   nsd16
```

助学答疑

```
]#grep  nsd16  /etc/passwd
]#ls  /home/
]#usermod  -md  /mnt/abc16  nsd16  # 将用户原有的家目录进行移
                                   # 动，并且设置相应的权限
]#grep  nsd16  /etc/passwd
]#ls  /mnt
```

（5）-G：修改用户的附加组，重置附加组（了解）。

命令示例如下：

```
[root@localhost ~]#useradd  nsd17
[root@localhost ~]#id  nsd17
[root@localhost ~]#usermod  -G  stugrp  nsd17
[root@localhost ~]#id  nsd17
[root@localhost ~]#groupadd  tmooc        # 创建组
[root@localhost ~]#groupadd  wudang       # 创建组
[root@localhost ~]#usermod  -G  tmooc  nsd17
[root@localhost ~]#id  nsd17
[root@localhost ~]#usermod  -G  wudang,stugrp  nsd17
[root@localhost ~]#id  nsd17
```

另外，管理员还可以直接使用 vim 命令修改 /etc/passwd 文件内容，达到修改用户属性的目的。

3. userdel

用途：删除用户。

格式：userdel [-r] 用户名

如果添加 -r 选项，家目录 / 发给用户的邮件也一并删除。命令示例如下：

```
[root@localhost ~]#userdel  -r  nsd18  # 连同家目录一并删除
[root@localhost ~]#ls  /home
[root@localhost ~]#userdel  nsd20  # 不删除家目录，只删除用户信息
[root@localhost ~]#ls  /home
[root@localhost ~]#userdel  -r  nsd01  # 连同家目录一并删除
[root@localhost ~]#ls  /home
```

2.2.4 用户密码设置

用户密码设置命令如下：

助学答疑

1. passwd

用途：设置用户的密码。

命令示例如下：

```
[root@localhost ~]#useradd   nsd18
[root@localhost ~]#passwd   nsd18   # 交互式设置
更改用户 nsd18 的密码 。
新的密码：                        # 输入新密码
无效的密码：密码少于 8 个字符
重新输入新的密码：                  # 重新输入新密码
passwd：所有的身份验证令牌已经成功更新。
[root@localhost ~]#su  -  nsd18     # 临时切换用户身份
[nsd18@qq ~]$ passwd
更改用户 nsd18 的密码 。
当前的密码：                          # 输入旧密码
新的密码：                        # 输入新的密码，必须满足密码复杂度
重新输入新的密码：                  # 重新输入新的密码
passwd：所有的身份验证令牌已经成功更新。
[nsd18@qq ~]$ exit              # 退出，回到原来用户身份
注销
```

2. /etc/shadow

用途：保存密码字串 / 有效期等信息。

每个用户记录一行，以“：”分割为 9 个字段。命令示例如下：

```
[root@localhost ~]#grep  nsd18  /etc/shadow
nsd18:$6$NVe937Nd$B0n94XrpQ.LipQHTpYh0iV/M4jCLdccfHxzRLprdxDzwk8WDDh/TzdTfh8lA9y9WKJ.8Ls/l5.w/1W.nV6CFX/:18481:0:99999:7:::
```

在以上命令中：

字段 1：表示用户账号的名称。

字段 2：表示加密后的密码字符串。

字段 3：表示上次修改密码的时间。

字段 4：表示密码的最短有效天数，默认为 0。

字段 5：表示密码的最长有效天数，默认为 99999。

字段 6：表示密码过期前的警告天数，默认提前 7 天进行警告。

助学答疑

字段 7：表示密码过期后多少天禁用此用户账号。

字段 8：账号失效时间，默认值为空。

字段 9：保留字段（未使用）。

上次修改密码的时间是指自 1970-1-1 到达上次修改密码的时间，所经历的天数。

非交互式设置密码命令示例如下：

```
[root@qq ~]#echo 123456  |  passwd  --stdin  nsd01
更改用户 nsd01 的密码 。
passwd：所有的身份验证令牌已经成功更新。

[root@qq ~]#echo redhat123  |  passwd  --stdin  nsd01
更改用户 nsd01 的密码 。
passwd：所有的身份验证令牌已经成功更新。
[root@qq ~]#
```

2.2.5 用户配置文件

用户配置文件命令如下：

（1）~/.bashrc：每次进入新的 Bash 环境时执行（开启新的终端）。

命令示例如下：

```
[root@localhost ~]#vim   /root/.bashrc   #定义永久别名
……
alias  hn='hostname'
alias  haha='echo  您真帅'
……

开启新的终端进行测试：
[root@localhost ~]#hn
[root@localhost ~]#haha
```

（2）/etc/bashrc：全局配置文件，影响全体用户（开启新的终端）。

命令示例如下：

```
[root@localhost ~]#vim   /etc/bashrc
……
alias   hi='echo   阳光明媚'
……
```

助学答疑

```
# 新开启一个终端验证
[root@localhost ~]#useradd  nsd21
[root@localhost ~]#su  -  nsd21    # 相当于开启新的终端
[nsd21@localhost ~]$ hi
[nsd21@localhost ~]$ exit
登出
[root@localhost ~]#
```

2.2.6　组账号管理

存放系统所有组信息的配置文件 /etc/group（基本组与附加组信息都存放在此文件中）中的一行为一个组信息。

命令示例如下：

下面新建组并查看其信息：

```
[root@localhost ~]#groupadd   tarena              # 新建一个组
[root@localhost ~]#grep  tarena  /etc/group       # 查看组信息
tarena:x:1607:
组名字：密码占位符：GID：组成员列表

[root@localhost ~]#useradd  kaka
[root@localhost ~]#useradd  nb
[root@localhost ~]#useradd  jack
[root@localhost ~]#useradd  kenji
```

组账号管理命令如下：

1. gpasswd 命令

用途：添加附加组，将用户加入组。

格式：gpasswd [选项] …… 组名

常用的命令选项：

（1）–a：添加组成员，每次只能加一个。

（2）–d：删除组成员，每次只能删一个。

（3）–M：定义（重置）组成员用户列表，可设置多个用户。

命令示例如下：

```
]#gpasswd  -a  kaka  tarena          # 添加用户 kaka 到 tarena 组
]#grep  tarena  /etc/group           # 查看组信息
```

助学答疑

```
]#id   kaka
]#gpasswd   -a   nb   tarena          # 添加用户 nb 到 tarena 组
]#grep   tarena   /etc/group
]#gpasswd  -M  'jack,kenji'   tarena  # 定义组成员列表
]#grep   tarena   /etc/group
]#gpasswd   -a    nb   tarena         # 添加用户 nb 到 tarena 组
]#grep  tarena   /etc/group
]#gpasswd   -d   nb  tarena           # 将用户 nb 从 tarena 组中删除
]#grep   tarena    /etc/group
]#gpasswd   -M  ''      tarena        # 删除组中的所有成员
]#grep  tarena   /etc/group
```

在 Linux 操作系统中，所有组成员都由 root 用户进行管理，普通用户没有相关权限，这样一来，root 用户的工作量将变得很大，如何解决这个问题呢？

下面使用 DeepSeek 来助力解决。

提问：

在 Linux 操作系统中管理组成员，如何减轻 root 用户的负担呢？

解答：

可以使用 gpasswd　-A 设置组管理员

默认 Linux 操作系统中只有 root 用户，可以管理所有组的成员。假设 tarena 组的成员变化较为频繁，只有 root 用户有权限，会增加管理员 root 的负担，所以委任一位普通用户 nb，让这位普通用户具有管理 tarena 组成员的权限，这样可以减轻管理员负担。但是要注意，nb 用户只能管理相应的组，不可以管理所有的组。

```
[root@localhost ~]#su  -  nb
[nb@localhost ~]$ gpasswd  -a  kaka  tarena
gpasswd：没有权限。
[nb@localhost ~]$ exit
[root@localhost ~]#gpasswd  -A  nb  tarena  # 设置组管理员
[root@localhost ~]#su  -  nb
[nb@localhost ~]$ gpasswd  -a  kaka  tarena
正在将用户“kaka”加入到“tarena”组中
[nb@localhost ~]$ exit
[root@localhost ~]#
/etc/gshadow
用途：存放所有组的管理信息，可以通过此文件查看组管理员
[root@localhost ~]#grep   tarena  /etc/gshadow
```

助学答疑

```
tarena:!:nb:
组名：密码加密字符串：组的管理员列表：组成员列表
# 设置多个组管理员
[root@localhost /]#gpasswd  -A  'nb,kenji'  tarena
[root@localhost /]#grep  tarena  /etc/gshadow

# 删除所有的组管理员
[root@localhost /]#gpasswd  -A  ''  tarena
[root@localhost /]#grep  tarena  /etc/gshadow
```

2. groupdel 命令

用途：删除组账号。

注意：删除组时，不可以删除基本组。

命令示例如下：

```
[root@localhost ~]#groupdel  tarena
[root@localhost ~]#groupdel  tmooc
[root@localhost ~]#grep  tmooc  /etc/group
[root@localhost ~]#grep  tarena  /etc/group
```

2.3 DeepSeek 精细化权限控制策略

2.3.1 用户的基本权限简介

用户的基本权限包括：

（1）读取权限（Read）：用于查看内容，用字母 r 表示。

（2）写入权限（Write）：用于修改内容，用字母 w 表示。

（3）执行权限（Excute）：用于运行和切换，用字母 x 表示。

注意：写入不包括读取权限，以上三个权限是独立的，所以一般情况下，在赋予 w 权限的同时，也要赋予 r 权限较为合理。

1. 对于文本文件

（1）r（读取权限）：可以查看文件内容，如 cat、less、grep、head、tail。

（2）w（写入权限）：可以修改文件内容，如 vim、>、>>。

（3）x（执行权限）：如果为正常文字内容，则赋予执行权限没有意义；如

助学答疑

果在为代码，赋予执行权限才会有意义。

2. 对于目录

（1）r（读取权限）：ls 命令用于查看目录内容。

（2）w（写入权限）：能够创建、删除、修改目录的内容，注意不可修改目录本身。

（3）x（执行权限）：能够用 cd 命令切换到此目录下（进入此目录）。

2.3.2 文档归属关系

文档归属关系包括：

（1）所有者(属主)：拥有此文件 / 目录的用户，–user 命令用字母 u 表示，一般为数据的创建者，默认数据的所有者只能有一个。

（2）所属组(属组)：拥有此文件 / 目录的组，–group 命令用字母 g 表示，一般是所有者的基本组会成为数据的所属组，但也可以是创建的组。数据的所属组默认只能有一个。

（3）其他人：除所有者、所属组以外的用户，–other 命令用字母 o 表示。

命令示例如下：

```
[root@localhost /]# ls   -l    example.txt     # 长格式显示

-rw-r--r-- 1 user group 1024 Oct 12 10:30 example.txt
```

-：表示数据的类型，以 - 开头为文本文件；以 d 开头为目录；以 l 开头为链接文件

rw-r--r--：权限显示，永远排列顺序是 rwx，第一组 rw- 为所有者权限；第二组 r-- 为所属组权限；第三组 r-- 为其他人权限

1：文件的硬链接数为 1，如果数据是目录，该数字表示子目录（算上隐藏目录）的个数

user：文件的所有者

group：文件所属的组

1024：文件的大小为 1024 字节。

Oct 12 10:30：文件的最后修改时间为 10 月 12 日 10:30。

example.txt：文件的名称。

下面介绍在 Linux 操作系统中判断用户权限的方法。

（1）查看用户对于该数据所处的身份。

（2）查看相应身份的权限位。

助学答疑

命令示例如下：

```
[root@nb ~]#ls -ld /etc
drwxr-xr-x. 131 root root 8192  3月 13 20:17 /etc
[root@nb ~]#id zhangsan
用户 id=1000(zhangsan) 组 id=1000(zhangsan) 组 =1000(zhangsan)
# 可以看出 /etc 目录的所有者为 root，所属组为 root 组，而用户 zhangsan 只属于
#zhangsan 组，所以用户 zhangsan 是 /etc 目录的其他人身份，其他人对于 /etc 目
# 录是 r-x 权限
```

2.3.3 修改权限

chmod 命令用于修改数据的权限。命令示例如下：

```
[root@localhost ~]#mkdir   /nsd10
[root@localhost ~]#ls   -ld   /nsd10
[root@localhost ~]#chmod   u-w    /nsd10      # 所有者去掉 w 权限
[root@localhost ~]#ls -ld    /nsd10
[root@localhost ~]#chmod   u+w  /nsd10      # 所有者加上 w 权限
[root@localhost ~]#ls  -ld   /nsd10
[root@localhost ~]#chmod   g+w   /nsd10      # 所属组加上 w 权限
[root@localhost ~]#ls   -ld    /nsd10
[root@localhost ~]#chmod    g=r    /nsd10  # 所属组重新定义权限
[root@localhost ~]#ls    -ld    /nsd10
[root@localhost ~]#chmod    a=rwx    /nsd10      #a 表示所有人
[root@localhost ~]#ls   -ld    /nsd10
[root@localhost ~]#chmod  u=---,g=rx,o=rwx     /nsd10
[root@localhost ~]#ls   -ld   /nsd10
```

chmod 命令中的参数 –R 表示递归修改权限。命令示例如下：

```
[root@localhost ~]#mkdir   -p   /opt/aa/bb/cc
[root@localhost ~]#chmod  -R   a=rwx   /opt/aa
[root@localhost ~]#ls   -ld    /opt/aa
[root@localhost ~]#ls   -ld    /opt/aa/bb
[root@localhost ~]#ls   -ld    /opt/aa/bb/cc
```

下面通过具体案例介绍如何设置用户的基本权限。

助学答疑

```
# 以 root 身份新建 /dir 目录，在此目录下新建 readme.txt 文件
[root@localhost ~]#mkdir  /dir
[root@localhost ~]#echo  123456   >  /dir/readme.txt
[root@localhost ~]#cat    /dir/readme.txt
# 使用户 zhangsan 能够修改 readme.txt 文件内容
[root@nb ~]#su - zhangsan
[zhangsan@nb ~]$ echo  test >> /dir/readme.txt
-bash: /dir/readme.txt: 权限不够
[zhangsan@nb ~]$ exit
注销
[root@nb ~]#ls -l /dir/readme.txt
-rw-r--r--. 1 root root 7  3月 13 20:22 /dir/readme.txt
[root@nb ~]#chmod o+w  /dir/readme.txt # 先用最简单的方法，虽然
                                       # 影响范围广，但可以实现
[root@nb ~]#ls -l /dir/readme.txt
-rw-r--rw-. 1 root root 7  3月 13 20:22 /dir/readme.txt
[root@nb ~]#su - zhangsan
[zhangsan@nb ~]$ echo  test >> /dir/readme.txt
[zhangsan@nb ~]$ cat /dir/readme.txt
123456
test
[zhangsan@nb ~]$ exit
注销
[root@nb ~]#
# 使用户 zhangsan 不可以修改 readme.txt 文件内容
[root@nb ~]#chmod  o-w /dir/readme.txt
[root@nb ~]#ls -l /dir/readme.txt
-rw-r--r--. 1 root root 12  3月 13 20:23 /dir/readme.txt
[root@nb ~]#su - zhangsan
[zhangsan@nb ~]$ echo test2 >> /dir/readme.txt
-bash: /dir/readme.txt: 权限不够
[zhangsan@nb ~]$ exit
注销
[root@nb ~]#
# 使用户 zhangsan 能够在此目录下创建 / 删除子目录
[root@nb ~]#su - zhangsan
```

助学答疑

```
[zhangsan@nb ~]$ mkdir /dir/zhangsan
mkdir: 无法创建目录“/dir/zhangsan”: 权限不够
[zhangsan@nb ~]$ ls /dir
readme.txt
[zhangsan@nb ~]$ exit
注销
[root@nb ~]#
[root@nb ~]#ls -ld /dir
drwxr-xr-x. 2 root root 24  3月 13 20:22 /dir
[root@nb ~]#chmod  o+w /dir
[root@nb ~]#ls -ld /dir
drwxr-xrwx. 2 root root 24  3月 13 20:22 /dir
[root@nb ~]#su - zhangsan
[zhangsan@nb ~]$ mkdir /dir/zhangsan
[zhangsan@nb ~]$ ls /dir
readme.txt  zhangsan
[zhangsan@nb ~]$ exit
注销
[root@nb ~]#
# 调整此目录的权限，使任何用户都不能进入，然后测试用户 zhangsan 是否
# 还能查看 readme.txt 内容（测试结果是不能，对父目录没有权限）
[root@nb ~]#chmod a-x  /dir
[root@nb ~]#ls -ld /dir
drw-r--rw-. 3 root root 40  3月 13 20:26 /dir
[root@nb ~]#su - zhangsan
[zhangsan@nb ~]$ cat  /dir/readme.txt
cat: /dir/readme.txt: 权限不够
[zhangsan@nb ~]$ exit
注销
[root@nb ~]#
# 为此目录及其中所有文档设置权限 rwxr-x---
[root@localhost ~]#chmod -R  u=rwx,g=rx,o=---   /dir
```

2.3.4　权限的数字表示

在 Linux 操作系统中，可以用数字表示权限。例如，4 表示读取权限 r；2

助学答疑

表示写入权限 w；1 表示执行权限 x。

假设所有者权限为 rwx，就对应 421，然后求和 4+2+1=7，权限为 7。同理，假设所属组的权限为 rx，就对应 41，求和 4+1=5，权限为 5；假设所属组的权限为 5，就是求和 4+1 得到的，即所属组的权限为 rx。命令示例如下：

```
[root@localhost ~]#mkdir   /nsd14
[root@localhost ~]#ls   -ld   /nsd14
[root@localhost ~]#chmod    700    /nsd14
[root@localhost ~]#ls   -ld   /nsd14
[root@localhost ~]#chmod    007   /nsd14
[root@localhost ~]#ls   -ld   /nsd14
[root@localhost ~]#chmod    750    /nsd14
[root@localhost ~]#ls   -ld   /nsd14
[root@localhost ~]#chmod    755    /
```

注意：数字至少是三位数，每个数字代表每类身份权限的求和结果，不能使用 chmod u=7 /nsd14 这种格式。

2.3.5 修改归属关系

chown 命令用于修改归属关系。

常用参数选项：

（1）–chown 属主 : 属组 文件 ……

（2）–chown : 属组 文件 ……

命令示例如下：

```
[root@localhost ~]#mkdir  /nsd15
[root@localhost ~]#ls -ld   /nsd15
[root@localhost ~]#groupadd   tmooc          # 创建组 tmooc
[root@localhost ~]#useradd  lisi             # 创建用户 lisi
[root@localhost ~]#chown   lisi:tmooc  /nsd15  # 修改所有者与所属组
[root@localhost ~]#ls  -ld  /nsd15
[root@localhost ~]#chown   zhangsan   /nsd15      # 仅修改所有者
[root@localhost ~]#ls   -ld   /nsd15
[root@localhost ~]#chown   :root  /nsd15          # 仅修改所属组
[root@localhost ~]#ls   -ld    /nsd15
```

助学答疑

下面介绍在 Linux 操作系统中判断用户权限的方法。

（1）查看用户对于该数据所处的身份，顺序为所有者 > 所属组 > 其他人，原则是匹配即停止。

（2）查看相应身份的权限位。

下面通过具体案例介绍归属关系练习。

命令示例如下：

```
# 利用 root 的身份新建 /tarena 目录，并进一步完成下列操作
[root@nb ~]#mkdir  /tarena
[root@nb ~]#echo 123 > /tarena/a.txt
[root@nb ~]#ls /tarena/
a.txt
[root@nb ~]#
# 将 /tarena 属主设为 gelin01，属组设为 tmooc 组
[root@nb ~]#useradd gelin01
[root@nb ~]#groupadd tmooc
[root@nb ~]#ls -ld  /tarena/
drwxr-xr-x. 2 root root 19  3月 13 20:35 /tarena/
[root@nb ~]#chown gelin01:tmooc  /tarena/
[root@nb ~]#ls -ld /tarena/
drwxr-xr-x. 2 gelin01 tmooc 19  3月 13 20:35 /tarena/
[root@nb ~]#
# 使用户 gelin01 对此目录具有 rwx 权限，除去所有者与所属组之外的用户对
# 此目录无任何权限
[root@nb ~]#chmod  o=---  /tarena/
[root@nb ~]#ls -ld /tarena/
drwxr-x---. 2 gelin01 tmooc 19  3月 13 20:35 /tarena/
[root@nb ~]#
# 使用户 gelin02 能进入、查看此目录内容
[root@nb ~]#useradd gelin02
[root@nb ~]#su - gelin02
[gelin02@nb ~]$ cd /tarena/
-bash: cd: /tarena/: 权限不够
[gelin02@nb ~]$ exit
注销
```

助学答疑

```
[root@nb ~]#gpasswd -a gelin02 tmooc    # 注意用户加入组不是立即
# 生效，而是需要用户重新进行登录，或者重新 su 进行切换
[root@nb ~]#id gelin02
用户 id=1002(gelin02)  组 id=1003(gelin02)  组 =1003(gelin02),
1002(tmooc)
[root@nb ~]#su - gelin02
[gelin02@nb ~]$ cd /tarena/
[gelin02@nb tarena]$ pwd
/tarena
[gelin02@nb tarena]$ exit
注销
[root@nb ~]#
# 将 gelin01 加入 tmooc 组，将 /tarena 目录的权限设为 r--r-x---，测试
#gelin01 用户能否进入此目录（匹配立即停止原则，不能进入）
[root@nb ~]#gpasswd -a gelin01 tmooc
正在将用户“gelin01”加入到“tmooc”组中
[root@nb ~]#id gelin01
用户 id=1001(gelin01)  组 id=1001(gelin01)  组 =1001(gelin01),
1002(tmooc)
[root@nb ~]#chmod  450 /tarena/
[root@nb ~]#ls -ld /tarena/
dr--r-x---. 2 gelin01 tmooc 19  3月 13 20:35 /tarena/
[root@nb ~]#su - gelin01
[gelin01@nb ~]$ cd /tarena/
-bash: cd: /tarena/: 权限不够
[gelin01@nb ~]$ exit
注销
[root@nb ~]#
```

2.3.6 ACL 策略管理

2.3.2 小节中介绍的文档归属关系有以下局限性：

（1）任何人只属于三种角色：属主、属组、其他人。

（2）针对特殊的人需实现更精细的控制。

ACL（Access Control List，访问控制列表）策略能够对个别用户、个别

助学答疑

组设置独立的权限。

下面介绍在 Linux 操作系统中如何判断用户具备的权限。

（1）查看该用户或组是否有 ACL 策略。

（2）查看用户对于该数据所处的身份，顺序为所有者 > 所属组 > 其他人，原则是匹配即停止。

（3）查看相应身份的权限位。

命令示例如下：

```
[root@localhost ~]#mkdir    /nsd19
[root@localhost ~]#chmod    770   /nsd19
[root@localhost ~]#ls   -ld   /nsd19
[root@localhost ~]#useradd  dc
[root@localhost ~]#su  -   dc
[dc@localhost ~]$ cd      /nsd19
-bash: cd: /nsd19: 权限不够
[dc@localhost ~]$ exit
[root@localhost ~]#setfacl   -m   u:dc:rx   /nsd19    # 单独赋
                                                      # 予 dc 用户权限
[root@localhost ~]#getfacl   /nsd19          # 查看 ACL 策略
getfacl: Removing leading '/' from absolute path names
#file: nsd19 # 关于名为 nsd19 的文件或目录的信息
#owner: root # 文件或目录的所有者是 root 用户
#group: root # 文件或目录的所属组是 root 组
user::rwx # 文件或目录的所有者（这里是 root）拥有读（r）、写（w）和执
          # 行（x）权限
user:dc:r-x # 表示用户 dc 被特别授予了读（r）、执行（x）权限，但没有写（w）
            # 权限。
group::rwx # 表示文件或目录的所属组（这里是 root 组）拥有读、写和执
           # 行权限
mask::rwx  #mask（掩码）限制了除所有者和特定命名的用户 / 组之外的所有
# 其他 ACL 条目的最大权限。在这里，mask 被设置为 rwx，意味着通过 ACL 赋予的
# 任何权限都不会超过读、写和执行权限
other::— # 表示其他所有用户（即不属于所有者、特定命名的用户 dc 或 root 组的
         # 用户）没有任何权限
[root@localhost ~]#su  -   dc
```

助学答疑

```
[dc@localhost ~]$ cd    /nsd19
[dc@localhost nsd19]$ pwd
[dc@localhost nsd19]$ exit
```

ACL 命令的练习：

```
[root@localhost ~]#mkdir     /nsd22
[root@localhost ~]#setfacl  -m  u:dc:rx    /nsd22
[root@localhost ~]#setfacl  -m  u:zhangsan:rwx    /nsd22
[root@localhost ~]#setfacl  -m  u:lisi:rx     /nsd22
[root@localhost ~]#setfacl  -m  u:gelin01:rwx    /nsd22
[root@localhost ~]#getfacl    /nsd22
[root@localhost ~]#setfacl   -x  u:zhangsan   /nsd22  # 删除指
                                                      # 定用户 ACL
[root@localhost ~]#getfacl   /nsd22
[root@localhost ~]#setfacl   -x  u:dc   /nsd22        # 删除指定
                                                      # 用户 ACL
[root@localhost ~]#getfacl   /nsd22
[root@localhost ~]#setfacl   -b   /nsd22    # 清除目录所有 ACL 策略
[root@localhost ~]#getfacl    /nsd22
```

ACL 的扩展应用：

```
[root@localhost ~]#mkdir  /home/public
[root@localhost ~]#chmod  777  /home/public
[root@localhost ~]#setfacl  -m   u:lisi:---    /home/public
[root@localhost ~]#getfacl   /home/public

-R：递归设置 ACL 策略
[root@localhost ~]#setfacl  -Rm    u:dc:rwx     /opt/aa
[root@localhost ~]#getfacl   /opt/aa
[root@localhost ~]#getfacl   /opt/aa/bb
```

2.3.7 DeepSeek 解析权限

在 Linux 操作系统中，命令 ls –ld /tmp 中“其他人”的权限位置是字母 t，这是什么权限？命令示例如下：

```
[root@nb ~]#ls -ld  /tmp
```

助学答疑

```
drwxrwxrwt. 19 root root 4096  3月 23 19:43 /tmp
[root@nb ~]#
```

下面使用 DeepSeek 来解析。

提问：

```
    [root@nb ~]#ls -ld  /tmp
    drwxrwxrwt. 19 root root 4096  3月 23 19:43 /tmp
其中 t 表示的含义？
```

解答：

粘滞位，Sticky Bit 权限

占用其他人（Other）的 x 位

显示为 t 或 T，取决于其他人是否有 x 权限，如果其他人有 x 执行权限，那就是小写的 t，如果其他人没有 x 执行权限，就是大写的 t。由于 t 是为目录量身设计的，其他人有 x 执行权限才有意义，所以小写的 t 才有意义

适用于目录，用来限制用户滥用写入权

在设置了 t 权限的目录下，即使用户有写入权限，也不能删除或改名其他用户文档

```
[root@localhost ~]#mkdir    /nsd26
[root@localhost ~]#chmod  777    /nsd26
[root@localhost ~]#ls   -ld    /nsd26
[root@localhost ~]#chmod   o+t    /nsd26
[root@localhost ~]#ls   -ld    /nsd26
drwxrwxrwt. 2 root root 6  3月 13 20:48 /nsd26
[root@nb ~]#su - zhangsan
[zhangsan@nb ~]$ touch /nsd26/zhangsan.txt
[zhangsan@nb ~]$ ls  /nsd26
zhangsan.txt
[zhangsan@nb ~]$ exit
注销
[root@nb ~]#su - gelin01
[gelin01@nb ~]$ rm -rf /nsd26/zhangsan.txt
rm: 无法删除 '/nsd26/zhangsan.txt': 不允许的操作
[gelin01@nb ~]$ exit
注销
```

助学答疑

2.3.8 手动建立用户的家目录

在新建用户时，系统会以 /etc/skel 目录作为模板建立用户家的目录。命令示例如下：

```
[root@localhost ~]#useradd    harry
[root@localhost ~]#rm  -rf   /home/harry

[root@localhost ~]#cp  -r    /etc/skel     /home/harry
[root@localhost ~]#chown   -R   harry:harry   /home/harry
[root@localhost ~]#ls   -lA    /home/harry
[root@localhost ~]#su  -  harry
[harry@localhost ~]$ pwd
[harry@localhost ~]$ exit
```

2.4 DeepSeek 磁盘空间优化与高效利用

2.4.1 硬盘简介

硬盘主要用于长期保存数据。

服务器硬盘的常见接口类型主要包括以下几种：

1. SATA（Serial Advanced Technology Attachment）接口

特点：SATA 接口采用串行技术，具有较高的传输速率和稳定性，如图 2.4 所示。它提供了多种速率规格，包括 SATA 1.5 Gbps、SATA 3 Gbps 和 SATA 6 Gbps（即 SATA 3.0），速度逐渐提升。SATA 接口成本相对较低且便于硬盘的安装和更换。

适用场景：适用于大多数服务器应用，尤其是对价格敏感但对性能要求不高的场景，如中小企业的文件存储服务器。

图 2.4

助学答疑

2. SCSI（Small Computer System Interface）接口

特点：SCSI 接口是一种传统的硬盘接口，具有高传输速率和多设备支持的特点，如图 2.5 所示。它支持热插拔功能，允许在不关闭系统电源的情况下更换硬盘。SCSI接口通常支持通过链路方式连接多块硬盘，具有较高的扩展性。

适用场景：虽然 SCSI 接口在服务器硬盘中的应用已经逐渐减少，但在一些高端服务器和工作站中仍然可以看到其身影。它适用于对数据传输速度和可靠性要求较高的场景。

图 2.5

3. SAS（Serial Attached SCSI）接口

特点：SAS 接口是 SCSI 接口的升级版，结合了 SATA 和 SCSI 的优点，如图 2.6 所示。它采用串行连接方式，具有更高的传输带宽和更低的延迟。SAS 接口支持多通道连接，可同时连接多个硬盘，提高系统的存储容量和性能。此外，SAS 接口还具有良好的兼容性，可以向下兼容 SATA 硬盘。

适用场景：适用于对数据传输速度和可靠性要求极高的场景，如大型数据库、云计算平台等。

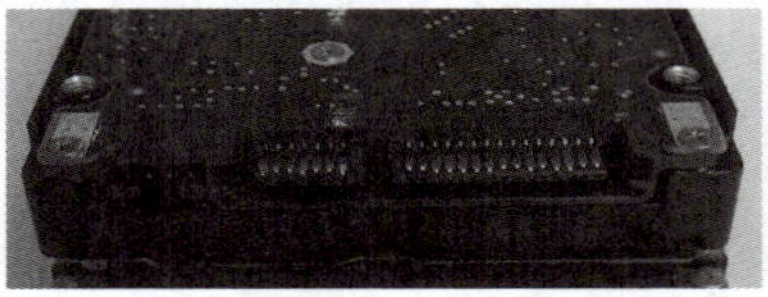

图 2.6

4. NVMe（Non-Volatile Memory Express）接口

特点：NVMe 接口是一种专为固态硬盘（SSD）设计的高速接口，如图 2.7 所示，如图 2.7 所示。它采用 PCIe 总线传输数据，具有极高的读写速度和极低的延迟。NVMe 接口能够更好地发挥固态硬盘的性能优势。

适用场景：适用于对数据读写速度要求极高的服务器应用，如数据库服务器、云计算平台等需要快速读写操作的应用环境。

助学答疑

图 2.7

2.4.2 硬盘命名

Linux 操作系统的设计思想是“一切皆文件”，因此，系统识别的硬盘，在 Linux 操作系统中以文件的方式表示，称为设备文件，而 Linux 操作系统中专门存放设备文件的目录为 /dev。

在 Linux 操作系统中，检测到的第一块 SATA 或 SAS/SCSI 接口的硬盘，被命名为 /dev/sda。其中，“sd”表示 SCSI 或 SATA/SAS 等使用类似接口的硬盘；“a”则表示这是系统检测到的第一块，对于此类硬盘，如果系统中存在第二块，它将被命名为“/dev/sdb”，以此类推。

此外，对于硬盘的分区，Linux 操作系统也遵循一定的命名规则。例如，第一块 SAS 硬盘的第一个分区将被命名为“/dev/sda1”，第二个分区为“/dev/sda2”，以此类推。

如果是 NVMe 接口，则第一块 NVMe 接口的硬盘将命名为 /dev/nvme0n1，第二块为 /dev/nvme0n2，第三块为 /dev/nvme0n3，以此类推。

如果确实不清楚服务器硬盘接口的类型，可以使用命令 lsblk 进行查看。

命令示例如下：

```
[root@nb ~]#lsblk          # 先看能看懂的内容即可
NAME               MAJ:MIN RM  SIZE RO TYPE MOUNTPOINTS
sda          8:0     0   20G  0 disk  #sd 说明为 SCSI 或 SATA/SAS 接口
├─sda1      8:1     0    1G  0 part /boot      #sda1 说明为第一个分区
└─sda2      8:2     0   19G  0 part            #sda2 说明为第二个分区
    ├─rl_192-root 253:0    0   17G  0 lvm  /     # 后面章节会讲解
    └─rl_192-swap 253:1    0    2G  0 lvm  [SWAP]  # 后面章节会讲解
sr0                  11:0     1 10.7G  0 rom  /run/media/root/
Rocky-9-5-x86_64-dvd  #sr0 为光驱设备
[root@nb ~]#
```

助学答疑

在建立虚拟机时，为了兼容性强，选择的是 CentOS7 系统，所以基本默认是 SCSI 接口的硬盘。

常见的计算机容量单位包括 B、KB、MB、GB、TB、PB、EB、ZB、YB 和 BB，它们之间的关系是：

1KB（千字节）= 1024B

1MB（兆字节，简称“兆”）= 1024KB

1GB（Gigabyte 吉字节，又称“千兆”）= 1024MB

1TB（太字节）= 1024GB

1PB（拍字节）= 1024TB

1EB（艾字节）= 1024PB

1ZB（泽字节）= 1024 EB

1YB（尧字节）= 1024 ZB

1BB（布字节）= 1024 YB

在买 U 盘时会遇一个问题：明明买的是标称容量为 8GB 的 U 盘，为什么在计算机上显示的容量却不足 8GB？下面使用 DeepSeek 来助力。

提问：

U 盘是 8GB，为什么计算机上显示不足 8GB

解答：

厂商标注的硬盘大小与计算机实际显示的容量存在差异，这主要是由于两者在计算硬盘容量时采用了不同的标准。

硬盘厂商在标注存储容量时，通常以十进制为基础进行计算。在这种计算方式下：

1MB（兆字节）被定义为 1000×1000 字节，即 100 万字节。

1GB（千兆字节）被定义为 1000×1000×1000 字节，即 10 亿字节。

1TB（太字节）被定义为 1000×1000×1000×1000 字节，即 1 万亿字节（或 10000 亿字节）。

然而，在计算机内部，数据的处理是以二进制为基础的。为了方便换算，计算机也采用类似的 KB、MB、GB、TB 等单位，但它们的定义与硬盘厂商的不同。在计算机内部：

1KB（千字节）等于 1024 字节。

1MB（兆字节）等于 1024×1024 字节，约等于 1.05MB（按十进制计算）。

1GB（千兆字节）等于 1024×1024×1024 字节，约等于 1.07GB（按十进制计算）。

1TB（太字节）等于 1024×1024×1024×1024 字节，约等于 1.1TB（按十进

助学答疑

制计算）。

由于这种计算方法上的差异，导致产品标称的硬盘容量与计算机内部显示的硬盘容量有差别。例如，一个标称 40GB（十进制）容量的硬盘，在计算机内部表示时，大约是 37.25GB（二进制）。

下面介绍硬盘扇区。

硬盘内部由多张圆形金属盘片组成，这些盘片类似于光盘，但数量更多且空间更为广阔。为了更高效地利用这些盘片的空间，我们采用了类似操场跑道的划分方式。具体而言，我们将盘片上的空间划分为多个同心圆环，每个圆环被称为磁道，而磁道之间则呈现出大圈套小圈的结构。为进一步细化空间，可以将每个磁道划分为若干个扇形区域，由于其形状类似扇子的表面，因此被称为扇区。

硬盘扇区是硬盘存储数据的基本单位。通常情况下，每个扇区的大小是固定的，常见的扇区大小为 512 字节。在硬盘的数据读取和写入过程中，扇区发挥着至关重要的作用。硬盘在进行数据读写操作时，是以扇区为单位进行的。在 Linux 操作系统中进行空间划分时，常常会涉及扇区的概念。

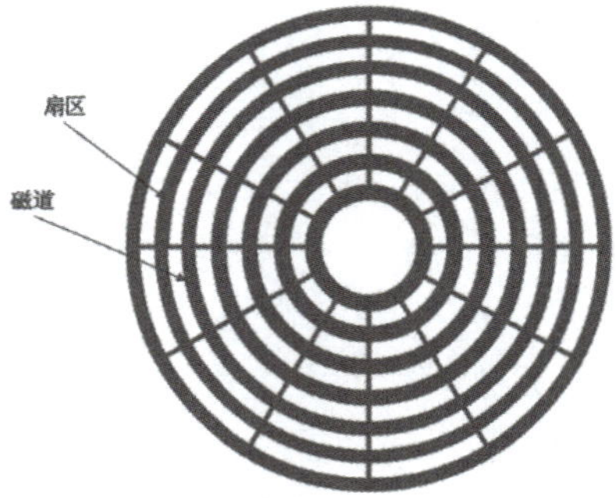

图 2.8

2.4.3 在虚拟机中添加硬盘

（1）打开虚拟机设置。

如果虚拟机正在运行，要关闭虚拟机。命令如下：

```
[root@nb ~]#poweroff
```

（2）在图 2.9 中单击“编辑虚拟机设置”，在弹出的界面中设置虚拟机的内存，单击“添加”按钮，如图 2.10 所示。

助学答疑

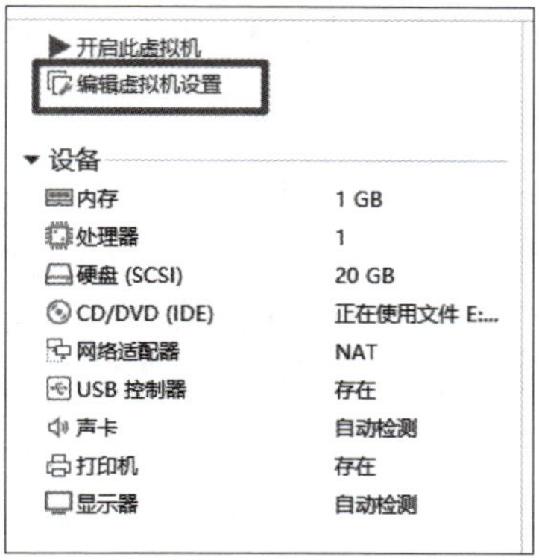

图 2.9

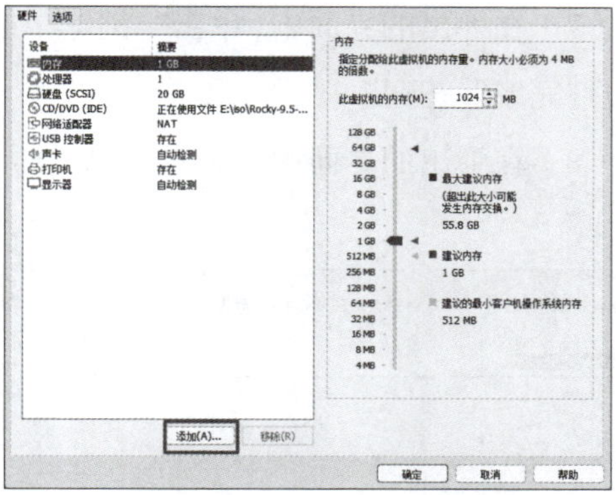

图 2.10

（3）在弹出的界面中选择“硬盘”，单击“下一步”按钮，如图 2.11 所示。

（4）在弹出的界面中，选中“SCSI（S）（推荐）”，单击“下一步”按钮，如图 2.12 所示。

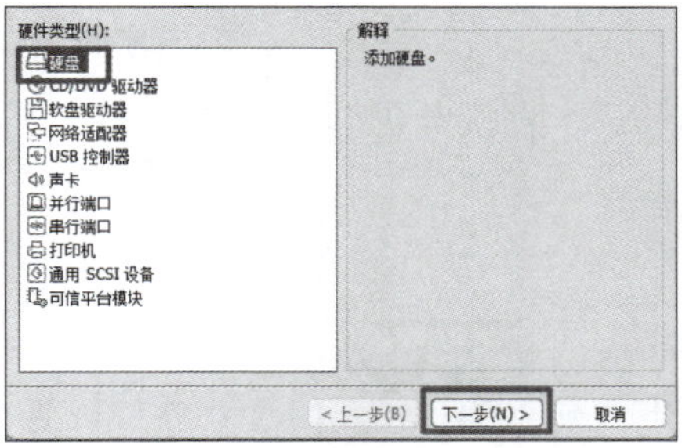

图 2.11

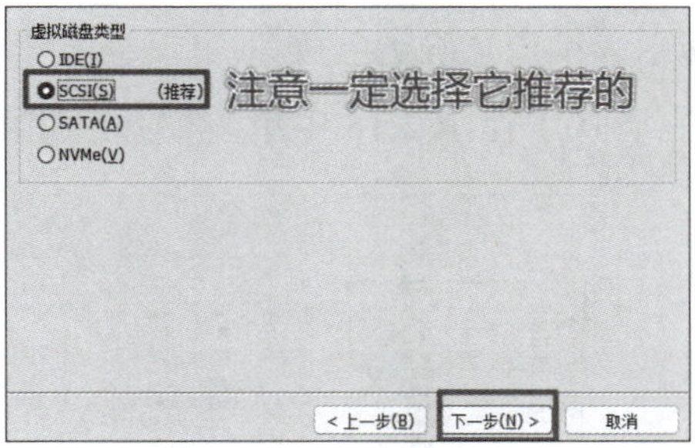

图 2.12

（5）在弹出的界面中，选中“创建新虚拟磁盘”，单击“下一步”按钮，如图 2.13 所示。

（6）在弹出的界面中，设置“最大磁盘大小”为 20GB，其他选项默认，单击“下一步”按钮，如图 2.14 所示。

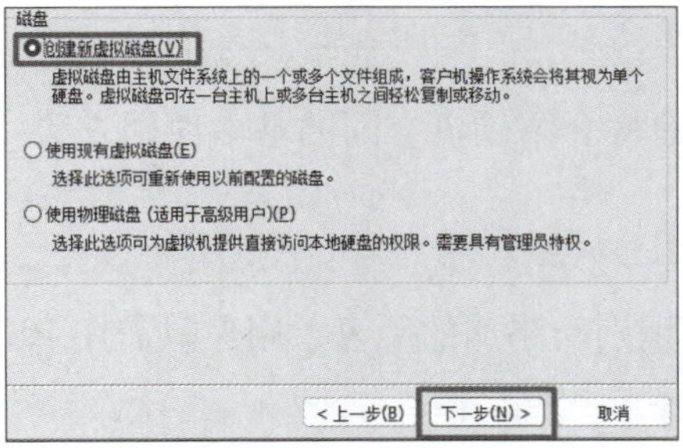

图 2.13

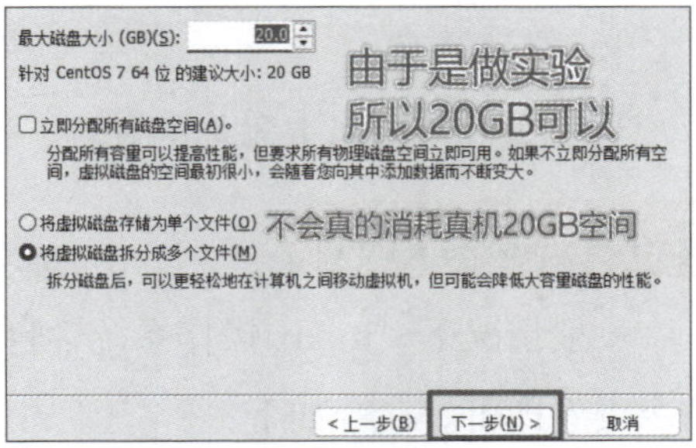

图 2.14

助学答疑

（7）在弹出的界面中，单击“浏览”按钮，选择磁盘文件，如图 2.15 所示，单击“完成”按钮。

（8）在弹出的界面中，可查看以上所有设置，如图 2.16 所示。

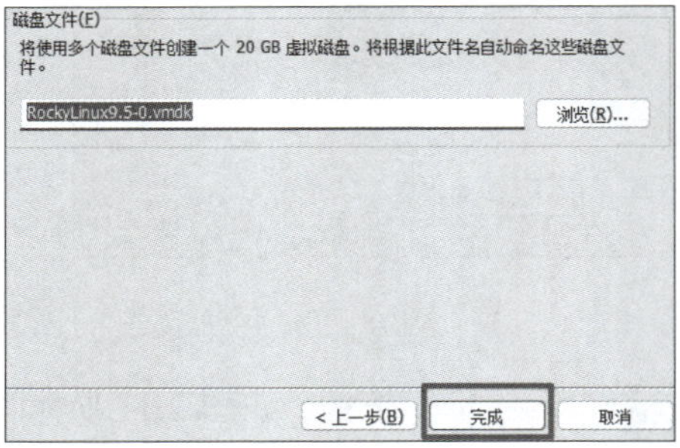

图 2.15

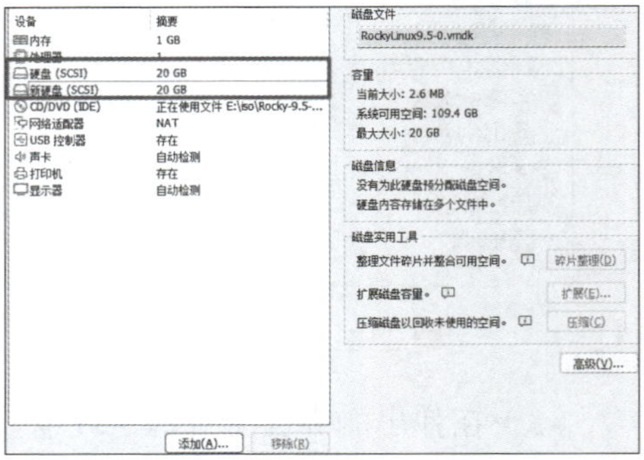

图 2.16

（9）步骤同上，再添加三块硬盘，一共 5 块硬盘，方便后续做实验，如图 2.17 所示，单击“确定”按钮。

（10）在图 2.18 中单击“开启此虚拟机”，直接开机即可。

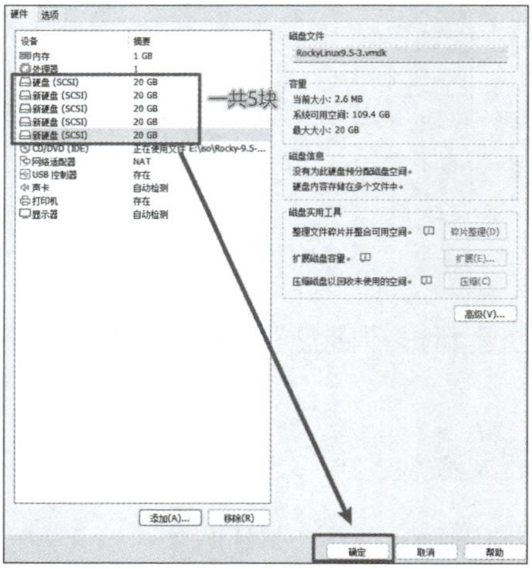

图 2.17

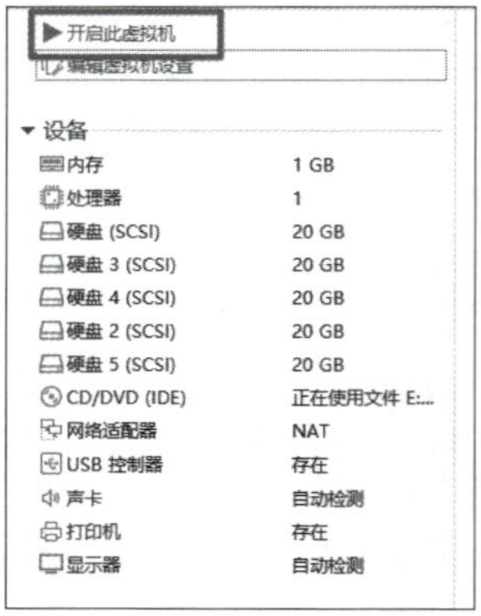

图 2.18

为了高效使用以上添加的硬盘，下面将介绍硬盘空间的基本使用方法。

2.4.4 硬盘识别

一般情况下，Linux 操作系统会自动识别新添加的硬盘，用户只需用 lsblk 命令查看即可。命令如下：

助学答疑

```
[root@nb ~]#lsblk
NAME              MAJ:MIN RM  SIZE RO TYPE MOUNTPOINTS
sda                 8:0    0   20G  0 disk
├─sda1              8:1    0    1G  0 part /boot
└─sda2              8:2    0   19G  0 part
  ├─rl_192-root 253:0    0   17G  0 lvm  /
  └─rl_192-swap 253:1    0    2G  0 lvm  [SWAP]
sdb                 8:16   0   20G  0 disk            # 第二块硬盘
sdc                 8:32   0   20G  0 disk            # 第三块硬盘
sdd                 8:48   0   20G  0 disk            # 第四块硬盘
sde                 8:64   0   20G  0 disk            # 第五块硬盘
sr0                11:0    1 10.7G  0 rom  /run/media/root/
Rocky-9-5-x86_64-dvd
[root@nb ~]#
```

2.4.5　硬盘分区规划

硬盘分区模式包括 MBR（Master Boot Record，主引导记录）和 GPT（GUID Partition Table，全局唯一标识磁盘分区）。其中，MBR 是一种传统的硬盘分区模式；GPT 是一种现代的磁盘分区模式。

下面介绍关于磁盘分区的基本概念。

（1）DPT（Disk Partition table，硬盘分区表）：占 64 个字节，记录了硬盘中有多少分区以及每个分区的大小等信息。在硬盘分区模式为 MBR 的情况下，一个分区信息在硬盘分区表中至少需要 16 字节空间，所以最大有 4 个分区。

（2）分区类型。

主分区：最多只能有 4 个主分区。

扩展分区：扩展分区占用所有剩余空间，可以没有，最多只能有一个扩展分区（可以没有）。

逻辑分区：由扩展分区划分而来，用于满足 4 个分区的需求。

（3）分区组合方式。

第一种情况：1～4 个主分区。如果划分为 4 个主分区，剩余空间将无法使用；如果划分为 1 个主分区，将使用全部硬盘空间；如果划分为 2 个或 3 个主分区，将整个硬盘划分完毕。

助学答疑

第二种情况：3 个主分区 +1 个扩展分区（n 个逻辑分区）。对于 4 个分区以上的需求，注意扩展分区也会占用主分区名额，所以 3 个主分区再加 1 个扩展分区也是极限，扩展分区就是为产生逻辑分区，如图 2.19 所示。

MBR 最大支持容量为 2.2TB 的磁盘，扩展分区不能格式化，也不能直接存储数据；主分区和逻辑分区可用于存储数据。

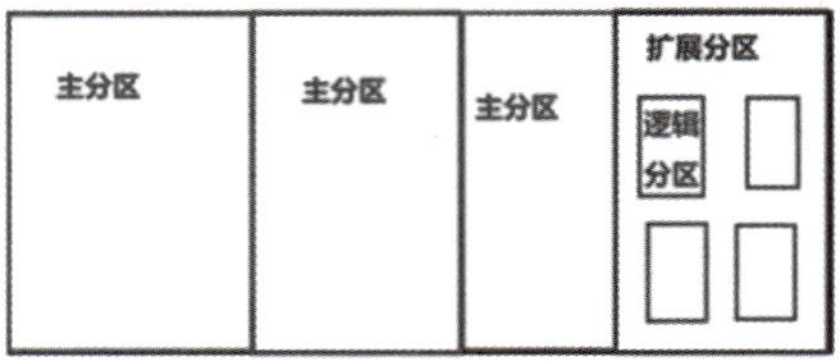

图 2.19

注意：MBR 与 GPT 这两个硬盘分区模式不能共存在一块硬盘上。

GPT 突破了 64 字节的分区表限制，可支持 4 个以上的主分区，多达 128 个主分区，最大支持 18EB 容量。

下面介绍 MBR 分区模式。

2.4.6 MBR 分区模式

默认情况下，fdisk 命令用于 MBR 分区模式，无须指定。

命令示例如下：

```
[root@nb ~]#fdisk /dev/sdb     # 此命令没有后退一说，如果划分有误，
                               # 可以按 Ctrl+c 键重新划分

欢迎使用 fdisk (util-linux 2.37.4)。
……
命令（输入 m 获取帮助）：n   # 输入 n 行划分新的分区，如果想要删除分区，使用 d
分区类型
   p   主分区 (0 primary, 0 extended, 4 free)
   e   扩展分区 （逻辑分区容器）
选择 （默认 p）：       # 按回车键，划分主分区

将使用默认回应 p。
分区号 (1-4, 默认 1)：       # 按回车键，第一个主分区
第一个扇区 (2048-41943039, 默认 2048)：# 直接按回车键即可，fdisk 会
```

助学答疑

```
                                    # 自动计算开始的扇区
    最后一个扇区，+/-sectors 或 +size{K,M,G,T,P} (2048-41943039,
默认 41943039): +2G      # 设置分区大小必须要有“+”号

    创建了一个新分区 1，类型为“Linux”，大小为 2 GiB。
    命令（输入 m 获取帮助）：p      # 输入分区表信息
    Disk /dev/sdb：20 GiB，21474836480 字节，41943040 个扇区
    ……
    设备          启动   起点      末尾      扇区  大小  Id 类型
    /dev/sdb1     2048 4196351 4194304    2G 83 Linux     # 第一个分区信息
    命令（输入 m 获取帮助）：n        # 输入 n 划分新的分区
    分区类型
        p   主分区 (1 primary, 0 extended, 3 free)
        e   扩展分区 (逻辑分区容器)
    选择 (默认 p):     # 按回车键，划分主分区

    将使用默认回应 p。
    分区号 (2-4, 默认 2):    # 按回车键，划分第二个主分区
    第一个扇区 (4196352-41943039, 默认 4196352):
    最后一个扇区，+/-sectors 或 +size{K,M,G,T,P} (4196352-41943039,
默认 41943039): +2G   # 设置分区大小必须要有“+”号
    创建了一个新分区 2，类型为“Linux”，大小为 2 GiB。

    命令（输入 m 获取帮助）：p     # 输入分区表信息
    ……
    设备          启动      起点      末尾      扇区  大小  Id 类型
    # 第一个分区信息
    /dev/sdb1            2048 4196351 4194304    2G 83 Linux
    # 第二个分区信息
    /dev/sdb2         4196352 8390655 4194304    2G 83 Linux      命令
（输入 m 获取帮助）：w        # 保存写入硬盘，我们先划分两分区，剩余空间可以稍
                              # 后划分
    分区表已调整。
    将调用 ioctl() 来重新读分区表。
    正在同步磁盘。
```

助学答疑

```
[root@nb ~]#lsblk
NAME              MAJ:MIN RM  SIZE RO TYPE MOUNTPOINTS
……
sdb                 8:16   0   20G  0 disk
 ├─sdb1             8:17   0    2G  0 part    # 识别到第一个分区
 └─sdb2             8:18   0    2G  0 part    # 识别到第二个分区
……
[root@nb ~]#ls /dev/sdb[1-2]                  # 查看分区的设备文件
/dev/sdb1  /dev/sdb2
[root@nb ~]#
```

2.4.7 格式化

关于格式化与文件系统的概念较为抽象，下面利用 DeepSeek 进行通俗化的解释。

提问：

> 请使用生活化的例子，解释格式化与文件系统

解答：

> 格式化
>
> 想象你有一个新的记事本（或者一本空白的日记本），这个记事本里什么都没有，是一页页空白的纸张。在你开始写日记或记录之前，你可能会制定一些基本的规则，比如：
>
> 每页怎么写（从左到右，还是从上到下分栏）？
>
> 用什么语言写（中文、英文还是其他）？
>
> 要不要给每一页都标上页码？
>
> 页眉或页脚要不要写些什么（如日期、天气）？
>
> 这些决定就像是给记事本“格式化”一样。在计算机里，格式化硬盘或存储设备就是给这个存储设备设定一套基本的规则和结构，让它知道如何存储、读取和管理数据。格式化会清除存储设备上的所有数据，并按照新的规则来准备存储空间，就像你拿到新记事本后，先决定好怎么写，然后擦掉（如果有的话）上面可能存在的旧内容一样。
>
> 文件系统
>
> 继续用记事本的比喻，假设你已经格式化好了记事本，开始写日记。你决定：
>
> 每一天的日记都从一个新的页面开始。
>
> 每个页面的顶部写上日期。
>
> 日记内容按照时间顺序记录，先发生的事情先写。

助学答疑

如果某一天有特别重要的事情，你可能会用不同的笔（如红色）来突出。

这里的“每天一个新页面”“页面顶部写日期”“内容按时间顺序”等，就是你给自己定的“文件系统”。在计算机里，文件系统是一套组织和存储文件的方法，它定义了文件如何命名、存储在哪里、如何访问以及如何管理文件之间的层次结构。就像你的日记本里，你知道哪一天的内容在哪一页，重要的事情用特殊标记一样，计算机的文件系统也让操作系统知道哪个文件存在哪里，怎么快速找到它，以及怎么管理这些文件。

所以，简单来说：

格式化就像是给一个新的存储空间（如硬盘）设定基本的规则和结构。

文件系统则是在这个已经格式化好的存储空间上，用来组织和存储文件的一套方法。

由以上输出结果可知：

文件系统：空间存储数据的规则，是一种用于管理分区数据存储和检索方式的技术。

格式化：赋予空间文件系统的过程。

我们可以把格式化看成是装修，最终会赋予空间一种格局，而这个格局会决定日后人们在空间中如何进行生活。而文件系统就像是空间的格局，决定数据在空间中如何进行存储。

下面介绍常见的文件系统类型。

（1）FAT32：一种较老的文件系统，兼容性较强，但文件大小有限制（每个文件最多 4GB）。它广泛用于 U 盘、存储卡等移动存储设备，以及某些旧版操作系统和多媒体设备。

（2）NTFS：微软开发的一种现代文件系统，支持更大的文件、更好的文件压缩和加密功能。它是 Windows 系统的默认文件系统，适用于所有 Windows 版本。此外，NTFS 还与某些多媒体设备和电视兼容。

（3）exFAT：作为 FAT32 的现代替代品，exFAT 支持更大的文件和分区大小，允许存储大于 4GB 的文件。与 NTFS 相比，支持 exFAT 的设备和操作系统更多，包括 Windows、macOS、Linux 以及许多移动设备和游戏机等。

（4）Ext 系列（如 Ext2、Ext3、Ext4）：Linux 操作系统自带的文件系统，具有高性能和稳定性。其中，Ext4 是最新版本，支持更大的文件系统和更多的特性。

（5）XFS 文件系统：Linux 操作系统自带的文件系统，一种高性能的日志

助学答疑

文件系统，高性能、可扩展性、日志功能、高并发性。XFS 已经成为 Linux 操作系统的一部分，被大多数 Linux 发行版支持，甚至被一些发行版作为默认文件系统使用。

查看文件系统类型的命令示例如下：

```
[root@nb ~]#mkfs.      # 可以连续按两次 Tab 键
mkfs.cramfs  mkfs.ext3    mkfs.fat      mkfs.msdos    mkfs.xfs
mkfs.ext2    mkfs.ext4    mkfs.minix    mkfs.vfat
[root@nb ~]#mkfs.ext4  /dev/sdb1    # 格式化 Ext4 文件系统
mke2fs 1.46.5 (30-Dec-2021)
……
正在分配组表：完成
正在写入 inode 表：完成
创建日志（16384 个块）完成
写入超级块和文件系统账户统计信息：已完成

# 查看文件系统类型，其中 UUID 为分区唯一标识
[root@nb ~]#blkid /dev/sdb1
/dev/sdb1: UUID="faaa6cc3-3dd2-45bb-922d-54f710e4d2d5" TYPE="ext4" PARTUUID="303f7746-01"
[root@nb ~]#mkfs.xfs /dev/sdb2    # 格式化 XFS 文件系统
meta-data=/dev/sdb2                isize=512    agcount=4,
……
realtime =none                     extsz=4096   blocks=0, rtextents=0
[root@nb ~]#blkid  /dev/sdb2
/dev/sdb2: UUID="7e71bf02-7091-4f00-b79f-da3ec8d1dee9" TYPE="xfs" PARTUUID="303f7746-02"

# 如果强制格式化成 Ext4 文件系统，数据会清空
[root@nb ~]#mkfs.ext4 /dev/sdb2
mke2fs 1.46.5 (30-Dec-2021)
  /dev/sdb2 有一个 xfs 文件系统
无论如何也要继续？(y,N) y            # 回答 y 表示 yes
……
```

助学答疑

```
正在分配组表：完成
正在写入 inode 表：完成
创建日志（16384 个块）完成
写入超级块和文件系统账户统计信息：已完成

# 如果强制格式化成 XFS 文件系统，数据会清空
[root@nb ~]#mkfs.xfs -f /dev/sdb2
meta-data=/dev/sdb2              isize=512    agcount=4,
......
realtime =none                   extsz=4096   blocks=0, rtextents=0
[root@nb ~]#blkid  /dev/sdb2
/dev/sdb2: UUID="24fc20e7-6047-4607-abe8-0f19052b4dc3" TYPE="xfs" PARTUUID="303f7746-02"
[root@nb ~]#
```

2.4.8 挂载的使用

挂载的方式有以下两种：

（1）手动临时挂载。命令示例如下：

```
[root@localhost ~]# mkdir   /mypart1
[root@localhost ~]# mount   /dev/sdb1    /mypart1
[root@localhost ~]# lsblk  |  grep  mypart

[root@localhost ~]# mkdir    /mypart2
[root@localhost ~]# mount    /dev/sdb2    /mypart2
[root@localhost ~]# lsblk  |  grep  mypart

# 显示正在挂载的设备信息及使用情况
[root@localhost ~]# df    -h     /mypart1    /mypart2
```

（2）开机自动挂载。

开机挂载配置文件 /etc/fstab 的格式由 6 列组成，每一行代表一个需要挂载的文件系统或设备。这 6 列分别是：

1）设备（Device）：表示要挂载的设备或分区，可以是设备路径（如 /dev/sda1）、UUID。

助学答疑

2）挂载点（Mount Point）：指定该设备或分区应挂载到的目录。例如，“/”表示根目录；“/home”表示用户目录挂载点。

3）文件系统类型（File System Type）：指定文件系统类型，告诉内核如何处理该分区。常见的文件系统类型包括 Ext4、XFS、NTFS、vfat、nfs 等。

4）挂载选项（Mount Options）：指定挂载选项，多个选项用逗号分隔，每个选项可以看成是分区支持的功能。常见的选项包括 defaults（一组默认的选项，如 rw、suid、dev、exec 等）、ro（只读挂载）、rw（读写挂载）、noexec（禁止执行可执行文件）、nosuid（禁止 SUID 和 SGID）、nodev（禁止创建设备文件）、nouser（只有 root 可以挂载）、nofail（设备不存在时不报错）等。

5）备份选项（Dump）：用于 dump 备份工具，通常设为 0，表示不备份该分区。

6）文件系统检查（Fsck Order）：用于 fsck 文件系统检查。数字值用来决定系统在启动时使用 fsck 工具检查文件系统的顺序。其中，0 表示不检查该文件系统；1 表示用于根分区（/），启动时首先检查这个分区；2 表示对其他分区进行检查（如 /home、/var 等），检查顺序可以根据需要设置。这里写 0 即可，表示开机时不检查文件系统。

```
[root@localhost ~]#blkid  /dev/sdb1        # 查看文件系统类型
[root@localhost ~]#blkid  /dev/sdb2        # 查看文件系统类型

[root@nb ~]#vim /etc/fstab
......
/dev/sdb1  /mypart1   ext4   defaults  0 0
/dev/sdb2  /mypart2   xfs    defaults  0 0
[root@localhost ~]#umount   /mypart1       # 卸载手动挂载
[root@localhost ~]#umount   /mypart2       # 卸载手动挂载
# 没有输出，为了形成对比
[root@localhost ~]#df  -h  |  grep  mypart
[root@localhost ~]#mount   -a
检测 /etc/fstab 开机自动挂载配置文件，格式是否正确
检测 /etc/fstab 中，书写完成，但当前没有挂载的设备，进行挂载
[root@localhost ~]#df  -h  |  grep  mypart    # 有输出，挂载成功
```

助学答疑

用户在写开机自动挂载配置文件时发现错误该如何解决？错误如图 2.20 和图 2.21 所示。下面利用 DeepSeek 助力分析。

提问：

在 Linux 操作系统中，开机自动挂载 /etc/fstab 文件，书写错误开机故障修复

解答：

在此界面输入 root 密码回车，注意密码是屏幕不显示的，重新修改 /etc/fstab 文件内容，然后重新启动系统。

重启命令如图 2.22 所示。

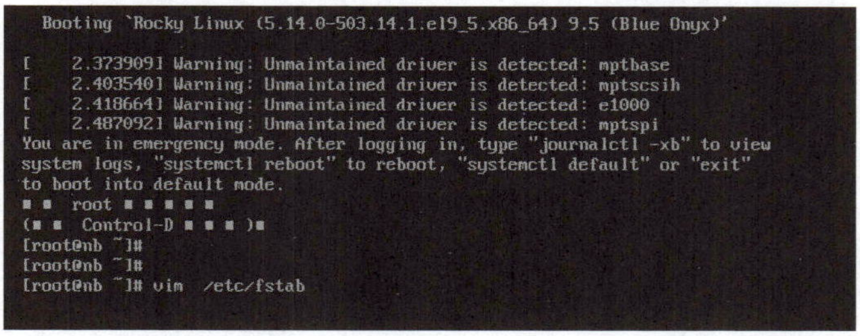

图 2.20

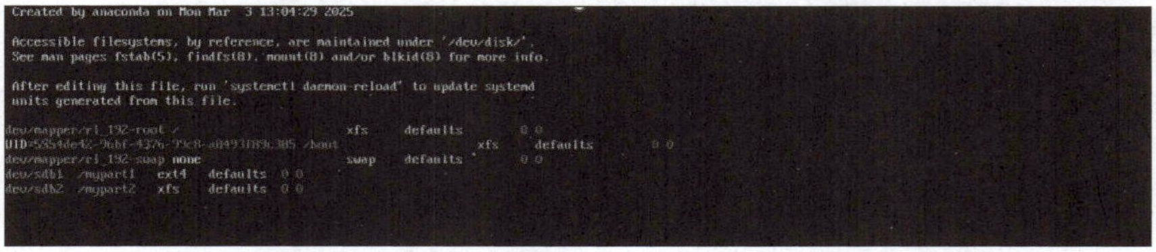

图 2.21

图 2.22

2.4.9 分区的组合方式

第一种情况：4 个主分区。具体操作如下：

```
[root@nb ~]#fdisk  /dev/sdb

欢迎使用 fdisk (util-linux 2.37.4)。
更改将停留在内存中，直到您决定将更改写入磁盘。
```

助学答疑

```
使用写入命令前请三思。

This disk is currently in use - repartitioning is probably a bad idea.
It's recommended to umount all file systems, and swapoff all swap
partitions on this disk.


命令（输入 m 获取帮助）：n      # 创建一个新的分区
分区类型
   p   主分区 (2 primary, 0 extended, 2 free)
   e   扩展分区 （逻辑分区容器）
选择 （默认 p）：     # 按回车键，选择分区的类型

将使用默认回应 p。
分区号 (3,4, 默认  3)：     # 按回车键，选择第三个主分区
# 直接按回车键即可，fdisk 会自动计算开始的扇区
第一个扇区 (8390656-41943039, 默认 8390656)：
最后一个扇区，+/-sectors 或 +size{K,M,G,T,P} (8390656-41943039, 默认 41943039)： +2G

创建了一个新分区 3，类型为“Linux”，大小为 2 GiB。

命令（输入 m 获取帮助）：p     # 输入分区表信息
……
设备            启动   起点      末尾     扇区    大小 Id  类型
/dev/sdb1             2048  4196351 4194304   2G  83  Linux
/dev/sdb2          4196352  8390655 4194304   2G  83  Linux
/dev/sdb3          8390656 12584959 4194304   2G  83  Linux

命令（输入 m 获取帮助）：n      # 创建信息分区
分区类型
   p   主分区 (3 primary, 0 extended, 1 free)
   e   扩展分区 （逻辑分区容器）
选择 （默认 e）：p      # 输入 p 选择主分区类型，第四个主分区
```

助学答疑

```
已选择分区 4
# 直接按回车键即可，fdisk 会自动计算开始的扇区
第一个扇区 (12584960-41943039, 默认 12584960):
最后一个扇区，+/-sectors 或 +size{K,M,G,T,P} (12584960-41943039, 
默认 41943039): # 直接按回车键即可，fdisk 会将所有剩余空间都给最后一个分区

创建了一个新分区 4，类型为“Linux”，大小为 14 GiB。

命令(输入 m 获取帮助)：p

……

设备          启动      起点       末尾      扇区     大小  Id   类型
/dev/sdb1               2048    4196351   4194304   2G   83   Linux
/dev/sdb2            4196352    8390655   4194304   2G   83   Linux
/dev/sdb3            8390656   12584959   4194304   2G   83   Linux
/dev/sdb4           12584960   41943039  29358080  14G   83   Linux

命令(输入 m 获取帮助)：w  # 保存
[root@nb ~]#lsblk     # 查看是否识别划分的新分区
NAME               MAJ:MIN RM  SIZE RO TYPE MOUNTPOINTS
……
sdb                  8:16   0   20G  0 disk
├─sdb1                 8:17   0    2G  0 part /mypart1
├─sdb2                 8:18   0    2G  0 part /mypart2
├─sdb3                 8:19   0    2G  0 part
└─sdb4                 8:20   0   14G  0 part
……
[root@nb ~]#
```

第二种情况：3 个主分区 +1 个扩展分区（n 个逻辑分区）。具体操作如下：

```
[root@nb ~]#fdisk  /dev/sdc     # 使用第三块硬盘进行实验
命令(输入 m 获取帮助)：n
分区类型
   p   主分区 (0 primary, 0 extended, 4 free)
```

助学答疑

```
    e    扩展分区 （逻辑分区容器）
选择 （默认 p）： # 按回车键

将使用默认回应 p。
分区号 (1-4, 默认 1)： # 按回车键
第一个扇区 (2048-41943039, 默认 2048)： # 按回车键
最后一个扇区，+/-sectors 或 +size{K,M,G,T,P} (2048-41943039, 默认 41943039)： +2G

创建了一个新分区 1，类型为“Linux”，大小为 2 GiB。

命令（输入 m 获取帮助）：n
分区类型
    p    主分区 (1 primary, 0 extended, 3 free)
    e    扩展分区 （逻辑分区容器）
选择 （默认 p）： # 按回车键

将使用默认回应 p。
分区号 (2-4, 默认 2)： # 按回车键
第一个扇区 (4196352-41943039, 默认 4196352)： # 按回车键
最后一个扇区，+/-sectors 或 +size{K,M,G,T,P} (4196352-41943039, 默认 41943039)： +2G

创建了一个新分区 2，类型为“Linux”，大小为 2 GiB。

命令（输入 m 获取帮助）：n
分区类型
    p    主分区 (2 primary, 0 extended, 2 free)
    e    扩展分区 （逻辑分区容器）
选择 （默认 p）： # 按回车键

将使用默认回应 p。
分区号 (3,4, 默认 3)： # 按回车键
第一个扇区 (8390656-41943039, 默认 8390656)： # 按回车键
最后一个扇区，+/-sectors 或 +size{K,M,G,T,P} (8390656-41943039, 默认 41943039)： +2G
```

助学答疑

```
创建了一个新分区 3，类型为“Linux”，大小为 2 GiB。

命令（输入 m 获取帮助）：p
……

设备          启动    起点      末尾      扇区     大小  Id  类型
/dev/sdc1              2048   4196351  4194304  2G    83  Linux
/dev/sdc2           4196352   8390655  4194304  2G    83  Linux
/dev/sdc3           8390656  12584959  4194304  2G    83  Linux

命令（输入 m 获取帮助）：n
分区类型
   p   主分区 (3 primary, 0 extended, 1 free)
   e   扩展分区（逻辑分区容器）
选择 （默认 e）：# 按回车键

将使用默认回应 e。
已选择分区 4
第一个扇区 (12584960-41943039, 默认 12584960)：# 按回车键
最后一个扇区，+/-sectors 或 +size{K,M,G,T,P} (12584960-41943039,
默认 41943039)：  # 按回车键

创建了一个新分区 4，类型为“Extended”，大小为 14 GiB。

命令（输入 m 获取帮助）：p
……

设备          启动    起点       末尾       扇区      大小  Id  类型
/dev/sdc1              2048    4196351   4194304   2G    83  Linux
/dev/sdc2           4196352    8390655   4194304   2G    83  Linux
/dev/sdc3           8390656   12584959   4194304   2G    83  Linux
/dev/sdc4          12584960   41943039  29358080   14G   5   扩展

命令（输入 m 获取帮助）：n
所有主分区都在使用中。
```

助学答疑

```
添加逻辑分区 5
第一个扇区 (12587008-41943039, 默认 12587008):    # 按回车键
最后一个扇区，+/-sectors 或 +size{K,M,G,T,P} (12587008-41943039,
默认 41943039): +5G

创建了一个新分区 5，类型为“Linux”，大小为 5 GiB。
命令（输入 m 获取帮助）：n

所有主分区都在使用中。
添加逻辑分区 6
第一个扇区 (23074816-41943039, 默认 23074816):    # 按回车键
最后一个扇区，+/-sectors 或 +size{K,M,G,T,P} (23074816-41943039,
默认 41943039): +2G

创建了一个新分区 6，类型为“Linux”，大小为 2 GiB。

命令（输入 m 获取帮助）：n
所有主分区都在使用中。
添加逻辑分区 7
第一个扇区 (27271168-41943039, 默认 27271168):    # 按回车键
最后一个扇区，+/-sectors 或 +size{K,M,G,T,P} (27271168-41943039,
默认 41943039):   # 按回车键，不想分了，将空间全部给第 7 个分区

创建了一个新分区 7，类型为“Linux”，大小为 7 GiB。

命令（输入 m 获取帮助）：p
……

设备         启动    起点        末尾       扇区       大小  Id   类型
/dev/sdc1              2048     4196351    4194304    2G   83   Linux
/dev/sdc2          4196352     8390655    4194304    2G   83   Linux
/dev/sdc3          8390656    12584959    4194304    2G   83   Linux
/dev/sdc4         12584960    41943039   29358080   14G   5    扩展
/dev/sdc5         12587008    23072767   10485760    5G   83   Linux
/dev/sdc6         23074816    27269119    4194304    2G   83   Linux
/dev/sdc7         27271168    41943039   14671872    7G   83   Linux
```

助学答疑

```
命令（输入 m 获取帮助）：w  # 保存
[root@nb ~]#lsblk
NAME              MAJ:MIN RM  SIZE RO TYPE MOUNTPOINTS
……
sdb                 8:16   0   20G  0 disk
├── sdb1              8:17   0    2G  0 part /mypart1
├── sdb2              8:18   0    2G  0 part /mypart2
├── sdb3              8:19   0    2G  0 part
└── sdb4              8:20   0   14G  0 part
sdc                 8:32   0   20G  0 disk
├── sdc1              8:33   0    2G  0 part
├── sdc2              8:34   0    2G  0 part
├── sdc3              8:35   0    2G  0 part
├── sdc4              8:36   0    1K  0 part    # 扩展分区不用于存
                                               # 储数据，大小不必关注
├── sdc5              8:37   0    5G  0 part
├── sdc6              8:38   0    2G  0 part
└── sdc7              8:39   0    7G  0 part
……
[root@nb ~]#
```

在以上代码中，/dev/sdc5 可以表示第三块 SCSI 接口硬盘的第五个逻辑分区，也可以表示该硬盘的第一个逻辑分区。/dev/sdc6 可以表示第三块 SCSI 接口硬盘的第二个逻辑分区，以此类推。

```
[root@qq ~]#partprobe  # 强制刷新分区表：一种情况，用户划分了新的分区，
# 但 Linux 操作系统没有识别，可以使用此命令刷新；另一种情况，用户改变了分区
# 的大小，但 Linux 操作系统还是记得原来分区的大小，可以使用此命令刷新
```

下面介绍逻辑分区的使用方法：

```
[root@nb ~]# lsblk
[root@nb ~]# ls  /dev/sdc5
[root@nb ~]# mkfs.xfs  /dev/sdc5
[root@nb ~]# blkid  /dev/sdc5
```

助学答疑

```
[root@nb ~]#vim /etc/fstab    # 增加一行
/dev/sdc5   /mypart5   xfs   defaults  0  0

[root@nb ~]#mkdir  /mypart5
[root@nb ~]#mount  -a
mount: (hint) your fstab has been modified, but systemd
still uses the old version; use 'systemctl daemon-reload' to reload.
[root@nb ~]#systemctl daemon-reload  # 重新加载信息
[root@nb ~]#df  -h   /mypart5
文件系统           容量    已用   可用    已用% 挂载点
/dev/sdc5          5.0G   68M  4.9G    2% /mypart5
```

2.4.10 GPT 分区模式

下面介绍创建 GPT 分区模式的具体操作。命令如下：

```
[root@qq ~]#fdisk   /dev/sdd
命令（输入 m 获取帮助）：g              # 指定分区模式 GPT，注意一块硬盘
                                  # 一生只需指定一次，重复指定会清除硬盘中的所有数据
已创建新的 GPT 磁盘标签（GUID: D2ED5724-979A-B34C-8E3C-65C90E65BD71）。
命令（输入 m 获取帮助）：n
分区号 (1-128, 默认  1):  按回车键
第一个扇区 (2048-41943006, 默认 2048):  按回车键
最后一个扇区，+sectors 或 +size{K,M,G,T,P} (2048-41943006, 默认
41943006): +2G
命令（输入 m 获取帮助）：n
分区号 (1-128, 默认  2):  按回车键
第一个扇区 ： 按回车键
最后一个扇区 ：+2G
命令（输入 m 获取帮助）：n
分区号 (1-128, 默认  3):  按回车键
第一个扇区 ： 按回车键
最后一个扇区 ： 按回车键
命令（输入 m 获取帮助）：w
```

GPT 分区的具体使用方法如下：

助学答疑

```
[root@nb ~]# lsblk
[root@nb ~]# ls  /dev/sdd1
[root@nb ~]# mkfs.xfs   /dev/sdd1
[root@nb ~]# blkid   /dev/sdd1

[root@nb ~]#vim /etc/fstab   # 增加一行
/dev/sdd1   /mnt/mygpt   xfs   defaults  0  0

[root@nb ~]#mkdir  /mnt/mygpt
[root@nb ~]#mount -a
mount: (hint) your fstab has been modified, but systemd
still uses
        the old version; use 'systemctl daemon-reload' to reload.
[root@nb ~]#systemctl daemon-reload
[root@nb ~]#mount -a
[root@nb ~]#df  -h  /mnt/mygpt
文件系统          容量    已用   可用    已用%   挂载点
/dev/sdd1         2.0G   47M  1.9G   3%    /mnt/mygpt
[root@nb ~]#
```

2.4.11 交换空间

交换区间可以缓解物理内存压力，将硬盘的分区充当内存来使用，该分区称为交换分区，交换空间可由多个交换分区组成。

下面使用 DeepSeek 解析内存与交换空间的概念。

提问：

> 请用生活化的例子，解释内存与交换空间

解答：

> 内存
>
> 想象你正在厨房准备晚餐。你的厨房操作台（工作台面）就像计算机的内存（RAM）。操作台空间有限，就像内存容量有限一样。
>
> 快速访问：当你做饭时，常用的调料、刀具和食材都放在操作台上，方便你随时取用。这就像内存中的数据，CPU 可以快速访问，因为内存中的数据存储在离 CPU 较近的地方，访问速度非常快。

助学答疑

临时存储：你只会把当前需要的食材和工具放在操作台上，做完饭后，这些物品可能会被收起来。内存也是如此，它用于临时存储正在运行的程序和数据，一旦程序关闭或计算机断电，内存中的数据就会丢失。

交换空间

再想象一下，如果你的厨房操作台空间不够用了怎么办？你可能会把一些暂时不用的食材或工具放到旁边的柜子里或架子上。这些柜子或架子就像是计算机的交换空间（Swap Space）。

扩展空间：交换空间是硬盘上的一部分空间，当物理内存（RAM）不足时，操作系统会将一部分不常用的内存数据移动到交换空间，从而释放物理内存供其他程序使用。这就像你在操作台空间不足时，把物品放到柜子或架子上一样。

速度较慢：虽然交换空间扩展了可用内存，但由于它是硬盘上的一部分空间，访问速度比物理内存慢得多。就像你从柜子或架子上取东西比从操作台上取要慢一样。

生活中的例子总结

内存（RAM）：厨房操作台，用于快速访问和临时存储当前需要的食材和工具。

交换空间（Swap Space）：厨房里的柜子或架子，当操作台空间不足时，用于存放暂时不用的物品，以扩展可用空间。但访问速度较慢。

通过这个生活化的例子，我们可以更好地理解内存与交换空间的概念及其在计算机中的作用。内存是快速访问和临时存储数据的地方，而交换空间则是在物理内存不足时，用于扩展可用内存的一种机制。

交换空间的制作方法如下：

```
[root@localhost ~]# ls    /dev/sdd2
[root@localhost ~]# mkswap   /dev/sdd2      # 格式化交换文件系统
正在设置交换空间版本 1，大小 = 2 GiB (2147479552  个字节)
无标签，UUID=602524f5-5bdc-400e-a157-92bef0fb4cb2
# 查看文件系统类型
[root@localhost ~]# blkid     /dev/sdd2
/dev/sdd2: UUID="602524f5-5bdc-400e-a157-92bef0fb4cb2"
TYPE="swap" PARTUUID="27a53f8c-ff94-334b-9f2d-68db80796bd9"
# 查看交换空间组成的成员信息
[root@localhost ~]# swapon
NAME      TYPE      SIZE   USED PRIO
/dev/dm-1 partition   2G 566.6M   -2
NAME：交换空间的名称或设备路径。
TYPE：交换空间的类型，通常是 partition（分区）或 file（文件）。
SIZE：交换空间的总大小。
```

助学答疑

USED：当前已使用的交换空间大小。

PRIO：优先级（Priority），用于内核在多个交换空间之间选择时使用。优先级较高的交换空间会被优先使用。数字越大越优先，默认是负数

```
[root@localhost ~]# swapon   /dev/sdd2      # 启用交换分区
# 查看交换空间组成的成员信息
[root@localhost ~]# swapon
NAME      TYPE      SIZE   USED PRIO
/dev/dm-1 partition   2G 566.6M   -2
/dev/sdd2 partition   2G     0B   -3
[root@localhost ~]# free  -h                    # 查看交换空间的大小
              total        used        free      shared
buff/cache   available
              735Mi       549Mi        55Mi      9.0Mi
253Mi       186Mi
             4.0Gi       565Mi      3.4Gi
```

内存（Mem）部分：

total：总内存大小，这里是 735MiB（兆字节）。

used：已使用的内存大小，这里是 549MiB。

free：未被使用的内存大小，这里是 55MiB。这部分内存是完全空闲的，没有被任何进程占用。

shared：多个进程共享的内存大小，这里是 9.0MiB。这部分内存被多个进程共同使用，通常用于缓存。

buff/cache：用作缓冲和缓存的内存大小，这里是 253MiB。Linux 会将一部分未使用的内存用作文件系统缓存，以提高文件访问速度。当应用程序需要更多内存时，这部分缓存可以被回收。

available：对应用程序来说可用的内存大小，这里是 186MiB。这个值考虑了缓存内存的可回收性，因此即使 buff/cache 值较高，available 值也可能较低，因为并非所有缓存都可以立即被回收。

交换空间（Swap）部分：

total：总交换空间大小，这里是 4.0GiB（吉字节）。

used：已使用的交换空间大小，这里是 565MiB。

free：未被使用的交换空间大小，这里是 3.4GiB。

助学答疑

```
[root@localhost ~]# swapoff    /dev/sdd2         # 停用交换分区

[root@localhost ~]# swapon                     # 查看交换空间组成的成员信息
NAME       TYPE      SIZE   USED PRIO
/dev/dm-1 partition   2G 564.4M   -2
[root@localhost ~]# free   -h                  # 查看交换空间的大小
                total        used        free       shared
buff/cache   available
Mem:            735Mi       546Mi        55Mi        9.0Mi
255Mi       188Mi
Swap:          2.0Gi       564Mi       1.4Gi
```

2.4.12 开机自动启用交换分区

开机自动启用交换分区命令如下：

```
[root@localhost ~]#vim    /etc/fstab    # 增加一行信息
/dev/sdd2    swap    swap     defaults  0   0

[root@localhost ~]#swapon     # 查看交换空间组成的成员信息
[root@localhost ~]#swapon   -a     # 专门检测交换分区的书写
[root@localhost ~]#swapon     # 查看交换空间组成的成员信息
```

2.4.13 逻辑卷简介

逻辑卷用于整合分散的空间，支持空间扩大，如图 2.23 所示。

逻辑卷的制作过程：首先将空闲零散的空间组建成整体，这个整体称为卷组（Volume Group，VG），由许多物理卷（Physical Volume，PV）组成；再从卷组中划分出逻辑卷（Logical Volume, LV）。

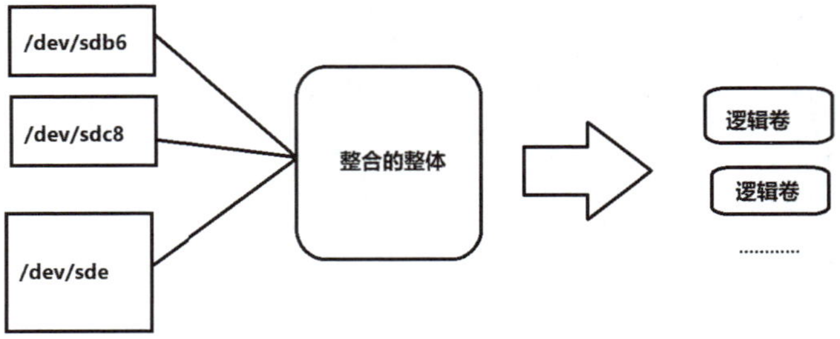

图 2.23

注意：物理卷可以是分区也可以是整个硬盘，但是不可以是分区剩余空间。如果物理卷是硬盘，则此硬盘必须是没有分区的全新硬盘。

逻辑卷管理命令如图 2.24 所示。

功能	物理卷管理	卷组管理	逻辑卷管理
Scan（扫描）	pvs	vgs	lvs
Create（创建）	pvcreate	vgcreate	lvcreate
Display（显示）	pvdisplay	vgdisplay	lvdisplay
Remove（删除）	pvremove	vgremove	lvremove
Extend（扩展）	/	vgextend	lvextend

图 2.24

2.4.14 创建卷组

在创建卷组时，系统会自动将分区或硬盘转换成物理卷，所以直接创建卷组即可。另外，在实验中为了方便，可以使用一块硬盘的分区。

格式：vgcreate 卷组名 设备路径……

常用单词为 successfully: 成功。

创建卷组命令示例如下：

```
[root@nb ~]#fdisk  /dev/sde
……
命令（输入 m 获取帮助）：g    # 指定分区模式为 GPT
已创建新的 GPT 磁盘标签（GUID: 291BF055-6633-5F46-8F5F-7BA23010EDCC）。

命令（输入 m 获取帮助）：n    # 创建新的分区
分区号 （1-128， 默认  1）：   # 按回车键
第一个扇区 （2048-41943006， 默认 2048）：   # 按回车键
最后一个扇区，+/-sectors 或 +size{K,M,G,T,P} （2048-41943006，
默认 41943006）：+5G # 指定大小

创建了一个新分区 1，类型为“Linux filesystem”，大小为 5 GiB。

命令（输入 m 获取帮助）：n    # 创建新的分区
分区号 （2-128， 默认  2）：   # 按回车键
第一个扇区 （10487808-41943006， 默认 10487808）：   # 按回车键
最后一个扇区，+/-sectors 或 +size{K,M,G,T,P} （10487808-41943006，
```

助学答疑

```
默认 41943006): +5G # 指定大小

    创建了一个新分区 2，类型为“Linux filesystem”，大小为 5 GiB。

    命令（输入 m 获取帮助）：n      # 创建新的分区
    分区号 (3-128, 默认  3):      # 按回车键
    第一个扇区 (20973568-41943006, 默认 20973568):   # 按回车键
    最后一个扇区，+/-sectors 或 +size{K,M,G,T,P} (20973568-41943006,
默认 41943006): +5G  # 指定大小

    创建了一个新分区 3，类型为“Linux filesystem”，大小为 5 GiB。

    命令（输入 m 获取帮助）：n    # 创建新的分区
    分区号 (4-128, 默认  4):      # 按回车键
    第一个扇区 (31459328-41943006, 默认 31459328):    # 按回车键
    最后一个扇区，+/-sectors 或 +size{K,M,G,T,P} (31459328-41943006,
默认 41943006):   # 按回车键

    创建了一个新分区 4，类型为“Linux filesystem”，大小为 5 GiB。

    命令（输入 m 获取帮助）：p
    ……
    设备          起点      末尾      扇区        大小   类型
    /dev/sde1        2048 10487807 10485760   5G Linux 文件系统
    /dev/sde2  10487808 20973567 10485760   5G Linux 文件系统
    /dev/sde3  20973568 31459327 10485760   5G Linux 文件系统
    /dev/sde4  31459328 41943006 10483679   5G Linux 文件系统

    命令（输入 m 获取帮助）：w     # 保存
    分区表已调整。
    将调用 ioctl() 来重新读分区表。
    正在同步磁盘。
    [root@nb ~]#lsblk
    NAME                MAJ:MIN RM  SIZE RO TYPE MOUNTPOINTS
    ……
    sde                   8:64   0   20G  0 disk
```

助学答疑

```
├─sde1          8:65   0    5G  0 part
├─sde2          8:66   0    5G  0 part
├─sde3          8:67   0    5G  0 part
└─sde4          8:68   0    5G  0 part
……
[root@nb ~]#ls /dev/sde[1-2]
/dev/sde1  /dev/sde2
[root@nb ~]#
[root@nb ~]#vgcreate systemvg  /dev/sde[1-2]
  Physical volume "/dev/sde1" successfully created.
  Physical volume "/dev/sde2" successfully created.
  Volume group "systemvg" successfully created
[root@nb ~]#vgs  # 查看系统的卷组信息
  VG       #PV #LV #SN Attr   VSize   VFree
  rl_192     1   2   0 wz--n- <19.00g    0
  systemvg   2   0   0 wz--n-   9.99g 9.99g
[root@nb ~]#pvs  # 查看系统的所有物理卷信息
  PV         VG       Fmt  Attr PSize   PFree
  /dev/sda2  rl_192   lvm2 a--  <19.00g     0
  /dev/sde1  systemvg lvm2 a--   <5.00g <5.00g
  /dev/sde2  systemvg lvm2 a--   <5.00g <5.00g
[root@nb ~]#
```

下面利用 DeepSeek 解析以下命令的输出。

提问：

```
[root@nb ~]#vgs  # 查看系统的卷组信息
  VG       #PV #LV #SN Attr   VSize   VFree
  rl_192     1   2   0 wz--n- <19.00g    0
  systemvg   2   0   0 wz--n-   9.99g 9.99g
[root@nb ~]#pvs  # 查看系统的所有物理卷信息
  PV         VG       Fmt  Attr PSize   PFree
  /dev/sda2  rl_192   lvm2 a--  <19.00g     0
  /dev/sde1  systemvg lvm2 a--   <5.00g <5.00g
  /dev/sde2  systemvg lvm2 a--   <5.00g <5.00g
```

助学答疑

解答：

查看卷组信息（vgs 命令）

VG：这是卷组的名称。在您的系统中，有两个卷组：rl_192 和 systemvg。

#PV：表示卷组中包含的物理卷数量。rl_192 有一个物理卷，而 systemvg 有两个物理卷。

#LV：表示卷组中包含的逻辑卷数量。rl_192 有两个逻辑卷，而 systemvg 没有逻辑卷。

#SN：表示卷组中的快照（snapshot）数量。在您的系统中，两个卷组都没有快照。

Attr：表示卷组的属性。wz--n- 是一组标志，表示卷组的状态和特性（具体含义可能因 LVM 版本而异，但通常包括写权限、是否可用等）。

VSize：表示卷组的总大小。rl_192 是 19GB，而 systemvg 是 9.99GB。

VFree：表示卷组中剩余的自由空间。rl_192 没有剩余空间，而 systemvg 有 9.99GB 的剩余空间。

查看物理卷信息（pvs 命令）

PV：这是物理卷的设备名称。在您的系统中，有三个物理卷：/dev/sda2、/dev/sde1 和 /dev/sde2。

VG：表示物理卷所属的卷组。/dev/sda2 属于 rl_192 卷组，而 /dev/sde1 和 /dev/sde2 属于 systemvg 卷组。

Fmt：表示物理卷的格式。在您的系统中，所有物理卷都使用 lvm2 格式。

Attr：表示物理卷的属性。a-- 是一组标志，表示物理卷的状态（具体含义可能因 LVM 版本而异，但通常包括是否激活等）。

PSize：表示物理卷的总大小。/dev/sda2 是 19GB，而 /dev/sde1 和 /dev/sde2 都是 5GB。

PFree：表示物理卷中剩余的自由空间。/dev/sda2 没有剩余空间，而 /dev/sde1 和 /dev/sde2 都有 5GB 的剩余空间。

总结

您的系统有两个卷组：rl_192 和 systemvg。

rl_192 卷组有一个 19GB 的物理卷，并且已经分配了所有空间（没有剩余空间），包含两个逻辑卷。

systemvg 卷组有两个 5GB 的物理卷，总共有 9.99GB 的空间，但都没有被分配（全部剩余空间），没有逻辑卷。

2.4.15 创建逻辑卷

助学答疑

格式：lvcreate –L 大小 G –n 逻辑卷名字 卷组名。

创建逻辑卷的命令示例如下：

```
[root@nb ~]#lvcreate -L 6G -n vo  systemvg
    Logical volume "vo" created.
[root@nb ~]#lvs    # 查看逻辑卷信息
    LV    VG        Attr         LSize    Pool Origin Data%  Meta%
Move Log Cpy%Sync Convert
    root rl_192   -wi-ao---- <17.00g
    swap rl_192   -wi-ao----   2.00g
    vo   systemvg -wi-a-----   6.00g
[root@nb ~]#vgs     # 查看卷组信息
    VG        #PV #LV #SN Attr   VSize   VFree
    rl_192      1   2   0 wz--n- <19.00g     0
    systemvg    2   1   0 wz--n-   9.99g 3.99g
[root@nb ~]#
```

2.4.16 使用逻辑卷

下面介绍逻辑卷的使用方法。

首先，找到逻辑卷的设备文件。根据 Linux 操作系统“一切皆文件”的思想，逻辑卷在 Linux 操作系统中会以文件的方式表示。在默认情况下，创建的第一个逻辑卷会命名为 /dev/dm-0，第二个逻辑卷命名为 /dev/dm-1，以此类推。但是默认的命名通常很难记住，Linux 会自动为用户创建两个快捷方式（链接文件）/dev/systemvg/vo 与 /dev/mapper/systemvg-vo，这两个快捷方式的原设备是同一个。逻辑卷的具体信息如下：

```
[root@nb ~]#ls /dev/dm-*
/dev/dm-0  /dev/dm-1  /dev/dm-2
[root@nb ~]#

[root@nb ~]#ls /dev/systemvg/vo
/dev/systemvg/vo
[root@nb ~]#ls  /dev/mapper/systemvg-vo
/dev/mapper/systemvg-vo
[root@nb ~]#ls -l /dev/systemvg/vo
lrwxrwxrwx. 1 root root 7  3月 19 20:13 /dev/systemvg/vo ->
../dm-2
[root@nb ~]#ls -l /dev/mapper/systemvg-vo
```

助学答疑

```
lrwxrwxrwx. 1 root root 7  3 月 19 20:13 /dev/mapper/systemvg-vo -> ../dm-2
```

然后，格式化文件系统。命令如下：

```
[root@nb ~]#mkfs.xfs /dev/systemvg/vo
meta-data=/dev/systemvg/vo        isize=512    agcount=4,
……
[root@nb ~]#blkid /dev/systemvg/vo
/dev/systemvg/vo: UUID="1fdf9be0-9058-4728-a84a-513c5dc54983" TYPE="xfs"
[root@nb ~]#
```

最后，开机自动挂载。命令如下：

```
[root@nb ~]#vim  /etc/fstab
/dev/systemvg/vo   /mylv    xfs   defaults  0   0

[root@nb ~]#mkdir    /mylv
[root@nb ~]#mount -a     # 检测 fstab 文件内容书写是否正确
mount: (hint) your fstab has been modified, but systemd still uses the old version; use 'systemctl daemon-reload' to reload.
[root@nb ~]#systemctl daemon-reload
[root@nb ~]#df -h /mylv    # 查看正在挂载使用的设备
文件系统                  容量  已用  可用  已用%  挂载点
/dev/mapper/systemvg-vo  6.0G  75M  5.9G  2%    /mylv
[root@nb ~]#
```

2.4.17 扩展逻辑卷空间

在扩展逻辑卷空间时，要确保卷组有足够的剩余空间。因为逻辑卷是有文件系统的，所以不仅要扩展其空间，还要扩展其文件系统。

在卷组有足够剩余空间的情况下，扩展逻辑卷空间的方法如下：

（1）扩展逻辑卷的空间（扩展到 8GB）。命令如下：

```
[root@nb ~]#lvextend -L 8G /dev/systemvg/vo
    Size of logical volume systemvg/vo changed from 6.00
```

助学答疑

```
GiB (1536 extents) to 8.00 GiB (2048 extents).
    Logical volume systemvg/vo successfully resized.
[root@nb ~]#vgs
    VG        #PV #LV #SN Attr   VSize   VFree
    rl_192      1   2   0 wz--n- <19.00g     0
    systemvg    2   1   0 wz--n-   9.99g 1.99g
[root@nb ~]#lvs
    LV    VG        Attr       LSize   Pool Origin Data%
    Meta%  Move      Log        Cpy%Sync Convert
    root rl_192   -wi-ao---- <17.00g
    swap rl_192   -wi-ao----   2.00g
    vo   systemvg -wi-ao----   8.00g
```

（2）扩展逻辑卷的文件系统（刷新文件系统）。命令如下：

```
xfs_growfs：刷新 xfs 文件系统
resize2fs：刷新 ext4 文件系统
[root@nb ~]#df  -h  /mylv
文件系统                      容量    已用   可用    已用%   挂载点
/dev/mapper/systemvg-vo  6.0G  75M  5.9G  2%     /mylv
[root@nb ~]#
[root@nb ~]#xfs_growfs /dev/systemvg/vo
meta-data=/dev/mapper/systemvg-vo isize=512    agcount=4,
……
[root@nb ~]#df -h  /mylv
文件系统                      容量    已用   可用   已用% 挂载点
/dev/mapper/systemvg-vo  8.0G  90M  7.9G  2%   /mylv
[root@nb ~]#
```

在卷组没有足够剩余空间的情况下，扩展逻辑卷空间的方法如下：

（1）扩展卷组的空间，将空间的分区加到卷组中。命令如下：

```
[root@nb ~]#vgextend systemvg /dev/sde[3-4]
    Physical volume "/dev/sde3" successfully created.
    Physical volume "/dev/sde4" successfully created.
    Volume group "systemvg" successfully extended
[root@nb ~]#vgs
```

助学答疑

```
    VG         #PV #LV #SN Attr   VSize   VFree
    rl_192       1   2   0 wz--n- <19.00g      0
    systemvg     4   1   0 wz--n-  19.98g 11.98g
[root@nb ~]#
```

（2）扩展逻辑卷的空间（扩展到 12GB）。命令如下：

```
[root@nb ~]#lvextend -L 12G /dev/systemvg/vo
     Size of logical volume systemvg/vo changed from 8.00
GiB (2048 extents) to 12.00 GiB (3072 extents).
    Logical volume systemvg/vo successfully resized.
[root@nb ~]#lvs
     LV   VG        Attr        LSize   Pool Origin Data%
Meta%  Move Log Cpy%Sync Convert
    root rl_192   -wi-ao---- <17.00g
    swap rl_192   -wi-ao----   2.00g
    vo   systemvg -wi-ao----  12.00g
[root@nb ~]#vgs
    VG         #PV #LV #SN Attr   VSize   VFree
    rl_192       1   2   0 wz--n- <19.00g     0
    systemvg     4   1   0 wz--n-  19.98g 7.98g
[root@nb ~]#
```

（3）扩展逻辑卷的文件系统（刷新文件系统）。命令如下：

```
[root@nb ~]#xfs_growfs /dev/systemvg/vo
meta-data=/dev/mapper/systemvg-vo isize=512    agcount=6,
……
[root@nb ~]#df -h /mylv
文件系统                     容量   已用   可用   已用%  挂载点
/dev/mapper/systemvg-vo 12G  118M  12G  1%     /mylv
[root@nb ~]#
```

在创建逻辑卷时，存在大小并不精确的问题：

```
[root@nb ~]#lvcreate -L 250M -n lvredhat systemvg
    Rounding up size to full physical extent 252.00 MiB
    Logical volume "lvredhat" created.
```

助学答疑

```
[root@nb ~]#lvs | grep redhat
    lvredhat systemvg -wi-a----- 252.00m
[root@nb ~]#
```

下面利用 DeepSeek 分析逻辑卷大小不精确的问题。

提问：

创建逻辑卷时为什么大小有偏差？

解答：

卷组划分空间的单位为 PE，默认大小为 4M，可以修改 PE 的大小，需要保证现有的所有逻辑卷大小可以整除 PE 的大小。

首先修改 PE 的大小为 1M，然后划分大小为 250M 的逻辑卷 lvredhat

```
]#vgchange -s 1M  systemvg              # 修改 PE 的大小
  Volume group "systemvg" successfully changed
]#vgdisplay systemvg  |  grep  PE    # 查看卷组的详细信息
]#lvcreate  -L  250M  -n  lvredhat   systemvg
-l：创建逻辑卷指定 PE 的个数
]#vgdisplay  systemvg   |  grep  PE  # 查看 PE 的大小

]#lvcreate  -l  10  -n  lvnsd04  systemvg
]#lvs  |  grep  nsd04
```

下面利用 DeepSeek 分析如何将卷组扩充给逻辑卷。

提问：

如何将卷组所有剩余空间，全部扩充给逻辑卷？

解答：

将卷组所有的剩余空间分配给逻辑卷的命令如下：

```
]#lvextend  -l   +100%FREE    /dev/systemvg/vo
]#vgs
]#lvs  |  grep  vo
```

2.4.18　删除逻辑卷

删除逻辑卷的前提：不能删除正在挂载使用的逻辑卷。命令如下：

助学答疑

```
[root@localhost ~]#lvremove  /dev/systemvg/vo
   Logical volume systemvg/vo contains a filesystem in use.
[root@localhost ~]#umount   /mylv
[root@localhost ~]#lvremove  -y  /dev/systemvg/vo
[root@localhost ~]#lvs        # 查看当前系统的所有逻辑卷信息
[root@localhost ~]#vim  /etc/fstab  # 仅删除 vo 开机自动挂载
[root@localhost ~]#lvremove  -y   /dev/systemvg/*
```

删除卷组的前提：基于此卷组创建的所有逻辑卷，要全部删除。命令如下：

```
[root@svr1 ~]#lvs
[root@svr1 ~]#vgremove  systemvg     # 删除卷组
[root@svr1 ~]#vgs        # 查看当前系统的所有卷组信息
[root@svr1 ~]#pvremove   /dev/sde[1-4]
[root@svr1 ~]#pvs        # 查看当前系统的所有物理卷信息
```

2.5 DeepSeek 智能规划计划任务

2.5.1 计划任务简介

计划任务能够按照用户设置的时间间隔，反复执行某一项固定的系统任务，从而实现自动化操作，提高工作效率。

相关组件如下：

（1）软件包：cronie、crontabs。

（2）系统服务：crond。

（3）日志文件：/var/log/cron。

crontab 命令用于管理用户计划任务，其常用选项如下：

（1）编辑：crontab –e [–u 用户名]。

（2）查看：crontab –l [–u 用户名]。

（3）清除：crontab –r [–u 用户名]。

2.5.2 计划任务的书写格式

计划任务由以下两部分组成。

助学答疑

（1）时间：分、时、日、月、周。时间配置说明如表 2.1 所示。

表 2.1

时间	配置说明
分	0 ~ 59 之间的整数
时	0 ~ 23 之间的整数
日	1 ~ 31 之间的整数
月	1 ~ 12 之间的整数
周	0 ~ 7 之间的整数，0 或 7 代表星期日

（2）任务内容：命令或者脚本。

1）“*”：匹配范围内任意时间。

2）“,”：分隔多个不连续的时间点。

3）“–”：指定连续时间范围。

4）“/n”：指定时间频率。

以下是一些常见的周期性计划任务示例：

1）每分钟执行一次命令：* * * * * /path/to/command。

2）每小时执行一次脚本：0 * * * * /path/to/script.sh。

3）每天凌晨 3 点执行一次任务：0 3 * * * /path/to/task。

4）每周日的凌晨 1 点执行一次命令：0 1 * * 0 /path/to/command。

5）周一至周五凌晨 3 点执行一次任务：0 3 * * 1–5 /path/to/script.sh。

6）周一或周三或周五凌晨 3 点执行一次任务：0 3 * * 1,3,5 /path/to/script.sh。

7）每隔 2 分钟执行一次命令：*/2 * * * * /path/to/command。

在书写计划任务时，经常使用绝对路径，这样可以提高效率，执行计划任务时，不用再查找命令的执行程序。

2.5.3　计划任务案例

下面将每分钟记录当前系统时间写入 /opt/time.txt 文件中。命令示例如下：

```
[root@nb ~]#date
[root@nb ~]#date  >>  /opt/time.txt
[root@nb ~]#cat  /opt/time.txt
```

助学答疑

```
[root@nb ~]#which  date      # 查找命令所对应的程序
[root@nb ~]#crontab   -e      # 编写计划任务的方法与 vim 一致
# 一行为一个计划任务内容，可以书写多行
*  *  *  *  *  /usr/bin/date  >>   /opt/time.txt
[root@nb ~]#crontab   -l                # 查看计划任务内容
[root@nb ~]#cat   /opt/time.txt
[root@nb ~]#ls   /var/spool/cron        # 任务文件存放的路径
[root@nb ~]#cat   /var/spool/cron/root   # 记录 root 用户计划任务

# 查看计划任务内容，删除书写的计划任务，如果不删除，会每分钟进行，浪费资源
[root@nb ~]#crontab   -e
```

下面使用 DeepSeek 直接生成计划任务。

提问：

在 Linux 操作系统中，使用计划任务实现，每天晚上 11 点整使用 tar 归档压缩的方式，将 /home 备份到 /opt 目录下

解答：

步骤 1: 编写备份脚本

首先，编写一个简单的 Shell 脚本来执行备份操作。假设我们将这个脚本命名为 backup_home.sh，并将其存放在 /usr/local/bin 目录下。

```
#!/bin/bash

# 备份源目录
SOURCE_DIR="/home"

# 备份目标目录
TARGET_DIR="/opt"

# 备份文件名（包含日期时间戳）
BACKUP_FILE="home_$(date +%Y%m%d_%H%M%S).tar.gz"

# 使用 tar 进行归档和压缩
tar -czf "$TARGET_DIR/$BACKUP_FILE" -C "$SOURCE_DIR" .
```

步骤 2: 赋予脚本执行权限

助学答疑

确保脚本具有执行权限。运行以下命令：

```
chmod +x /usr/local/bin/backup_home.sh
```

步骤 3: 配置计划任务

使用 crontab 来配置计划任务，使其每天晚上 11 点整执行备份脚本。

```
crontab -e
0 23 * * * /usr/local/bin/backup_home.sh
```

这行的含义是：在每天的 23:00（晚上 11 点整）执行 /usr/local/bin/backup_home.sh 脚本。

解释

tar -czf：使用 tar 命令进行归档（-c）并压缩（-z）为 gzip 格式（-f 指定输出文件名）。

$(date +%Y%m%d_%H%M%S)：生成当前日期和时间的字符串，用于备份文件名的后缀，以避免文件名冲突。

-C "$SOURCE_DIR" .：切换到 $SOURCE_DIR 目录，并将该目录下的所有内容备份。

注意：对于以上解答中有关于 Shell 脚本的内容，现在只需知道可以直接使用 DeepSeek 生成计划任务即可，后面章节会对其进行详细介绍。

2.6 用户权限提升策略与实践

下面利用 DeepSeek 解释 sudo 提权。

提问：

什么是 sudo 提权

解答：

sudo 提权是 Linux 操作系统中的一种权限提升机制，允许普通用户以超级用户（root）或其他用户的身份执行命令。以下是关于 sudo 提权的详细解释：

sudo 的基本概念：

全称：sudo 是“superuser do”的缩写，意为“以超级用户身份执行”。

功能：sudo 允许系统管理员授权普通用户执行某些或全部 root 命令，而无须切换到 root 用户。

安全性：sudo 通过记录每个命令的执行情况，提高了系统的安全性。同时，sudo 的配置文件（/etc/sudoers）允许管理员精细控制哪些用户可以执行哪些命令。

助学答疑

2.6.1 创建实验用户

创建实验用户的命令如下：

```
[root@nb ~]#useradd   bob
[root@nb ~]#echo  123  |  passwd  --stdin  bob
更改用户 bob 的密码 。
passwd：所有的身份验证令牌已经成功更新。
```

2.6.2 修改配置

修改配置的命令如下：

```
[root@nb ~]#visudo    # 此方式可以检查语法错误
bob   ALL=(root)              NOPASSWD:/usr/bin/mkdir,/usr/bin/cat
普通用户        主机名 =( 变成的身份 )          无须输入密码 ：可以执行的命
令程序，也可以写 ALL 表示所有的命令
                    ALL 表示任意主机名，要注意必须是大写
......
[root@nb ~]#su  -   bob
[bob@nb ~]$ sudo  -l         # 查看提权的命令
............

[bob@nb ~]$ cat    /etc/gshadow
cat: /etc/gshadow: 权限不够
[bob@nb ~]$ sudo   cat   /etc/gshadow
[bob@nb ~]$ exit
```

2.6.3 授权组

在组的名字前加 % 即可授权组。命令示例如下：

```
[root@nb ~]#visudo       # 此方式可以检查语法错误
%bob     ALL=(root)      NOPASSWD:/usr/bin/mkdir,/usr/bin/cat

[root@nb ~]#useradd   -G  bob  natasha
[root@nb ~]#id  natasha
[root@nb ~]#su  -  natasha
[natasha@nb ~]$ sudo   cat   /etc/shadow
[natasha@nb ~]$ exit
```

助学答疑

第 3 章　AI 赋能 Linux 网络配置

3.1　网络概述

3.1.1　IPv4 地址

IPv4 地址用于标识一个节点（连网设备）的网络地址。

地址组成（点分十进制）：

（1）一共 32 个二进制位。

（2）将地址转换为 4 个十进制数，以“.”隔开。

（3）IP 地址就像人类的身份证号一样，身份证号标识一个人，IP 地址也标识一台计算机。

3.1.2　IP 地址的分类

IP 地址的分类依据，是查看 IP 地址的第一个十进制数，如 192.168.1.1（第一个数字为 192，属于 C 类范围）。IP 地址的分类如下：

```
用于一般计算机网络：
-A类：1 ~ 127
-B类：128 ~ 191
-C类：192 ~ 223
组播及科研专用：
-D类：224 ~ 239（组播）
-E类：240 ~ 254（科研）
```

3.1.3　网络位与主机位

作为初学者，下面以 C 类地址为例，以人的标识类比学习网络位与主机位。

人的标识：身份证号。

北京朝阳区：110105 19901001 1000。

110105199010011000 = 来自北京朝阳区，编号为 199010011000 的人。

192.168.1.1 = 来自哪个区域？在这个区域中是编号为多少的计算机？

网络位：类似身份证号的前 6 位，用于表示区域（在网络的世界中，区域即为网络）。

主机位：用于表示在区域中的编号。

默认情况下：

A 类地址：网络位 . 主机位 . 主机位 . 主机位。

B 类地址：网络位 . 网络位 . 主机位 . 主机位。

C 类地址：网络位 . 网络位 . 网络位 . 主机位。

```
192.168.1.1= 前三位为网络位，来自 192.168.1 区域，在区域中编号为 1 的主机
192.168.1.2= 前三位为网络位，来自 192.168.1 区域，在区域中编号为 2 的主机
```

网络名称的表示规则：网络位保持不变，主机位全为 0，不能直接使用网络位数字来表示网络名称。

在同一网络内的主机地址的表示方法如下：

```
192.168.1.1= 来自 192.168.1.0 网络（区域），编号为 1 的主机
192.168.1.2= 来自 192.168.1.0 网络（区域），编号为 2 的主机
```

不同网络之间的通信（涉及路由器设备）的表示方法如下：

```
192.168.1.50= 来自 192.168.1.0 网络（区域），编号为 50 的主机
192.168.2.88= 来自 192.168.2.0 网络（区域），编号为 88 的主机
```

接下来，以一个 IP 地址为例进行拆解。例如，192.168.1.1 是 C 类地址，默认 C 类地址为网络位 . 网络位 . 网络位 . 主机位，根据网络位保持不变，主机位全为 0，可以得出网络名称为 192.168.1.0。

3.1.4 子网掩码

子网掩码用于标识计算机 IP 地址的网络位与主机位，用二进制的 1 标识网络位，0 标识主机位。计算机发现子网掩码的第一个二进制位为 1，说明 IP

助学答疑

地址的第一个二进制位为网络位，以此类推。如果子网掩码是 8 个 1，则说明 IP 地址前 8 位全是网络位；如果子网掩码是 8 个 0，则说明 IP 地址这 8 位全是主机位。

```
192.168.1.1 转换成二进制 =11000000.10101000.00000001.00000001
子网掩码转换成二进制 =11111111.11111111.11111111.00000000=255.255.255.0
网络名转换成二进制 =11000000.10101000.00000001.00000000=192.168.1.0

192.168.1.1   255.255.255.0 也可以写成 192.168.1.1/24，这里的 24 表示 192.168.1.1 转换成二进制之后，有 24 个网络位
```

下面使用 DeepSeek 助力不同进制数之间的转换。

提问：

> 十进制如何转换成二进制？

解答：

> 将十进制数转换成二进制数是一个常见的数学操作，可以通过以下步骤完成。
>
> 除 2 取余法
>
> 除以 2：
>
> 将十进制数除以 2，记录商和余数（0 或 1）。
>
> 继续除以 2：
>
> 将上一步得到的商再次除以 2，记录新的商和余数。
>
> 重复步骤：
>
> 不断重复上述过程，直到商为 0 为止。
>
> 组合余数：
>
> 将所有记录的余数从下到上（即从最后一次除法到第一次除法）依次排列，得到的序列就是该十进制数的二进制表示。
>
> 示例
>
> 假设要将十进制数 23 转换成二进制数：
>
> 23÷2=11 余 1
>
> 11÷2=5 余 1
>
> 5÷2=2 余 1
>
> 2÷2=1 余 0
>
> 1÷2=0 余 1

助学答疑

将余数从下到上排列，得到 10111

所以，十进制数 23 的二进制表示是 10111。

提问：

二进制如何转换成十进制？

解答：

将二进制数转换成十进制数是一个相对简单的过程，可以通过将二进制数的每一位乘以 2 的对应幂次，然后将这些结果相加来得到十进制数。以下是具体步骤。

二进制转十进制的方法

确定二进制数的位数：

从右到左，为二进制数的每一位编号，从 0 开始。最右边的位是第 0 位，接着是第 1 位、第 2 位，以此类推。

计算每一位的值：

对于二进制数的每一位，将其乘以 2 的对应幂次，即第 n 位的值是位值 ×2^n。

求和：

将所有位计算得到的值相加，得到的结果就是十进制数。

示例

假设要将二进制数 10111 转换成十进制数：

确定位数和编号：

10111（从右到左编号）：1（第 0 位）、1（第 1 位）、1（第 2 位）、0（第 3 位）、1（第 4 位）

计算每一位的值：

第 0 位：1×2^0=1

第 1 位：1×2^1=2

第 2 位：1×2^2=4

第 3 位：0×2^3=0

第 4 位：1×2^4=16

求和：

1+2+4+0+16=23

所以，二进制数 10111 的十进制表示是 23。

3.1.5 网关地址

网关地址是一个在网络通信中起关键作用的地址。它是指一个网络设备（通常是路由器或交换机）的 IP 地址，该设备用于连接两个或多个不同的网络。

助学答疑

网关地址允许不同网络中的设备相互通信，起到了桥梁和媒介的作用。

网关又称网间连接器、协议转换器，是在不同网络之间进行通信的桥梁，负责将来自一个网络的数据包转发到另一个网络。网关地址很像生活中教室的门口，如果把一个教室比作一个网络，那么教室的门口是网关，它是教室内部通往外界的媒介，也是外界进入本教室的关口。在网络世界里，一个网络的关口就是网关，网关地址必须是与本机地址在同一网络的地址。

3.1.6 DNS 服务器地址

DNS（Domain Name System，域名系统）服务器地址用于将人类可读的域名解析为机器可识别的 IP 地址（如 192.0.2.1）。

下面使用 DeepSeek 解释 DNS 服务器的作用。

提问：

> 请用生活化的例子，解释 DNS 服务器的作用。

解答：

> DNS 服务器的作用，可以用一个生活化的例子来解释。
>
> 想象一下，你是一位热爱旅行的朋友，想要去访问一个美丽的景点，但你不记得景点的具体地址，只记得景点的名字。这时，DNS 服务器就像是一个聪明的“地址查询助手”。
>
> 当你想要访问一个网站（如一个旅游网站）时，你在浏览器的地址栏中输入网站的域名，这就好比你知道景点的名字，但不知道具体地址。这时，DNS 服务器就会开始工作，它会在自己的“地址簿”（数据库）里查找这个域名对应的 IP 地址。
>
> **DNS 服务器的作用总结：**
>
> **简化访问：**你不需要记住复杂的 IP 地址，只需记住域名就可以访问网站。
>
> **提高效率：**DNS 服务器通过缓存机制，可以加快域名解析的速度，让你更快地访问网站。
>
> **分布式管理：**DNS 服务器分布在全球各地，形成了一个庞大的网络，确保了域名解析的高效性和可靠性。
>
> 就像你在旅行时，不需要自己去查找每一个景点的具体地址，只需告诉“地址查询助手”（DNS 服务器）景点的名字，它就能帮你找到地址，让你轻松到达目的地。

助学答疑

3.2 DeepSeek 引领：Linux 网络配置的高效实践与优化

3.2.1 还原快照到最初状态

在虚拟机中还原快照时，建议先关闭虚拟机操作系统。命令如下：

```
[root@nb ~]#poweroff
```

下面详细讲解如何还原快照到最初状态。

（1）图 3.1 所示为一个虚拟机管理器界面，其中有一个名为 Rocky Linux 9.5 的虚拟机，在此界面中单击 按钮。

图 3.1

（2）在弹出的界面中选择“安装系统完成”，然后单击“转到”按钮，如图 3.2 所示。

（3）在弹出的界面中单击“是”按钮，如图 3.3 所示，即可将快照还原到最初状态。

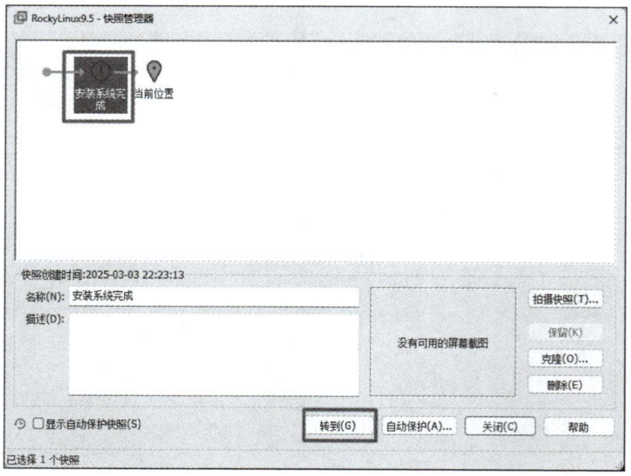

图 3.2

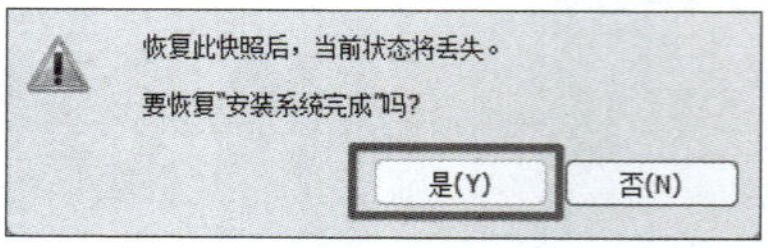

图 3.3

（4）在虚拟机管理器界面中可看到 Rocky Linux 9.5 虚拟机未被开启，单击“开启此虚拟机”按钮即可重新启动，如图 3.4 所示。

助学答疑

图 3.4

3.2.2　设置永久的主机名

在 Linux 操作系统中，可以通过修改系统配置文件来设置永久的主机名。命令如下：

```
[root@nb ~]#hostnamectl set-hostname nb.tedu.cn
[root@nb ~]#hostname
nb.tedu.cn
[root@nb ~]                        # 新打开一个命令行界面，查看提示符变化
```

3.2.3　开机自动挂载修改 UUID 内容

下面以 3.2.1 小节中创建的虚拟机为模板进行虚拟机克隆。因为 Linux 操作系统中不允许两台计算机在启动时挂载具有相同 UUID 的配置文件，所以将 UUID 修改为设备路径方式，即修改为 /dev/sda1。命令以下：

```
[root@localhost ~]#df  -h   /boot        # 查看设备挂载情况
[root@localhost ~]#blkid   /dev/sda1

[root@localhost ~]#vim    /etc/fstab      # 修改原有内容
/dev/mapper/rl_192-root   /        xfs    defaults        0 0
/dev/sda1                /boot     xfs    defaults        0 0
/dev/mapper/rl_192-swap   none     swap   defaults        0 0
```

3.2.4　查看网卡设备

在 Linux 操作系统中，可以使用 ifconfig 命令来查看网络接口的配置信息，包括 IP 地址。

助学答疑

第一张网卡的名称为 ens33，这是网卡的默认名称。但是网卡名称不固定，Linux 操作系统会根据网卡的型号、品牌等来命名网卡。

```
    [root@nb /]#ifconfig           # 查看网卡的 IP 地址信息，默认第一张网
                                   # 卡的名称为 ens33
    ens33: flags=4163<UP,BROADCAST,RUNNING,MULTICAST>  mtu 1500
            inet 192.168.139.134  netmask 255.255.255.0  broadcast
192.168.139.255

    lo: 本机回环接口（此接口专门用于测试）
        IP 永远为 127.0.0.1
        127.0.0.1：永远代表本机

    [root@nb /]# ping  127.0.0.1     # 测试网络连通性
    PING 127.0.0.1 (127.0.0.1) 56(84) 比特的数据。
    64 比特，来自 127.0.0.1: icmp_seq=1 ttl=64 时间=0.088 毫秒
    64 比特，来自 127.0.0.1: icmp_seq=2 ttl=64 时间=0.078 毫秒
    64 比特，来自 127.0.0.1: icmp_seq=3 ttl=64 时间=0.045 毫秒
    64 比特，来自 127.0.0.1: icmp_seq=4 ttl=64 时间=0.035 毫秒
    ^C          Ctrl  c：结束正在运行的命令
    --- 127.0.0.1 ping 统计 ---
    已发送 4 个包，已接收 4 个包， 0% packet loss, time 3064ms
    rtt min/avg/max/mdev=0.035/0.061/0.088/0.022 ms
```

3.2.5 配置网卡网络参数

在 Linux 操作系统中，可以手动配置网卡网络参数。命令如下：

```
[root@nb ~]#nmtui
```

下面详细讲解如何手动配置网卡网络参数。

（1）在命令行界面中，输入命令 nmtui 并按回车键，启动网络管理器的文本用户界面，选择“编辑连接”并按回车键，如图 3.5 所示。

（2）在弹出的界面中选择要编辑的连接，此处选择 ens33，然后按回车键，如图 3.6 所示。

（3）在弹出的界面中，选择“IPv4 配置”后的“自动”并按回车键，如图 3.7 所示。

助学答疑

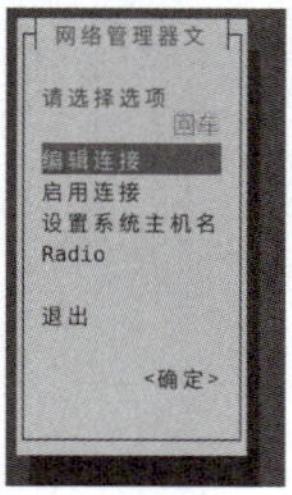

图 3.5

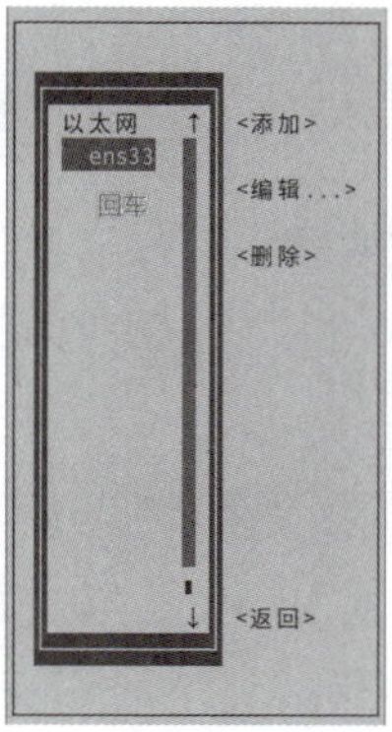

图 3.6

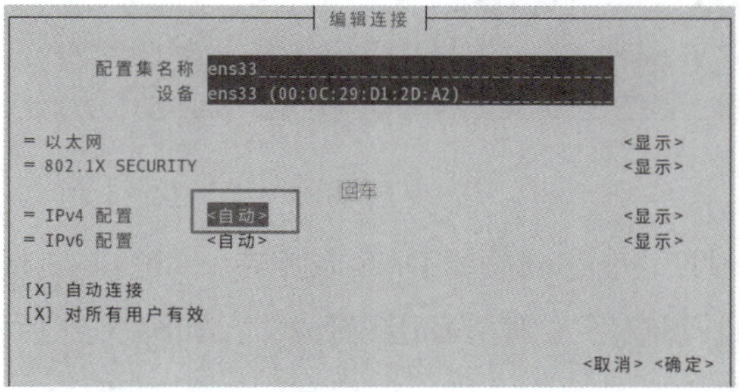

图 3.7

（4）在弹出的下拉列表中选择“手动”，以手动方式配置 IP 地址，如图 3.8 所示。

（5）在“IPv4 配置”后选择“显示”并按回车键，如图 3.9 所示。

（6）显示“IPv4 配置”的列表后，选择“地址”后的“添加”并按回车键，如图 3.10 所示。

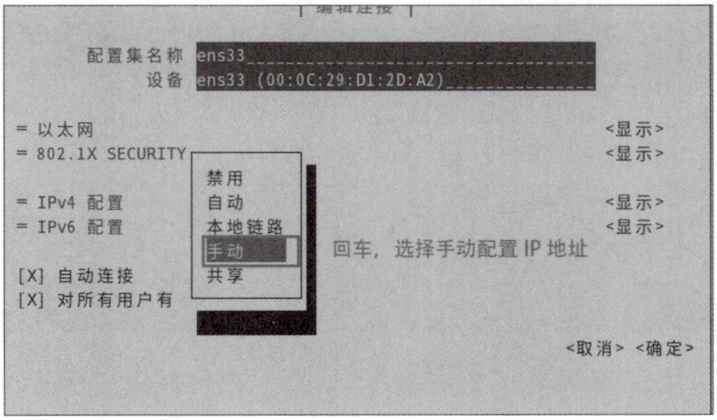

图 3.8

助学答疑

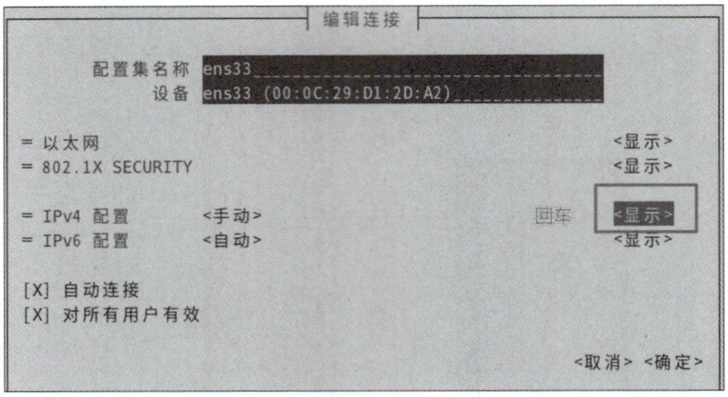

图 3.9

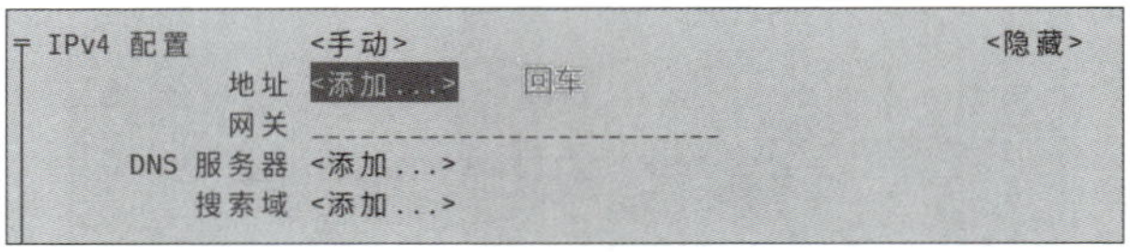

图 3.10

（7）添加所需的地址、网关和 DNS 服务器，如图 3.11 所示。

（8）选中“自动连接”“对所有用户有效”，如图 3.12 所示。

（9）选择“确定”并按回车键，以保存配置，如图 3.13 所示。

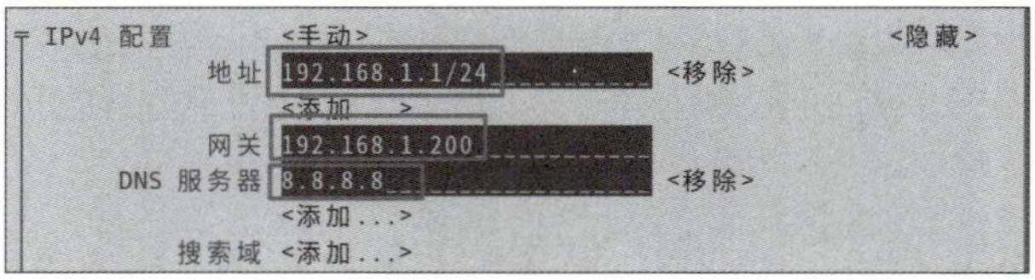

图 3.11

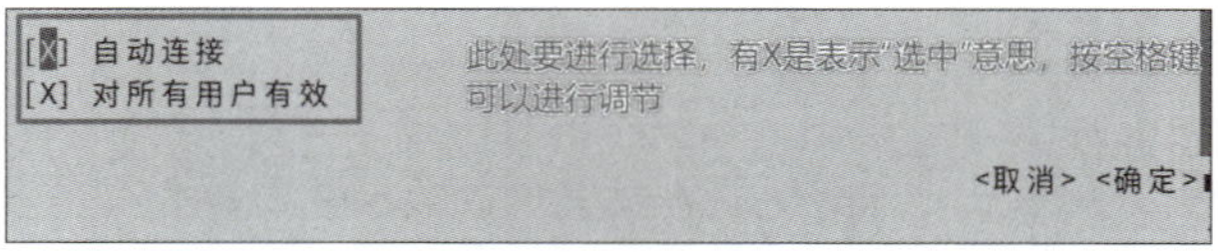

图 3.12

图 3.13

（10）在弹出的界面中选择“返回”并按回车键，如图 3.14 所示。

（11）在弹出的界面中选择“启用连接”并按回车键，如图 3.15 所示。

助学答疑

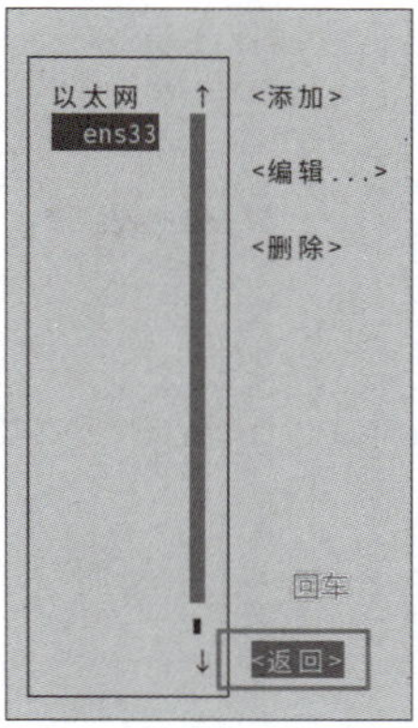

图 3.14

图 3.15

（12）在弹出的界面中选择 ens33 并按回车键，以停用 ens33，如图 3.16 所示；再次按回车键，以激活 ens33，如图 3.17 所示。

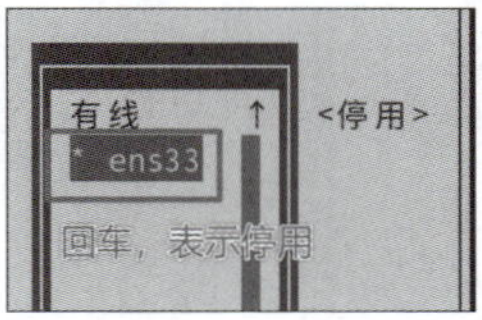

图 3.16

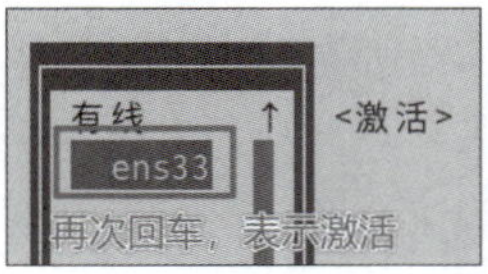

图 3.17

（13）在激活 ens33 的状态下选择“返回”并按回车键，如图 3.18 所示。

（14）在弹出的界面中选择“退出”并按回车键，如图 3.19 所示。

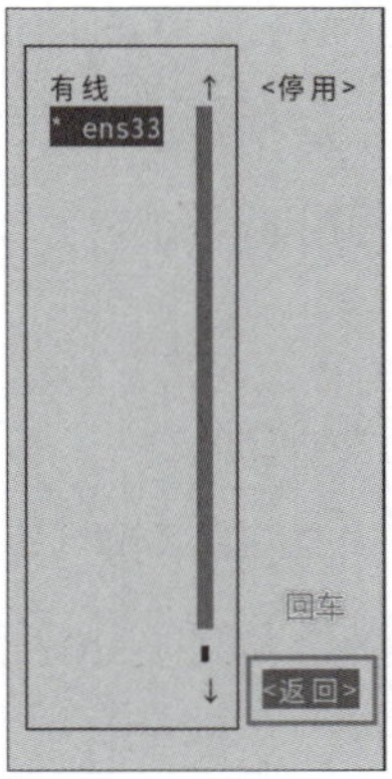

图 3.18

图 3.19

助学答疑

在 Linux 操作系统中，可以查看网络配置的详细步骤，包括如何检查 IP 地址、子网掩码、网关和 DNS 服务器地址。命令示例如下：

```
[root@nb ~]#ifconfig | head -2    # 查看 IP 地址与子网掩码
ens33: flags=4163<UP,BROADCAST,RUNNING,MULTICAST>  mtu 1500
        inet 192.168.1.1  netmask 255.255.255.0  broadcast
192.168.1.255
[root@nb ~]#route  -n                # 查看网关地址
Kernel IP routing table
Destinati    Gateway        Genmask        Flags
Metric       Ref            Use            Iface
0.0.0.0      192.168.1.200  0.0.0.0        UG
100          0              0              ens33
192.168.1.0  0.0.0.0        255.255.255.0  U
100          0              0              ens33
[root@nb ~]#cat  /etc/resolv.conf        # 查看 DNS 服务器地址
#Generated by NetworkManager
search tedu.cn
namenb 8.8.8.8
[root@nb ~]#
```

3.2.6 配置网卡自动获取网络参数

由于 VMware 虚拟机软件提供了分配网络参数的功能，因此可以将虚拟机网卡 IP 地址的获取方式设置为“自动”。这样设置后，VMware 虚拟软件可以自动处理虚拟机通过真机的网卡访问互联网的流程，前提是真机能够访问互联网。

下面详细讲解如何配置网卡自动获取网络参数。

（1）在命令行界面中输入命令 nmtui 并按回车键，启动网络管理器的文本用户界面，选择“编辑连接”并按回车键，如图 3.20 所示。

（2）在弹出的界面中选择要编辑的连接，此处选择 ens33，然后按回车键，如图 3.21 所示。

助学答疑

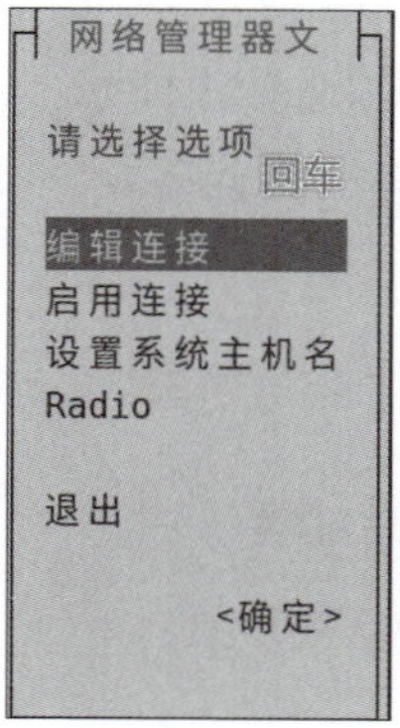

图 3.20

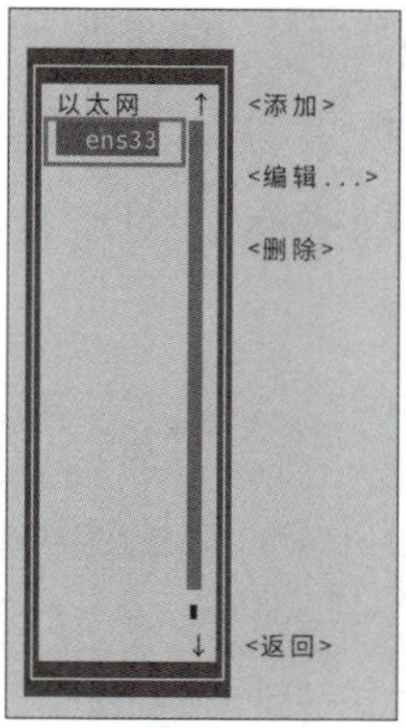

图 3.21

（3）在弹出的界面中选择“IPv4 配置”后的“手动”，然后按回车键，如图 3.22 所示。

（4）在弹出的下拉列表中选择“自动”，以自动获取 IP 地址，如图 3.23 所示。

（5）在“IPv4 配置”的列表下，选择“地址”后的“移除”，然后按回车键，以将手工配置地址移除，如图 3.24 所示。

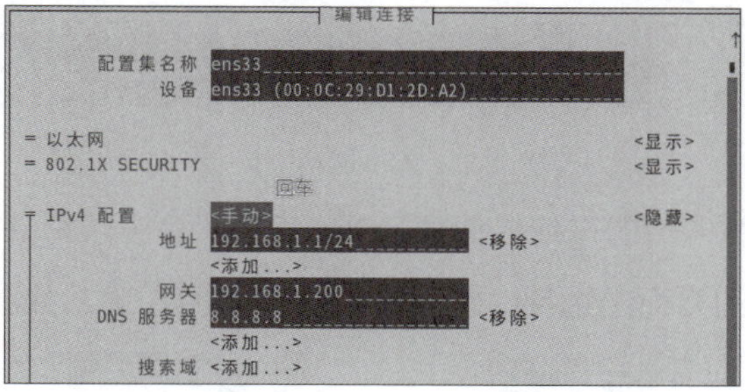

图 3.22

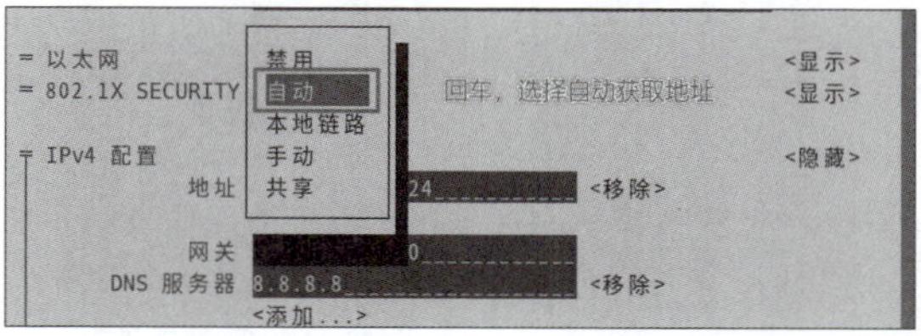

图 3.23

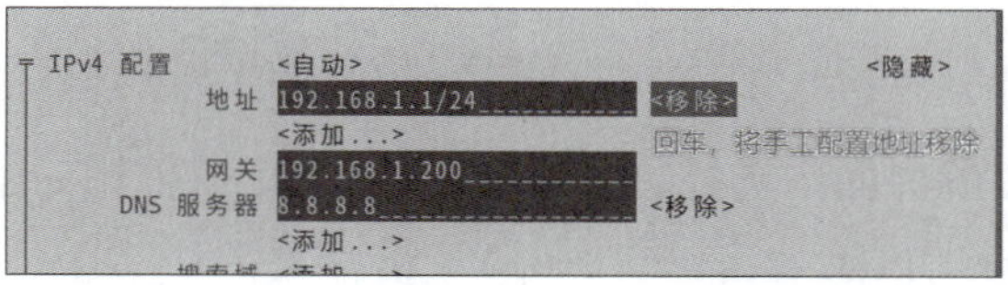

图 3.24

助学答疑

（6）在“IPv4 配置”的列表下，选择“DNS 服务器”后的“移除”并按回车键，以将手工配置 DNS 服务器移除，如图 3.25 所示。

（7）选择“自动连接”“对所有用户有效”，然后选择“确定”并按回车键，如图 3.26 所示。

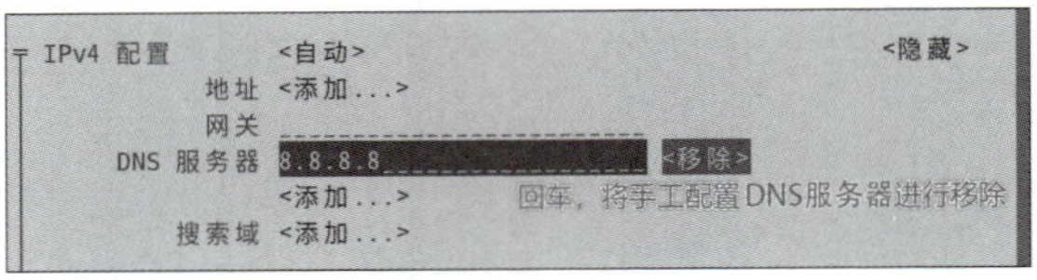

图 3.25

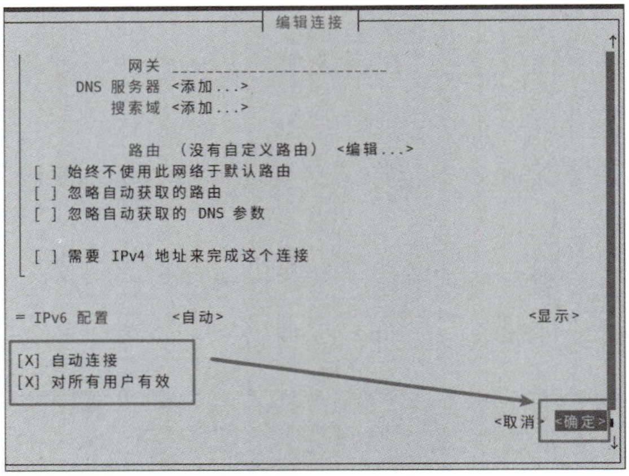

图 3.26

（8）在选择要编辑的连接界面中选择“返回”并按回车键，如图 3.27 所示。

（9）在弹出的界面中选择“启用连接”并按回车键，如图 3.28 所示。

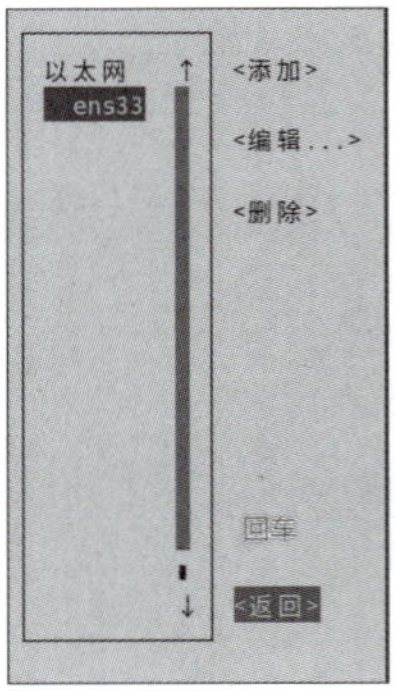

图 3.27

图 3.28

（10）在弹出的界面中选择 ens33 并按回车键，以停用 ens33，如图 3.29 所示；再次按回车键，以激活 ens33，如图 3.30 所示。

助学答疑

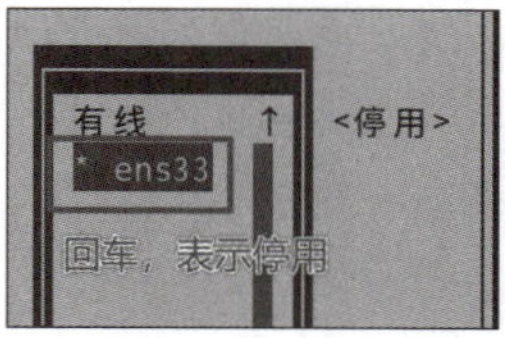

图 3.29

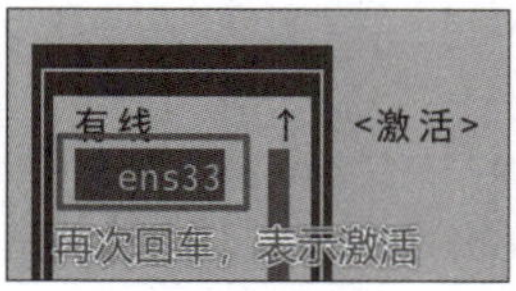

图 3.30

（11）在激活 ens33 的状态下选择“返回”并按回车键，以停用 ens33，如图 3.31 所示。

（12）在弹出的界面中选择“退出”并按回车键，如图 3.32 所示。

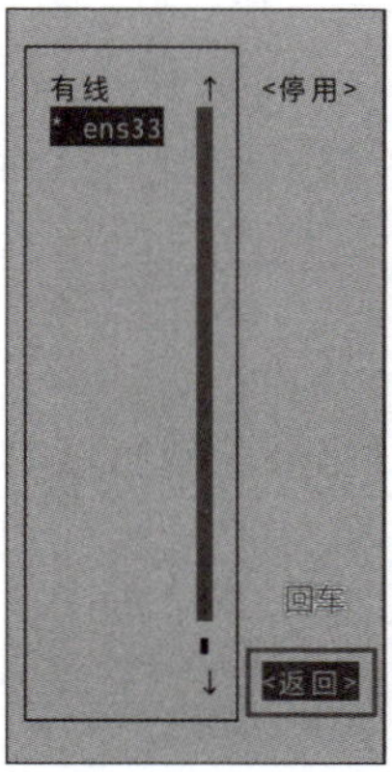

图 3.31

图 3.32

使用以下命令查看自动获取到的信息：

```
    [root@nb ~]#ifconfig | head -2    #查看自动获取的IP地址,注意并不统一
ens33: flags=4163<UP,BROADCAST,RUNNING,MULTICAST>  mtu 1500
            inet 192.168.139.134   netmask 255.255.255.0
broadcast 192.168.139.255
    [root@nb ~]#route  -n                  #查看自动获取到的网关地址，注意并
                                           #不统一
    Kernel IP routing table
    Destination      Gateway         Genmask         Flags
    Metric           Ref             Use             Iface
    0.0.0.0          192.168.139.2   0.0.0.0         UG
    100              0               0               ens33
    192.168.139.0    0.0.0.0         255.255.255.0   U
    100              0               0               ens33
```

助学答疑

```
[root@nb ~]#cat  /etc/resolv.conf       # 查看自动获取的 DNS 服务器
                                        # 地址，注意并不统一
#Generated by NetworkManager
search localdomain tedu.cn
namenb 192.168.139.2

[root@nb ~]#ping -c 2  www.baidu.com    # 测试是否可以与百度进行通信，
                                        #-c 指定 ping 次数
PING www.a.shifen.com (110.242.69.21) 56(84) 比特的数据。
64 比特，来自 110.242.69.21 (110.242.69.21): icmp_seq=1 ttl=128 时间 =12.2 毫秒
64 比特，来自 110.242.69.21 (110.242.69.21): icmp_seq=2 ttl=128 时间 =12.7 毫秒

--- www.a.shifen.com ping 统计 ---
已发送 2 个包，已接收 2 个包，0% packet loss, time 1001ms
rtt min/avg/max/mdev=12.184/12.446/12.708/0.262 ms
[root@nb ~]#
```

测试结果如图 3.33 所示。

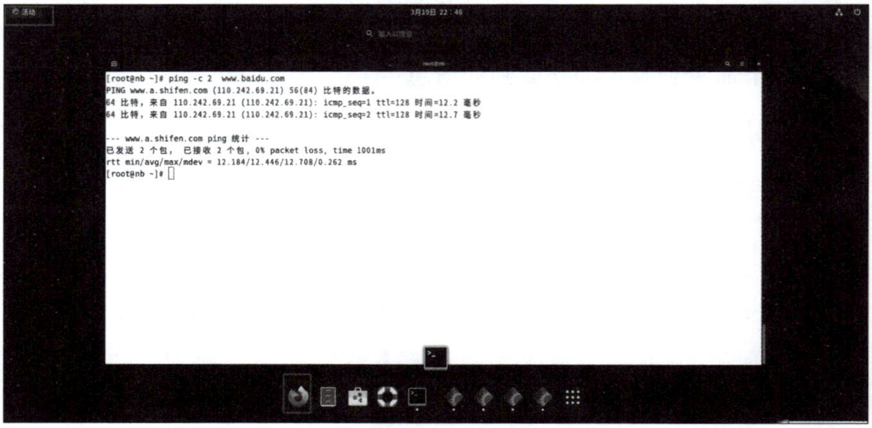

图 3.33

由测试结果可知，可以正常与百度进行通信，如图 3.34 所示。

助学答疑

图 3.34

3.2.7　设置网络 Yum 软件仓库

在后续实验中，需要安装各种软件包，因此构建一个 Yum 软件仓库是非常必要的。这里构建一个云端的 Yum 软件仓库，云平台提供了免费的 Yum 软件仓库服务。由于已经能够联网，因此可以直接访问云平台所提供的仓库，具体如何构建呢？下面使用 DeepSeek 进行助力。

提问：

Rocky Linux 9 如何使用阿里云软件仓库？

解答：

步骤一：打开 mirrors.aliyun.com 网站

首先，进入此网站，打开的界面如图 3.35 所示。在下拉列表中选择“镜像仓库”，并在后面的文本框中输入 rockylinux。

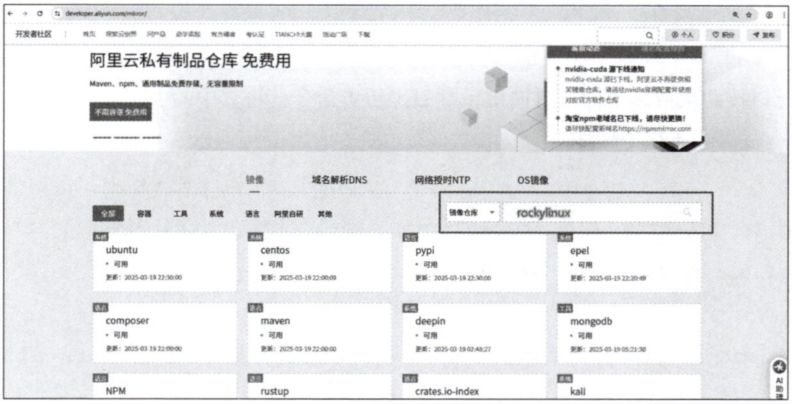

图 3.35

然后，在弹出的界面中单击 rockylinux，如图 3.36 所示。

助学答疑

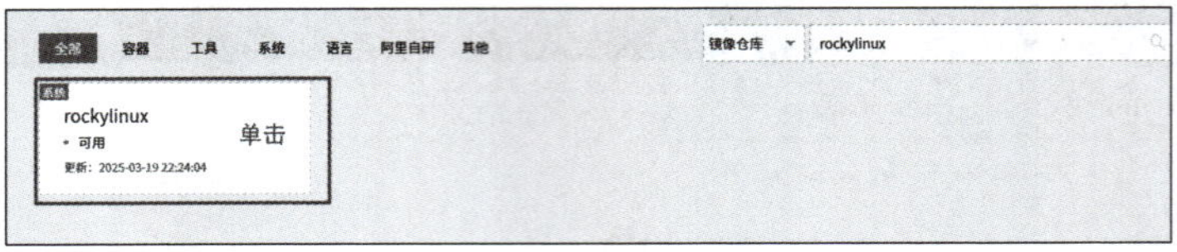

图 3.36

接着，在弹出的界面中单击按钮，以复制命令，如图 3.37 所示。

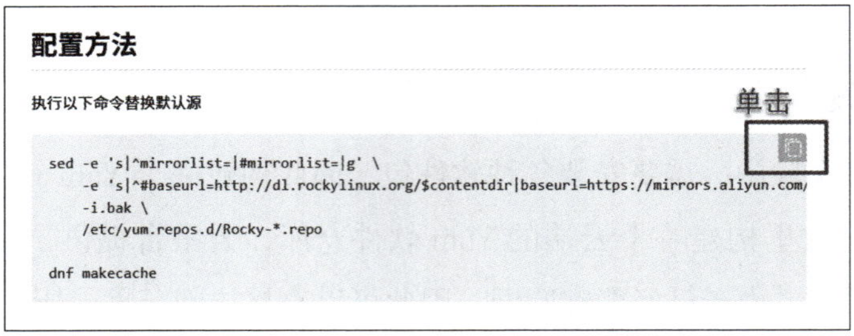

图 3.37

将复制的命令粘贴到 Linux 操作系统的命令行界面中，但是发现会报错，这是因为配置文件无法正确匹配，如图 3.38 所示

图 3.38

可以按两次或多次向上方向键，翻阅出历史命令，将其中的 Rocky-*.repo 修改为 *.repo 并按回车键运行

```
[root@nb ~]#sed -e 's|^mirrorlist=|#mirrorlist=|g'-e 's|^#baseurl=http://dl.rockylinux.org/$contentdir|baseurl=https://mirrors.aliyun.com/rockylinux|g'-i.bak/etc/yum.repos.d/*.repo

[root@nb ~]#yum repoinfo    #可以看到使用的都是 mirrors.aliyun.
                            #com 提供的仓库
......
仓库 ID        : appstream
......
```

助学答疑

```
软件仓库的可用软件包 : 5,763
……
            : https://mirrors.aliyun.com/rockylinux/9/AppStream/
x86_64/os/
……
仓库文件名 : /etc/yum.repos.d/rocky.repo

仓库 ID: baseos
……
软件仓库的可用软件包 : 1,171
……
软件仓库基本 URL: https://mirrors.aliyun.com/rockylinux/9/BaseOS/
x86_64/os/
……
仓库文件名 : /etc/yum.repos.d/rocky.repo

仓库 ID: extras
……
软件仓库的可用软件包 : 54
……
软件仓库基本 URL: https://mirrors.aliyun.com/rockylinux/9/extras/
x86_64/os/
……
仓库文件名 : /etc/yum.repos.d/rocky-extras.repo
软件包总数: 7,237


[root@nb ~]#yum -y  install httpd  vsftpd
[root@nb ~]#rpm  -q  vsftpd  httpd
vsftpd-3.0.5-6.el9.x86_64
httpd-2.4.62-1.el9_5.2.x86_64
[root@nb ~]#
```

其中，用到了 sed 命令，可以继续使用 DeepSeek 对该命令进行解析。

提问：

```
命令解析: sed -e 's|^mirrorlist=|#mirrorlist=|g' \
         -e  's|^#baseurl=http://dl.rockylinux.
```

助学答疑

```
org/$contentdir|baseurl=https://mirrors.aliyun.com/rockylinux|g' \
          -i.bak \
          /etc/yum.repos.d/*.repo
```

解答：

各个部分的解释

sed：

sed 是一种流编辑器，用于文本处理和批量编辑文件。

-e 选项：

-e 用于指定一个编辑命令。在这个命令中，有两个 -e 选项，分别指定了两个不同的替换操作。

第一个替换命令：

's|^mirrorlist=|#mirrorlist=|g'：

s|...|...|g 是 sed 的替换命令，其中 s 表示替换，| 是分隔符，g 表示全局替换（即替换行中所有匹配的部分）。

^mirrorlist=：匹配以 mirrorlist= 开头的行。^ 表示行首。

#mirrorlist=：将匹配到的 mirrorlist= 行注释掉，即在前面加上 #。

第二个替换命令：

's|^#baseurl=http://dl.rockylinux.org/$contentdir|baseurl=https://mirrors.aliyun.com/rockylinux|g'：

^#baseurl=http://dl.rockylinux.org/$contentdir：匹配以 #baseurl=http://dl.rockylinux.org/$contentdir 开头的行。

baseurl=https://mirrors.aliyun.com/rockylinux：将匹配到的行取消注释，并将 baseurl 设置为阿里云的镜像地址。

-i.bak：

-i 选项用于直接编辑文件，而不是输出到标准输出。

.bak 表示在编辑前为每个文件创建一个备份文件，扩展名为 .bak。

/etc/yum.repos.d/ *.repo：指定要编辑的文件路径。这里使用了通配符 *，表示匹配所有以 .repo 结尾的文件。

总结

这条命令的作用如下：

注释掉所有仓库配置文件中以 mirrorlist= 开头的行。

取消注释以 #baseurl=http://dl.rockylinux.org/$contentdir 开头的行，并将其中的 baseurl 地址替换为阿里云的镜像地址 https://mirrors.aliyun.com/rockylinux。

在编辑每个文件之前，创建一个备份文件，扩展名为 .bak。

助学答疑

3.3 网络环境部署

3.3.1 克隆虚拟机

在克隆虚拟机之前，必须将虚拟机关机。命令如下：

```
[root@nb ~]#poweroff
```

下面详细讲解克隆虚拟机的步骤。

（1）右击虚拟机的选项卡，先选择“管理”，然后选择“克隆”，如图 3.39 所示。

（2）在弹出的界面中单击“下一页”按钮，如图 3.40 所示。

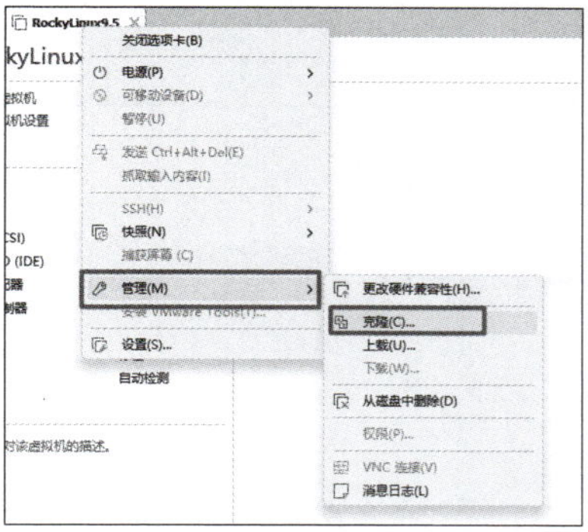

图 3.39

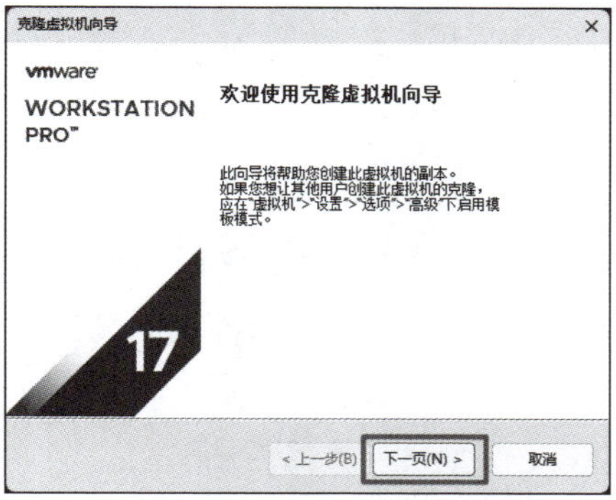

图 3.40

（3）在弹出的界面中选中“虚拟机中的当前状态”,然后单击“下一页”按钮，如图 3.41 所示。

（4）在弹出的界面中选中“创建链接克隆”，然后单击“下一页”按钮，如图 3.42 所示。

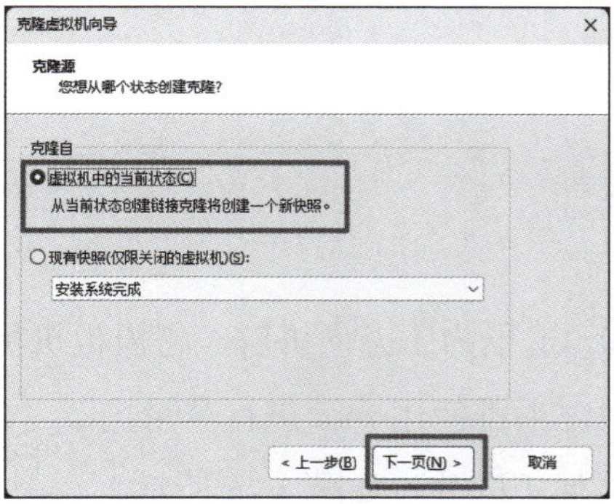

图 3.41

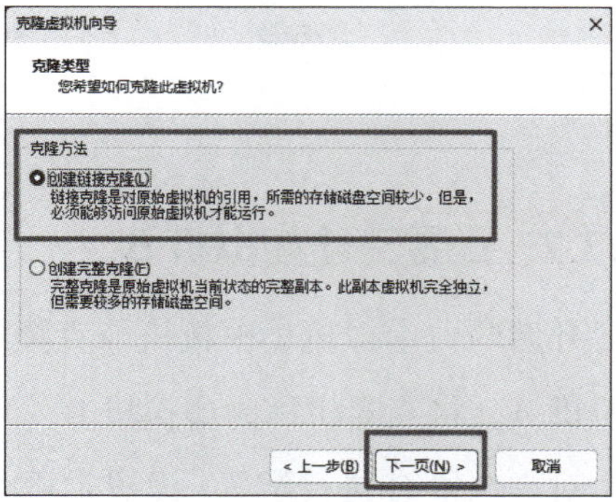

图 3.42

助学答疑

（5）在弹出的界面中设置“虚拟机名称”和“位置”,然后单击“完成”按钮，如图 3.43 所示。

（6）在弹出的界面中会显示克隆进度，等待片刻便可完成克隆，然后单击“关闭”按钮，如图 3.44 所示。

（7）返回主界面中，即可看到克隆的虚拟机，如图 3.45 所示。

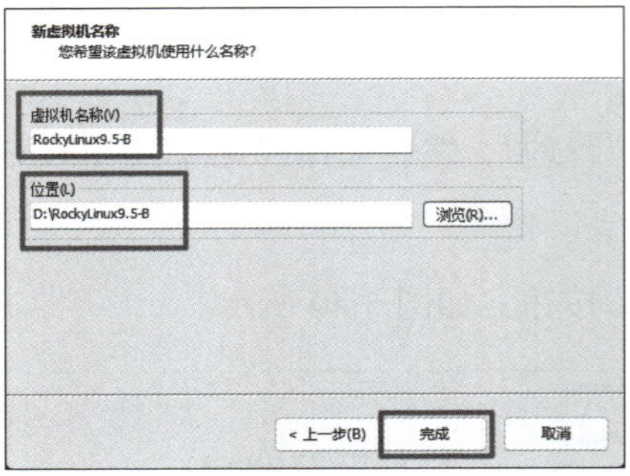

图 3.43

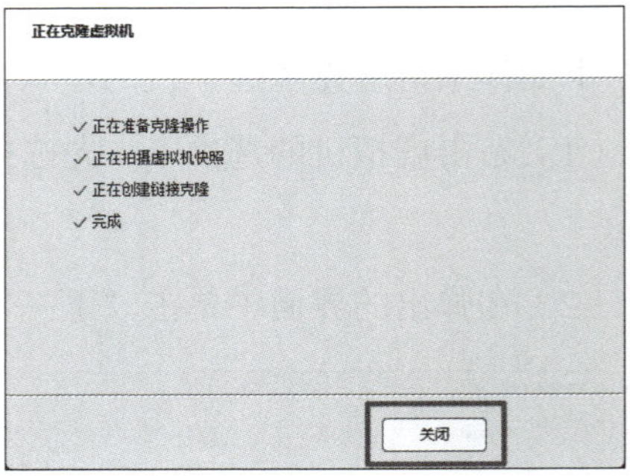

图 3.44

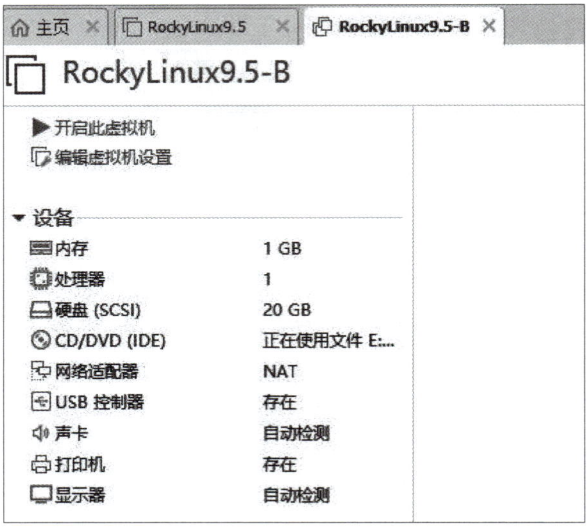

图 3.45

3.3.2 配置克隆虚拟机 B

开启两台虚拟机（模板机与克隆机），这里为了方便讲解，将模板机称为虚拟机 A，将克隆机称为虚拟机 B，开机之后都使用 root 进行登录。

对虚拟机 B 进行配置：设置主机名，便于区分，如图 3.46 所示。

助学答疑

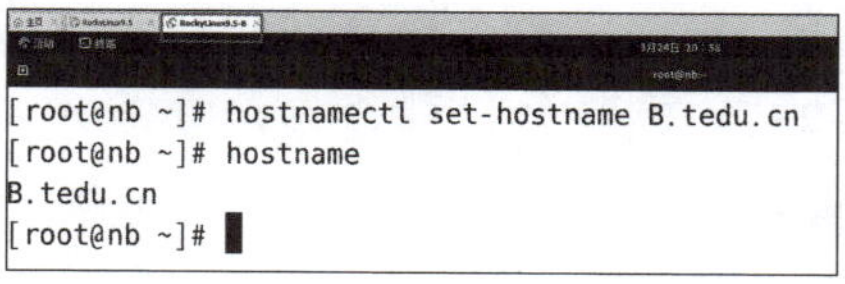

图 3.46

由于配置的是自动获取网络参数，因此虚拟机 B 开机后会自动获取网络参数。获取的网络参数如下：

```
[root@B ~]#ifconfig | head -2
ens33: flags=4163<UP,BROADCAST,RUNNING,MULTICAST>  mtu 1500
        inet 192.168.139.135  netmask 255.255.255.0  broadcast
192.168.139.255
 [root@B ~]#
```

虚拟机 B：检查 Yum 软件包仓库。命令如下：

```
[root@B ~]#yum repoinfo
上次元数据过期检查：0:12:41 前，执行于 2025 年 03 月 24 日  星期一  20 时
49 分 06 秒。
仓库 ID: appstream
……
软件仓库基本 URL: https://mirrors.aliyun.com/rockylinux/9/extras/
x86_64/os/
软件仓库过期时间 :  21,600 秒（最 2025 年 03 月 24 日  星期一  20 时 49 分
06 秒）
仓库文件名 : /etc/yum.repos.d/rocky-extras.repo
软件包总数：7,237
[root@B ~]#
```

虚拟机 A：查看网络参数。命令如下：

```
[root@nb ~]#ifconfig | head -2
ens33: flags=4163<UP,BROADCAST,RUNNING,MULTICAST>  mtu 1500
        inet 192.168.139.134  netmask 255.255.255.0  broadcast
192.168.139.255
 [root@nb ~]#
```

虚拟机 A：测试通信。命令如下：

助学答疑

```
[root@nb ~]#ping -c 4 192.168.139.135    #-c 指定 ping 包的个数
PING 192.168.139.135 (192.168.139.135) 56(84) 比特的数据。
64 比特，来自 192.168.139.135: icmp_seq=1 ttl=64 时间=0.722 毫秒
64 比特，来自 192.168.139.135: icmp_seq=2 ttl=64 时间=1.61 毫秒
64 比特，来自 192.168.139.135: icmp_seq=3 ttl=64 时间=0.398 毫秒
64 比特，来自 192.168.139.135: icmp_seq=4 ttl=64 时间=0.551 毫秒
--- 192.168.139.135 ping 统计 ---
已发送 4 个包，已接收 4 个包 , 0% packet loss, time 3088ms
rtt min/avg/max/mdev=0.398/0.820/1.609/0.469 ms
[root@nb ~]#
```

下面使用 DeepSeek 解析所输出命令的含义。

提问：

```
[root@nb ~]#ping -c 4 192.168.139.135
PING 192.168.139.135 (192.168.139.135) 56(84) 比特的数据。
64 比特，来自 192.168.139.135: icmp_seq=1 ttl=64 时间=0.722 毫秒
64 比特，来自 192.168.139.135: icmp_seq=2 ttl=64 时间=1.61 毫秒
64 比特，来自 192.168.139.135: icmp_seq=3 ttl=64 时间=0.398 毫秒
64 比特，来自 192.168.139.135: icmp_seq=4 ttl=64 时间=0.551 毫秒
--- 192.168.139.135 ping 统计 ---
已发送 4 个包，已接收 4 个包 , 0% packet loss, time 3088ms
rtt min/avg/max/mdev=0.398/0.820/1.609/0.469 ms
[root@nb ~]#
```

解答：

TTL（time to live，生存时间）：

响应包的 TTL 值为 64，这通常表示网络设备和操作系统的默认设置。

往返时间（RTT）：

第一个包的往返时间为 0.722 毫秒。

第二个包的往返时间为 1.61 毫秒。

第三个包的往返时间为 0.398 毫秒。

第四个包的往返时间为 0.551 毫秒。

平均 RTT 为 0.820 毫秒，最小为 0.398 毫秒，最大为 1.609 毫秒，标准差为 0.469 毫秒。

数据包丢失：

助学答疑

报告指出“0% packet loss”，意味着所有发送的数据包都得到了响应，没有丢失。

总结来说，目标主机 192.168.139.135 与当前主机之间的网络连接是正常的，延迟非常低，且没有数据包丢失。这表明网络配置良好，适合进行数据传输和通信。

3.4 DeepSeek 智能化整合与 SSH 远程管理

3.4.1 SSH 概述

下面使用 DeepSeek 介绍 SSH（Secure Shell，安全外壳协议）。

提问：

介绍一下 SSH 远程管理。

解答：

SSH（Secure Shell）是一种安全通道协议，主要用来实现字符界面的远程登录、远程复制等功能。

SSH 的优点

1. 数据传输加密：SSH 协议对通信双方的数据传输进行了加密处理，包括用户登录时输入的用户口令，从而有效防止信息泄露。

2. 数据传输压缩：SSH 协议还支持数据传输的压缩，可以提高传输速度。

SSH 客户端与服务端

1. SSH 客户端：常用的 SSH 客户端工具有 Putty、Xshell、CRT、MobaXterm、FinalShell、WindTerm 等。这些工具允许用户通过图形界面或命令行界面连接到 SSH 服务端。

2. SSH 服务端：OpenSSH 是实现 SSH 协议的开源软件项目，适用于各种 UNIX、Linux 操作系统。CentOS7 系统默认已安装 OpenSSH 相关软件包，并已将 sshd 服务添加为开机自启动。OpenSSH 服务端主要包括 SSH 远程链接和 sftp 服务两个服务功能。

综上所述，SSH 远程管理是一种安全、高效的远程管理方式。通过合理配置和使用 SSH 协议，用户可以轻松实现远程登录、文件传输等任务，并保障数据传输的安全性和完整性。

SSH 是协议，OpenSSH 是软件，sshd 是软件产生的程序，这三者之间有什么关系呢？下面使用 DeepSeek 进行解析。

提问：

利用生活化的例子解析 SSH 是协议，OpenSSH 是软件，sshd 是软件产生的程序。

助学答疑

这三者之间有什么关系呢？

解答：

生活化例子

想象你是一名快递公司的员工，你的工作是将包裹从寄件人手中安全地送到收件人手中。在这个过程中，有几个关键要素。

快递协议：这是你和公司其他员工之间共同遵守的一套规则和标准。它规定了如何接收、打包、运输和交付包裹，以确保包裹在运输过程中的安全和完整。这套规则就相当于 SSH 协议，它是一套在网络上进行安全通信的标准和规则。

快递公司软件：公司为了高效地管理快递业务，开发了一套软件。这套软件包含了接收订单、打印快递单、追踪包裹位置、管理员工等多种功能。这套软件就相当于 OpenSSH，它是 SSH 协议的一个免费开源实现，提供了服务端后台程序和客户端工具，用来加密远程控制和文件传输过程中的数据。

快递派送员（程序）：你是公司的一名快递派送员，你的工作是根据软件的指示，将包裹从寄件人手中取走，并安全地送到收件人手中。在这个过程中，你就是在执行软件中的一个具体任务或程序。这个快递派送员的角色就相当于 sshd，它是 OpenSSH 软件中的一个服务端守护进程（daemon），负责监听来自客户端的连接请求，并处理这些请求。

三者关系

SSH 协议：它是基础，规定了如何进行安全通信的规则和标准。

OpenSSH 软件：它是 SSH 协议的一个具体实现，提供了实现 SSH 协议所需的客户端和服务端工具。

sshd 程序：它是 OpenSSH 软件中的一个服务端守护进程，负责处理来自客户端的连接请求，并根据 SSH 协议进行通信。

简而言之，SSH 协议是规则和标准，OpenSSH 软件是实现这些规则的工具，而 sshd 程序则是这个工具中的一个具体功能组件，负责处理连接请求和通信。这三者共同构成了 SSH 远程管理的核心。

3.4.2 远程管理操作

在 Rocky Linux 9.5 中，root 用户的远程管理功能默认是关闭的，需要先开启。下面修改配置文件内容，以重启 sshd 程序。

在虚拟机 A 的命令行界面中输入以下命令：

```
[root@nb ~]#vim /etc/ssh/sshd_config
……
PermitRootLogin   yes    # 去掉开头的注释，将 prohibit-password 修改
                         # 为 yes
```

助学答疑

```
......
[root@nb ~]#systemctl  restart  sshd   # 重启 sshd 程序
```

在虚拟机 B 的命令行界面中输入以下命令：

```
[root@B ~]#vim /etc/ssh/sshd_config
......
PermitRootLogin  yes     #去掉开头的注释,将prohibit-password修改
                         # 为 yes
......
[root@B ~]#systemctl  restart  sshd   # 重启 sshd 程序
```

在虚拟机 A 的命令行界面中使用远程管理命令 ssh：

```
[root@nb /]#sshroot@192.168.139.135
.........necting (yes/no)? yes
root@192.168.139.135's password:         # 输入密码
[root@B ~]#touch/root/hahaxixi.txt
[root@B ~]#exit                          # 退出

[root@nb /]#cat/root/.ssh/known_hosts   # 记录曾经远程管理的机器
```

3.4.3 在两台机器之间传递数据

在两台机器之间传递数据的命令格式如下：

```
scp  [-r]  用户名 @ 服务器 : 路径      本地路径
scp  [-r]  本地路径     用户名 @ 服务器 : 路径
```

在虚拟机 A 的命令行界面中输入以下命令：

```
]#scp/etc/passwd        root@192.168.139.135:/root
]#scp  -r    /home        root@192.168.139.135:/root
]#scproot@192.168.139.135:/etc/shadow          /mnt
```

在虚拟机 B 的命令行界面中输入以下命令：

```
]#ls/root
```

3.4.4 DeepSeek 助力无密码远程管理

在进行远程管理时需要输入密码，那么能不能取消密码，直接进行远程管理呢？下面使用 DeepSeek 进行解析。

助学答疑

提问：

实现 SSH 远程管理无密码验证。

解答：

```
虚拟机 A：
1. 生成公钥（锁）与私钥（钥匙）进行验证
[root@nb ~]#ssh-keygen        # 按回车键
…….save the key (/root/.ssh/id_rsa):    # 按回车键，设置默认保
                                        # 存位置
……..assphrase):       # 按回车键，设置密码为空
……..  again:      # 按回车键，设置密码为空
[root@nb ~]#ls    /root/.ssh/
id_rsa（私钥）    id_rsa.pub（公钥）     known_hosts
2. 虚拟机 A 将公钥（锁）传递给虚拟机 B
[root@nb ~]#ssh-copy-id     root@192.168.139.135
[root@nb ~]#ssh     root@192.168.139.135       # 测试无密码
[root@B ~]#exit                                # 退出
Connection to 192.168.139.135 closed.
[root@nb ~]#
虚拟机 B：
[root@B ~]#ls    /root/.ssh/
authorized_keys（其他机器传递过来的公钥）
[root@B ~]#
```

3.4.5 真机远程管理虚拟机

真机远程管理虚拟机或者以后远程管理企业服务器时，可以使用 WindTerm 工具，此工具是开源软件且功能强大。

下面详细讲解下载和使用 WindTerm 工具的步骤。

（1）通过 WindTerm 网站下载 WindTerm 工具，打开网站后，选择相应版本，如图 3.47 所示。将其下载到本地，如图 3.48 所示。

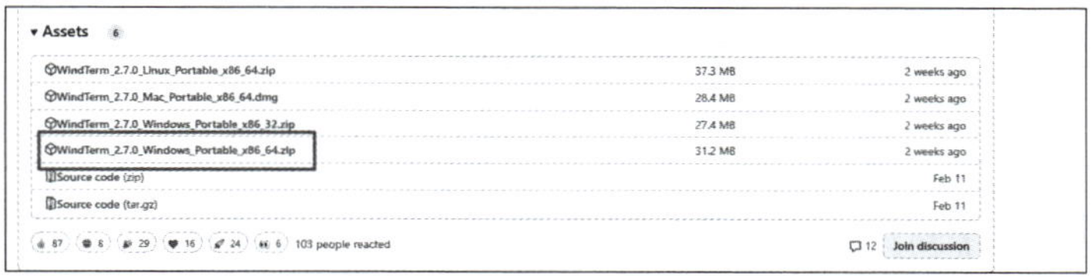

图 3.47

助学答疑

图 3.48

（2）由于此工具开源，因此解压缩之后就可以使用，右击下载的工具包，选择 WinRAR →“解压文件”命令，如图 3.49 所示。

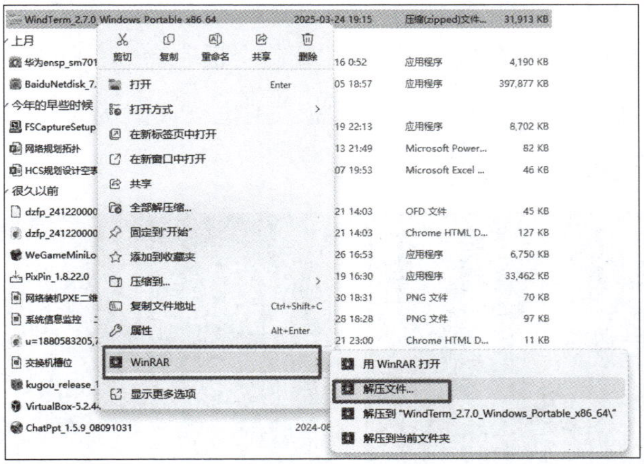

图 3.49

（3）将其解压到 E 盘，尽量不要放在 C 盘，如图 3.50 所示。

（4）无须安装，双击程序即可运行使用，如图 3.51 所示。

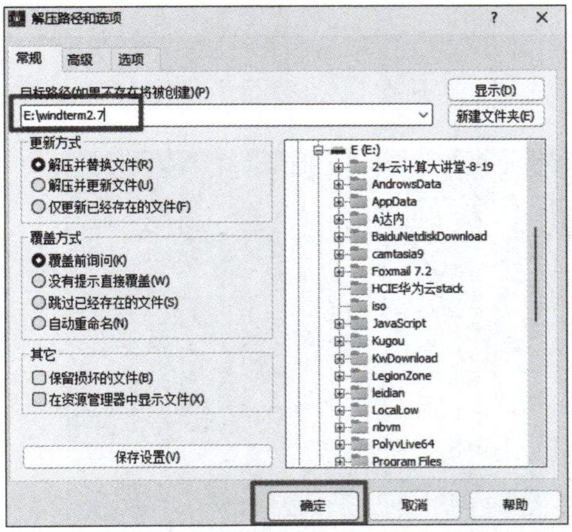

图 3.50

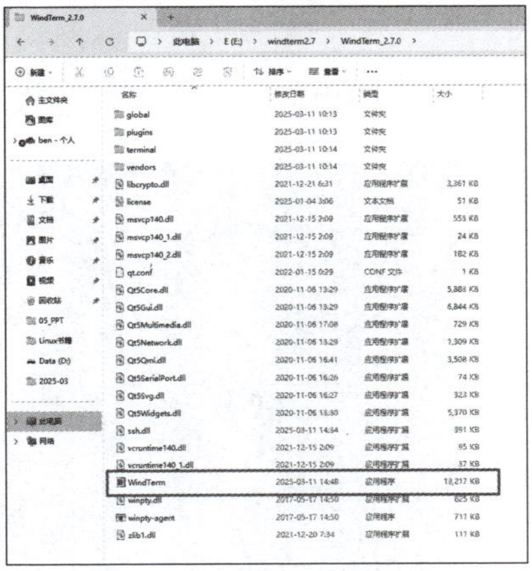

图 3.51

助学答疑

（5）在弹出的界面中选中“应用程序目录”,然后单击 OK 按钮（图 3.52）,即可打开 WindTerm 工具，如图 3.53 所示。

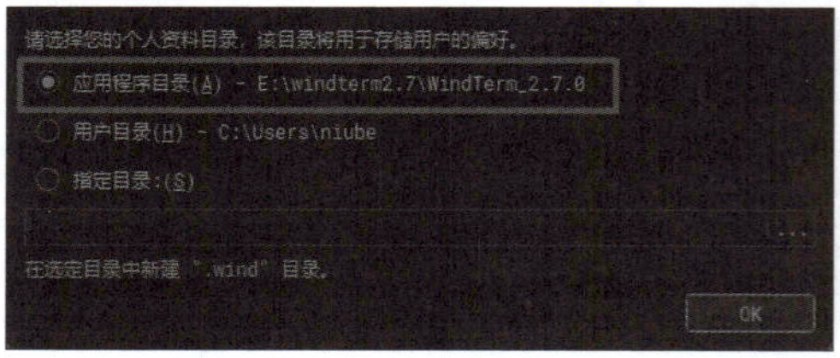

图 3.52

图 3.53

（6）在主界面中选择“会话”→“新建会话”命令，如图 3.54 所示。

（7）在弹出的界面中选择 SSH，将“主机”设置为 192.168.139.134，然后单击“连接”按钮，如图 3.55 所示。

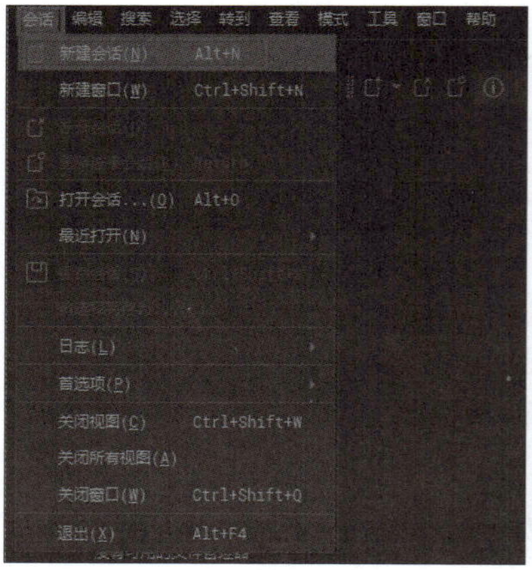

图 3.54

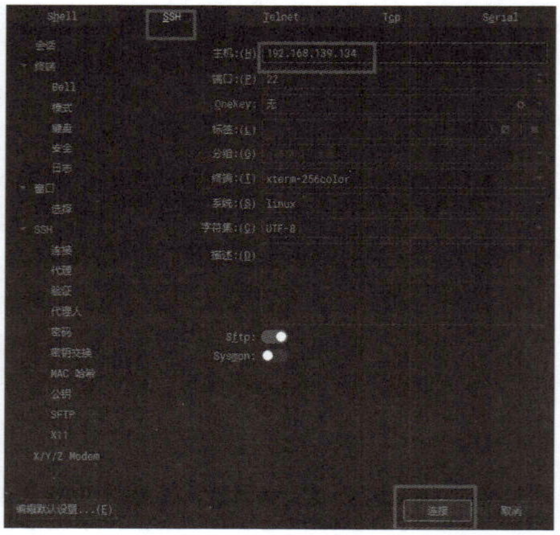

图 3.55

（8）在弹出的界面中选择“账户”,勾选“下次自动登录”,如图 3.56 所示。

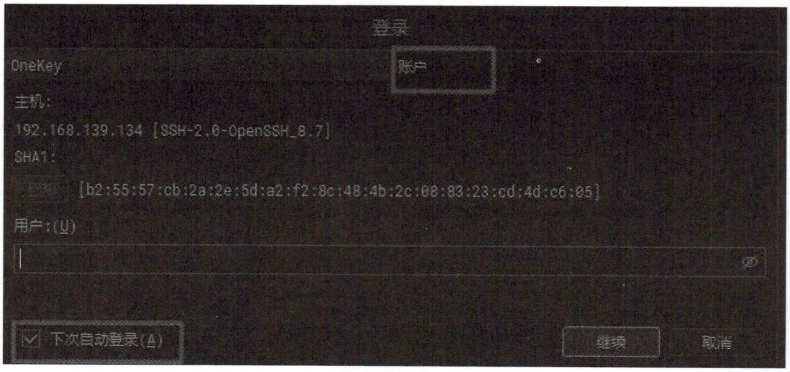

图 3.56

助学答疑

（9）一般需要在弹出的界面中设置 WindTerm 工具的密码，此处为了方便可以不设置，单击“取消”按钮，如图 3.57 所示。

（10）在“用户”文本框输入用户名，然后单击“继续”按钮，如图 3.58 所示。

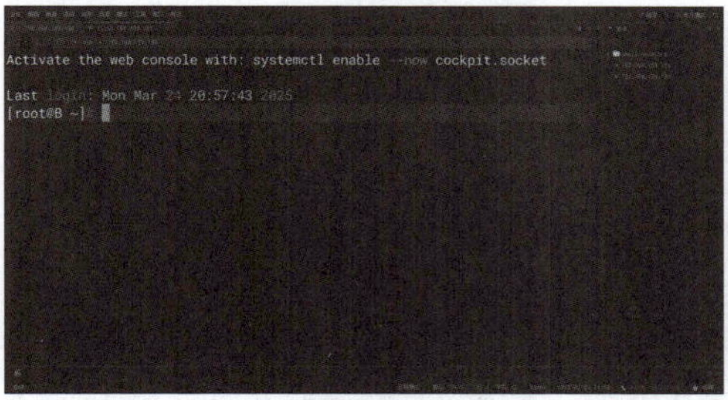

图 3.57

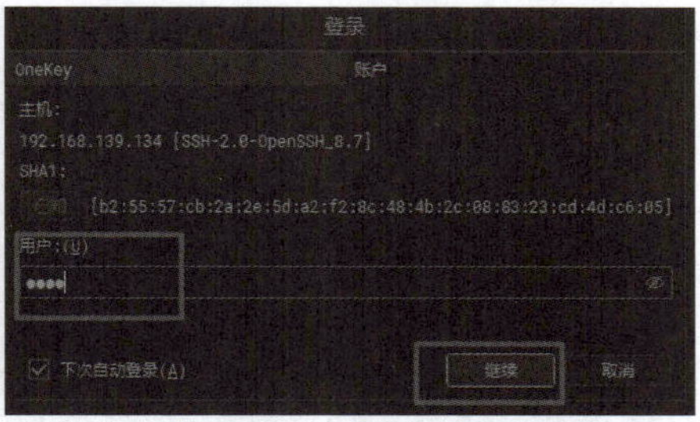

图 3.58

需要注意的是，WindTerm 工具为了安全，会出现输入的内容与显示点的个数不一致的情况，这是正常的。

（11）在弹出的界面中，在“密码”文本框中输入密码，然后单击“继续”按钮，如图 3.59 所示。

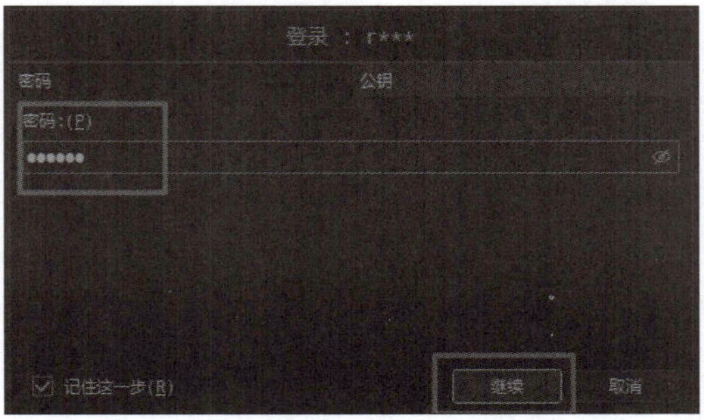

图 3.59

（12）在弹出的界面中可以看到远程管理成功，可以按住 Ctrl 键滑动鼠标滚轮，调整字体大小，如图 3.60 所示。

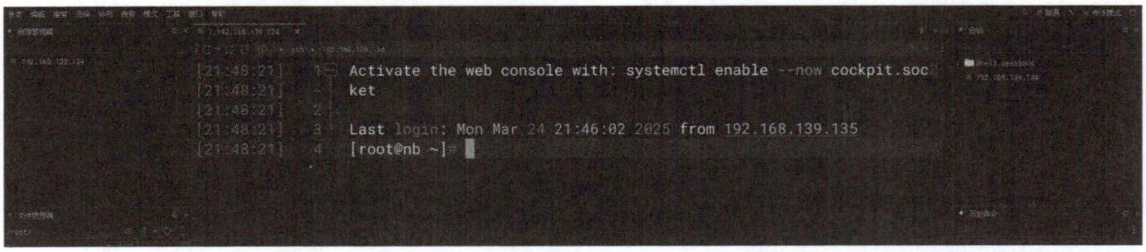

图 3.60

助学答疑

（13）继续新建会话，填写虚拟机 B 的 IP 地址，远程管理虚拟机 B，如图 3.61 所示。

（14）如果需要多终端操作虚拟机 A，可以双击“会话”列表中的 192.168.139.134，如图 3.62 所示。

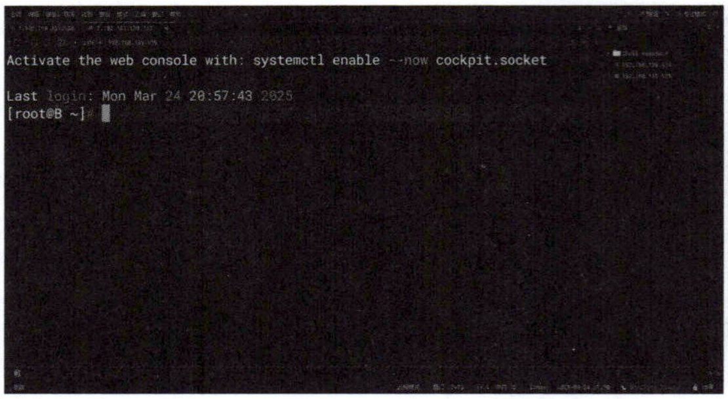

图 3.61

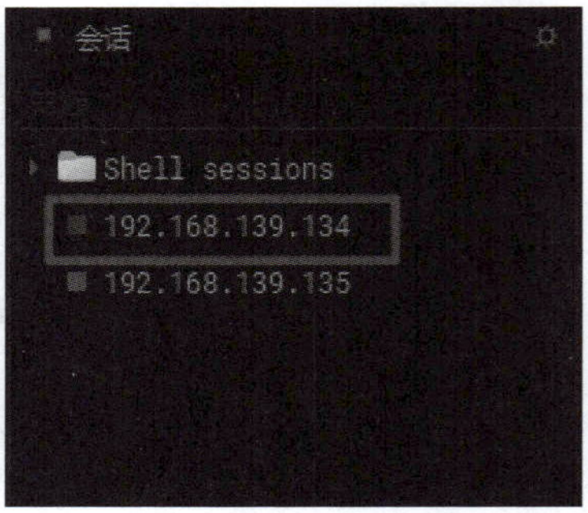

图 3.62

助学答疑

第 4 章　AI 赋能 Linux 操作系统安全

4.1 DeepSeek 智驭 SELinux：探索运行模式

4.1.1　SELinux 概述

Security-Enhanced Linux（简称 SELinux）由美国国家安全局（National Security Agency，NSA）主导开发，是一套增强 Linux 操作系统安全的强制访问控制体系，其集成到 Linux 内核（2.6 及以上）中运行。SELinux 体系针对用户、进程、目录和文件提供了预设的保护策略及管理工具。

4.1.2　SELinux 的运行模式

SELinux 有三种运行模式：Enforcing（强制）、Permissive（宽松）和 Disabled（彻底禁用）。

下面使用 DeepSeek 介绍这三种运行模式的区别。

提问：

利用生活化的例子，介绍 Linux 操作系统中 SELinux 的三种运行模式的区别。

解答：

1. Enforcing（强制）模式

生活化的例子：

想象你在一个严格的图书馆工作。在这个图书馆里，每本书都有一个特定的借阅权限标签，如“教师专用”“学生可借”等。同时，每个读者也有一个借阅权限卡，上面标明了他们可以借阅哪些类型的书籍。

SELinux 的 Enforcing 模式：

安全性：在这个模式下，SELinux 就像图书馆的管理员，严格按照规则执行。如果一名学生尝试借阅一本标有“教师专用”标签的书，管理员会立即阻止，并记录这一违规行为。

工作方式：SELinux 会强制执行预先定义的访问策略。任何进程尝试访问未授权的资源时，访问将被拒绝，并生成相应的日志记录。

2. Permissive（宽松）模式

生活化的例子：

还是在这个图书馆，但这次图书馆的管理员采取了另一种态度。虽然每本书和每个读者仍然有借阅权限标签和借阅权限卡，但管理员不会真正阻止任何借阅行为。

SELinux 的 Permissive 模式：

安全性：在这个模式下，SELinux 仍然会记录违规访问，但不会对其进行拒绝。这就像图书馆管理员记录了违规借阅行为，但并没有实际阻止。

工作方式：SELinux 会执行预定义的访问策略，但不会拒绝任何访问。这种模式通常用于调试和测试新的 SELinux 策略，帮助管理员了解哪些访问会被拒绝，以便调整策略。

3. Disabled（彻底禁用）模式

生活化的例子：

想象图书馆突然决定取消所有的借阅权限标签和借阅权限卡，任何人都可以随意借阅任何书籍，管理员也不再记录任何借阅行为。

SELinux 的 Disabled 模式：

安全性：在这个模式下，SELinux 被完全禁用，不会执行任何访问控制策略，也不会记录任何违规访问。这就像图书馆完全失去了借阅权限管理，安全性大大降低。

工作方式：SELinux 不会执行任何策略，系统的安全性将依赖于传统的 UNIX 权限控制（如文件权限和用户权限）。

总结

Enforcing 模式：提供最高级别的安全性，任何违规访问都会被立即阻止并记录。

Permissive 模式：允许违规访问并记录，但不会阻止。适用于调试和测试新的 SELinux 策略。

Disabled 模式：完全禁用 SELinux，系统的安全性将依赖于传统的 UNIX 权限控制。

需要注意的是，由于 SELinux 与 Linux 的诸多服务无法兼容（如 docker 容器、K8S、分布式存储等），因此大多数企业都会将 SELinux 修改为 Permissive 模式。

4.1.3 切换运行模式

助学答疑

切换运行模式分为临时切换和固定配置两种。

（1）临时切换：setenforce 1 或 0，此方式只能在当前开机时生效，重新启动则失效。

（2）固定配置：修改配置文件 /etc/selinux/config，可以实现每次开机时，SELinux 都为同一种运行模式。需要注意的是，修改此配置文件不会影响当前 SELinux 的运行模式。

4.1.4　修改 SELinux 的运行模式

（1）将虚拟机 A 的运行模式修改为 Permissive 模式，在虚拟机 A 的命令行界面中输入以下命令：

```
[root@nb /]#getenforce                  # 查看当前运行模式
Enforcing
[root@nb /]#setenforce  0               # 修改当前运行模式
[root@nb /]#getenforce
Permissive
[root@nb /]#vim    /etc/selinux/config
SELINUX=permissive                      # 需改配置
```

（2）虚拟机 B 的修改同上。

4.1.5　使用 DeepSeek 设置运行模式

在修改 SELinux 的运行模式时，setenforce 命令只能将其修改为 Enforcing 运行模式或 Permissive 运行模式，那如何修改成 Disabled 运行模式呢？

下面使用 DeepSeek 进行解析。

提问：

```
在 Linux 操作系统中如何修改 SELinux 的运行模式为 Disabled？
```

解答：

```
要永久禁用 SELinux，你需要修改 SELinux 的配置文件。
通过 vim /etc/selinux/config
……
SELINUX=disabled                        # 修改原有配置文件内容
……
其他内容不变，然后必须 reboot 重新启动系统。
再进行查看即可：
```

助学答疑

```
[root@localhost ~]                #getenforce
Disabled
```

4.2 DeepSeek 智控 firewalld：筑起智能安全防线

学习 firewalld 之前需要先构建网络服务，方便后续进行测试。接下来，构建 Web 服务与 FTP 服务。

4.2.1 Web 服务器的构建

基于 B/S（Browser/Server，浏览器 / 服务器）架构的网页服务的特点如下：

（1）服务器提供网页。

（2）浏览器下载并显示网页。

Web 服务器的构建依赖于以下两个核心协议。

（1）HTML（Hyper Text Markup Language，超文本标记语言）：用于定义网页的结构和内容。

（2）HTTP（Hyper Text Transfer Protocol，超文本传输协议）：用于 Web 服务器和浏览器之间传输网页内容。

如何构建 Web 服务呢？在 Linux 操作系统中，需要安装实现 Web 功能的软件，如 httpd、Nginx 等，此处使用软件基金会 Apache 发布的 httpd 软件。

在虚拟机 A 中构建基本 Web 服务，命令如下：

```
[root@nb ~]#yum  -y  install  httpd
[root@nb ~]#rpm  -q  httpd
[root@nb ~]#echo NSD Web Nb  >  /var/www/html/index.html
[root@nb ~]#systemctl  restart  httpd     # 启动服务

[root@nb ~]#curl  192.168.139.134          # 测试访问
NSD  Web  Nb
```

在虚拟机 B 中访问虚拟机 A 的 Web 服务，命令如下：

```
[root@B ~]#curl 192.168.139.134
curl: (7) Failed to connect to 192.168.139.134 port 80: 没有
```

助学答疑

```
到主机的路由
    [root@B ~]#
```

默认情况下，防火墙规则仅允许本机访问自己的 Web 服务，当虚拟机 B 访问虚拟机 A 的 Web 服务时，会被虚拟机 A 的 firewalld 防火墙拒绝，但可以修改防火墙策略，使其允许访问。

4.2.2 FTP 服务器的构建

FTP（File Transfer Protocol，文件传输协议）是一种用于在网络上进行文件传输的协议。在本小节中，将介绍如何使用 vsftpd 软件在 Linux 操作系统中搭建一个 FTP 服务器。

实现 FTP 服务软件是 vsftpd；FTP 默认共享数据的主目录为 /var/ftp。

默认情况下，vsftpd 必须要有用户名与密码的验证，才可以进行访问，但是为了便于访问，可以修改配置文件，开启无须验证即可访问功能。

在虚拟机 A 中构建 FTP 服务器，命令如下：

```
[root@nb /]#yum  -y  install  vsftpd
[root@nb /]#rpm  -q   vsftpd        #查看是否安装
[root@nb /]#rpm  -qi  vsftpd        #查看软件信息
[root@nb /]#vim  /etc/vsftpd/vsftpd.conf
……
anonymous_enable=YES                #开启无须验证即可访问功能
……
[root@nb /]#systemctl  restart  vsftpd    #启动服务

[root@nb ~]#curl ftp://192.168.139.134    #测试访问
drwxr-xr-x    2 0        0            6 Nov 06 17:49 pub
[root@nb ~]#touch /var/ftp/dcc.txt        #创建测试文件
[root@nb ~]#ls   /var/ftp/
dcc.txt  pub
[root@nb ~]#curl ftp://192.168.139.134    #默认会显示数据的详细
                                          #属性
-rw-r--r--    1 0        0            0 Mar 25 13:09 dcc.txt
drwxr-xr-x    2 0        0            6 Nov 06 17:49 pub
[root@nb ~]#
```

助学答疑

4.2.3　firewalld 防火墙服务

大部分防火墙的作用是进行严格的过滤，只有符合规则的请求才会被放行。防火墙可以比作乘火车之前的安检过程，只有符合安检要求的人才可以进入火车站；如果不符合安检要求，则会被拒绝进入。

Linux 操作系统中的 firewalld 防火墙是一个软件防火墙，用于实现过滤请求的功能。在 Rocky Linux 9.5 安装图形环境下，firewalld 默认是安装且运行的。

firewalld 是如何实现过滤的呢？它的规则是什么？下面使用 DeepSeek 进行解析。

提问：

> 请使用通俗易懂的语言，解析 `firewalld` 防火墙软件的机构及其规则判定。

解答：

> 首先 `firewalld` 软件由生活得到了灵感。在生活中，人在走进不同的区域时，会遵守该区域的规则。
>
> 例如，我们进入图书馆，就要遵守图书馆的规则，不能大声喧哗、奔跑等。
>
> 例如，我们回到自己的家，家这个区域，规则就比较宽松，几乎可以为所欲为。
>
> 我们的 `firewalld` 防火墙比较类似，也创建了许多的区域。这些区域有着默认的规则。创建的区域较多，我们只需要学习常用的区域即可。
>
> · `public` 区域：仅允许访问本机的 `SSH`、`DHCP`（自动获取 `IP`）、`ping`。
>
> · `trusted` 区域：允许任何访问。
>
> · `block` 区域：拒绝任何来访请求，明确拒绝客户端。
>
> · `drop` 区域：丢弃任何来访的数据包，不给任何回应。
>
> 其中，`block` 区域与 `drop` 区域，都可以让客户端访问失败，区别是 `block` 区域会回应客户端，而 `drop` 区域不会回应客户端。`drop` 区域是有好处的，那就是节省资源，我们想要客户端访问失败，直接丢弃不需要给客户端发送回应，节省资源。
>
> 防火墙判定原则：匹配立即停止
>
> （1）查看客户端请求中的源 `IP` 地址，查看自己所有区域中的规则，哪个区域中有该源 `IP` 地址规则，则进入该区域。
>
> （2）进入默认区域（默认情况下为 `public`）。

默认情况下，防火墙的所有区域中都没有任何源 IP 地址规则，所以作为客户端的虚拟机 B 在访问虚拟机 A 时，所有请求都会进入虚拟机 A 防火墙的默认区域（public）。这也是虚拟机 B 在访问虚拟机 A 的 Web 服务器与 FTP

助学答疑

服务器时会失败的原因。

当虚拟机 B 访问虚拟机 A 时，如果出现“没有到主机的路由”这一提示信息，原因就是防火墙拒绝。命令如下：

```
[root@B ~]#curl 192.168.139.134
curl: (7) Failed to connect to 192.168.139.134 port 80: 没有到主机的路由
[root@B ~]#curl ftp://192.168.139.134
curl: (7) Failed to connect to 192.168.139.134 port 21: 没有到主机的路由
[root@B ~]#
```

4.2.4 防火墙 default 区域的修改

在 Linux 操作系统中，firewalld 防火墙默认使用 public 区域，该区域对外部访问有较严格的限制。为了简化访问，可以将 default 区域修改为 trusted，从而允许更多的外部访问。

查看虚拟机 A 的防火墙 default 区域，命令如下：

```
]#firewall-cmd    --get-default-zone          #查看 default 区域
```

在虚拟机 B 中访问虚拟机 A，命令如下：

```
]#curl    192.168.139.134                     #失败
]#curl    ftp://192.168.139.134               #失败
]#ping    -c  2    192.168.139.134            #成功
```

修改虚拟机 A 的防火墙 default 区域，命令如下：

```
]#firewall-cmd   --set-default-zone=trusted
```

在虚拟机 B 中访问虚拟机 A，命令如下：

```
]#curl    192.168.139.134                     #成功
]#curl    ftp://192.168.139.134               #成功
```

4.2.5 防火墙 public 区域添加规则

在某些情况下，可能需要在 public 区域添加特定的访问规则，以允许某些服务的外部访问。

助学答疑

在虚拟机 A 中添加允许的协议，命令如下：

```
]#firewall-cmd  --set-default-zone=public
]#firewall-cmd  --zone=public  --add-service=http
]#firewall-cmd  --zone=public  --list-all
```

在虚拟机 B 中访问虚拟机 A，命令如下：

```
]#curl   192.168.139.134                              # 成功
]#curl   ftp://192.168.139.134                        # 失败
```

在虚拟机 A 中继续添加允许的协议，命令如下：

```
]#firewall-cmd   --zone=public  --add-service=ftp
]#firewall-cmd   --zone=public  --list-all
```

在虚拟机 B 中访问虚拟机 A，命令如下：

```
]#curl   192.168.139.134      # 成功
]#curl   ftp://192.168.139.134     # 成功
```

下面使用 DeepSeek 进行解析，如想使用 firewalld 防火墙实现单独拒绝一台机器的所有访问。

提问：

> 在 Linux 操作系统中，使用 firewalld 防火墙单独拒绝 192.168.139.135 所有的访问，如何实现？

解答：

```
虚拟机 A：添加规则
]#firewall-cmd  --zone=block       --add-source=192.168.139.135

虚拟机 B：访问测试
[root@B ~]#curl 192.168.139.134
curl: (7) Failed to connect to 192.168.139.134 port 80: 没有到主机的路由
[root@B ~]#curl 192.168.139.134
curl: (7) Failed to connect to 192.168.139.134 port 80: 没有到主机的路由
[root@B ~]#ping 192.168.139.134
```

助学答疑

```
PING 192.168.139.134 (192.168.139.134) 56(84) 比特的数据。
来自 192.168.139.134 icmp_seq=1 数据包被过滤
来自 192.168.139.134 icmp_seq=2 数据包被过滤
来自 192.168.139.134 icmp_seq=3 数据包被过滤
来自 192.168.139.134 icmp_seq=4 数据包被过滤
来自 192.168.139.134 icmp_seq=5 数据包被过滤
^C
--- 192.168.139.134 ping 统计 ---
已发送 5 个包， 已接收 0 个包， +5 错误， 100% packet loss, time 4108ms
[root@B ~]#
```

为了后期方便虚拟机 B 的访问测试，需要将规则删除。

在虚拟机 A 中删除规则，命令如下：

```
]#firewall-cmd --zone=block      --remove-source=192.168.139.135
```

4.3 DeepSeek 智驱 systemd：服务管理新篇章

4.3.1 进程管理

下面使用 DeepSeek 进行抽象概念的解析。

提问：

利用生活化的例子，介绍一下程序与进程的区别。

解答：

想象一位计算机科学家正在为他的女儿烘制生日蛋糕。在这个场景中：

程序就像是做蛋糕的食谱，即使用适当形式描述的算法。这个食谱详细说明了制作蛋糕所需的步骤和原料，但它本身并不进行任何实际操作。程序同样如此，它是一系列指令和语句的集合，描述了为实现特定目标或解决特定问题所需的操作步骤，但它本身并不执行这些步骤。程序是静态的，可以长期保存，并且可以在不同的计算机上运行。

进程就像是厨师阅读食谱、取来各种原料以及烘制蛋糕的一系列动作的总和。进程是程序在一个具体数据集上的执行过程，它包含了程序的代码、当前的数据以及执行的状态。在这个例子中，进程是动态的，它随着厨师的操作而不断变化，直到蛋糕制作完成。进程具有生命周期，从创建到执行再到消亡。此外，进程是系统进行资源分配和

助学答疑

调度的独立单位，它可以独立地申请和使用系统资源。

进一步来说，当计算机科学家的儿子哭着跑了进来，说他被一只蜜蜂蜇了（向系统发出中断信号）时，计算机科学家会记录下他照着食谱做到哪儿了（保存进程的当前状态），然后处理蜇伤。这里，处理机（CPU）从一个进程（做蛋糕）切换到另一个高优先级的进程（实施医疗救治）。每个进程都有各自的程序（如食谱和急救手册），并且可以在需要时被中断和恢复。

综上所述，程序与进程的主要区别在于：程序是静态的指令集合，描述了如何完成任务；而进程是动态的执行过程，包含了程序的代码、数据和状态，并且随着系统的调度而不断变化。通过生活化的例子，我们可以更直观地理解这两者之间的差异。

Linux 会赋予每个进程一个数字作为其编号，该编号称为 PID（process identifier，进程控制符）。进程也有父进程与子进程，如启动微信，微信就相当于父进程，但是微信为了更好地提供服务，会运行输入法程序，输入法程序就是微信的子进程了，一个父进程可以引导多个子进程，而子进程有可能又会引导其他的程序运行产生子进程，以此类推，整个进程最终的结构是树形结构。

4.3.2 使用 pstree 命令查看进程树

在 Linux 操作系统中，进程管理是一个重要的任务。pstree 是一个非常有用的命令，它可以以树状图的形式显示系统中正在运行的进程及其层级关系。这有助于理解进程之间的父子关系和依赖关系。

pstree 命令的常用命令选项如下：

（1）-p：列出对应进程的 PID。

（2）systemd（PID 永远为 1）：所有进程的父进程（上帝进程）。

```
[root@nb ~]#pstree        # 显示正在运行的所有进程
[root@nb ~]#pstree  -p
```

4.3.3 使用 ps 命令查看进程快照

ps（processes snapshot）是 Linux 操作系统中用于查看当前运行的进程信息的常用命令。它提供了多种选项，可以帮助用户获取详细的进程信息。

```
ps 命令的基本格式如下：ps [选项]...
```

ps 命令的常用命令选项如下：

助学答疑

（1）aux：显示当前终端所有进程（a）、当前用户在所有终端下的进程（x）、以用户格式输出（u）。

（2）-elf：显示系统内所有进程（-e）、以长格式输出（-l）信息、包括最完整的进程信息（-f）。

ps aux 命令的作用是列出正在运行的所有进程，并详细显示进程信息。命令示例如下：

```
USER    PID %CPU %MEM VSZ RSS   TTY STAT START   TIME COMMAND
root    1   0.0 1.3 175380 10228 ?  Ss   20:01  0:01
/usr/lib/systemd/systemd rhgb --switched-root --system--deserialize 31
root    2   0.0  0.0  0     0  ?  S   20:01   0:00 [kthreadd]
root    3   0.0  0.0  0     0  ?  S   20:01   0:00 [pool_workqueue_]
   ......
```

下面使用 DeepSeek 解析命令的输出。

提问：

（此处粘贴命令的输出内容。）

解答：

这段信息是一个 Linux 操作系统的进程状态列表，通常可以通过 ps 命令（如 ps -eo user,pid,%cpu,%mem,vsz,rss,tty,stat,start,time,command）获取。以下是对这段信息的详细解释。

列头解释

USER：进程所有者的用户名。

PID：进程标识符，是系统分配给每个进程的唯一数字标识。

%CPU：进程使用的 CPU 时间百分比，表示进程占用 CPU 资源的程度。

%MEM：进程使用的物理内存百分比，表示进程占用系统内存资源的程度。

VSZ：虚拟内存大小（virtual memory size），表示进程使用的虚拟内存总量，包括所有代码、数据和共享库等。

RSS：常驻集大小（resident set size），表示进程实际使用的物理内存量，不包括交换出去的部分。

TTY：进程关联的终端（terminal），如果进程没有关联终端，则显示 ?。

STAT：进程状态码，表示进程当前的状态。常见的状态码包括：

S：处于休眠状态（sleeping），但可中断。

I：空闲的内核线程（idle kernel thread）。

助学答疑

<：高优先级进程。

其他可能的字符包括 R（正在运行）、D（不可中断的休眠状态）、T（已停止或被追踪）、Z（僵尸进程）等。

START：进程启动时间（24 小时制）。

TIME：进程使用的 CPU 时间（以小时：分钟：秒表示）。

COMMAND：启动进程的命令及其参数。

进程列表解释

进程 1：/usr/lib/systemd/systemd 是系统的初始化进程，负责启动和管理系统的其他服务。它占用了 0.0% 的 CPU 和 1.3% 的内存，虚拟内存大小为 175380 KB，常驻集大小为 10228 KB。状态为 Ss，其中 S 表示休眠状态，s 表示这是一个会话领导进程。

进程 2：[kthreadd] 是内核线程守护进程，负责创建和管理其他内核线程。它占用了 0.0% 的 CPU 和 0.0% 的内存，虚拟内存和常驻集大小都为 0 KB（因为内核线程的资源使用情况通常不以这种方式显示）。状态为 S，表示休眠状态。

进程 3：[pool_workqueue_] 是工作队列线程池中的一个线程，用于处理异步工作任务。与进程 2 类似，它占用了 0.0% 的 CPU 和 0.0% 的内存，虚拟内存和常驻集大小都为 0 KB。状态为 S。

进程 4-7：这些进程（如 [kworker/R-rcu_g]、[kworker/R-rcu_p]、[kworker/R-slub_]、[kworker/R-netns]）都是内核工作线程，负责处理特定的内核任务，如 RCU（read-copy-update，垃圾回收）、网络命名空间清理等。它们占用了 0.0% 的 CPU 和 0.0% 的内存，虚拟内存和常驻集大小都为 0 KB。状态为 I<，其中 I 表示空闲的内核线程，< 表示高优先级。

ps –elf 命令的作用是列出正在运行的所有进程，显示进程的父进程信息，PPID 为父进程的 PID，如下所示：

```
FS UID PID PPID C PRI  NI  ADDR  SZ  WCHAN . STIME TTY TIME CMD
4  S  root  1   0  0  80 0 - 43845   ep_pol 20:01 ?  00:00:01
/usr/lib/systemd/systemd rhgb --switched-root --system--deserialize31
1  S  root 2    0  0  80  0 -    0 kthrea 20:01 ? 00:00:00[kthreadd]
1 S   root 3    2  0  80  0 -    0 kthrea 20:01 ?00:00:00 [pool_workqueue_]
1 I   root 4    2  0  60  -20 -  0 rescue 20:01 ?
   ……
```

下面使用 DeepSeek 解析命令的输出。

提问：

（此处粘贴命令的输出内容。）

助学答疑

解答：

这段信息是一个 Linux 操作系统的进程状态列表，类似于使用 ps 命令（如 ps -aux 或 ps -eo stat,user,pid,ppid,cpu,pri,ni,addr,sz,wchan,stime,tty,time,cmd）输出的结果。以下是对这段信息的详细解释。

列头解释

S：进程状态码，表示进程当前的状态。常见的状态码包括：

•R：正在运行（running）或在运行队列中等待。

•S：处于休眠状态（sleeping），但可中断。

•D：不可中断的休眠状态（通常是等待 I/O 完成）。

•T：已停止（terminated）或被追踪（traced）。

•Z：僵尸进程（zombie process）。

•I：空闲的内核线程（idle kernel thread）。

其他可能的字符包括 X（死进程，但不应出现在这里）、<（高优先级进程）、N（低优先级进程）、L（有页面锁的进程）、s（一个会话主进程）、+（前台进程组的进程）等。

USER：进程所有者的用户名。

PID：进程标识符，是系统分配给每个进程的唯一数字标识。

PPID：父进程标识符（parent process ID），表示创建当前进程的父进程的 PID。

CPU：进程当前使用的 CPU 时间（以百分比表示），在这个列表中未直接显示具体数值，但通常会在其他格式的输出中看到。

PRI：进程的优先级（priority），是一个影响进程调度顺序的数值。

NI：进程的 Nice 值（niceness），用于调整进程的优先级。Nice 值范围从 -20 到 19，较低的 Nice 值表示更高的优先级。

ADDR：进程在内存中的地址（以十六进制表示），但在这个列表中未显示具体值。

SZ：进程使用的虚拟内存大小（以页面为单位），但在这个列表中未显示具体值。

WCHAN：进程当前正在等待的内核函数名，如果进程没有等待，则显示 -。

STIME：进程启动时间（24 小时制）。

TTY：进程关联的终端（terminal），如果进程没有关联终端，则显示 ?。

TIME：进程使用的 CPU 时间（以小时:分钟:秒表示）。

CMD：启动进程的命令及其参数。

进程列表解释

进程 1：/usr/lib/systemd/systemd 是系统的初始化进程，负责启动和管理系统的其他服务。它的父进程是 PID 为 0 的交换进程（不在列表中显示）。

进程 2：[kthreadd] 是内核线程守护进程，负责创建和管理其他内核线程。

进程 3：[pool_workqueue_] 是工作队列线程池中的一个线程，用于处理异步工作任务。

助学答疑

进程 4-11：这些进程（如 [kworker/R-rcu_g]、[kworker/R-rcu_p] 等）都是内核工作线程，负责处理特定的内核任务，如 RCU0、网络命名空间清理等。

进程 13-15：这些进程（如 [rcu_tasks_kthre]、[rcu_tasks_rude_]、[rcu_tasks_trace]）与 RCU 任务调度相关，负责处理 RCU 相关的任务。

进程 16：[ksoftirqd/0] 是软中断处理线程，负责处理 CPU 上的软中断请求。

4.3.4 DeepSeek 助力识别僵尸进程

在 Linux 操作系统中，进程管理是一个重要的任务，因为它直接影响到系统的性能和稳定性。进程可能会因为各种原因进入不同的状态，其中一种状态是“僵尸进程”（zombie process）。了解僵尸进程的成因和危害对于系统管理员来说是至关重要的。

所谓僵尸进程，是指当一个子进程结束时，它会将退出状态信息（如退出码、资源使用情况等）发送给其父进程。如果父进程没有及时读取这些信息，子进程就会变成僵尸状态。在僵尸状态下，子进程的 PID 仍然保留在系统的进程表中，但进程不再占用 CPU 和内存资源。

僵尸进程的危害：虽然僵尸进程本身不再消耗 CPU 和内存资源，但它们仍然占用系统的进程表条目。如果系统中存在大量僵尸进程，可能会导致进程表资源耗尽，进而影响系统的正常运行。此外，僵尸进程还可能表明程序设计中存在缺陷，父进程未能正确处理子进程的退出状态。

下面使用 DeepSeek 帮助解析如何识别僵尸进程。

提问：

Linux 操作系统如何查看进程是否为僵尸进程？

解答：

僵尸进程的识别

可以使用 ps 命令查看系统中的进程状态。在 ps 命令的输出中，状态为 Z 的进程即为僵尸进程。

```
[root@nb ~]# ps aux | grep Z
```

找到僵尸进程后应如何“杀死”它呢？下面使用 DeepSeek 进行解析。

提问：

Linux 操作系统如何“杀死”僵尸进程？

助学答疑

解答：

```
方法一："杀死"进程本身
查找僵尸进程的 PID：
使用 ps 命令查找僵尸进程的 PID，如僵尸进程的 PID 为 1234。
[root@nb ~]# ps aux | grep Z
[root@nb ~]#kill -9 1234      # 利用命令"杀死"

方法二：终止父进程
查找僵尸进程的父进程 ID：
使用 ps 命令查找僵尸进程及其父进程 ID。例如：
ps -eo pid,ppid,stat,cmd | grep Z
终止父进程：
使用 kill 命令终止父进程。例如，如果父进程 ID 为 1233，可以使用以下命令：
[root@nb ~]#kill -9 1233
```

4.3.5　使用 top 和 pgrep 命令管理进程

在 Linux 操作系统中，管理和监控进程是非常重要的任务。用户可以使用不同的命令来查看和管理系统中的进程。本小节将介绍两个常用的命令：top 和 pgrep。

1. 使用 top 命令查看动态进程信息

top 命令是一个动态显示系统中进程信息的工具。它提供了一个实时更新的界面，显示系统中各个进程的资源使用情况。

格式如下：

```
top 命令的基本 top [-d 刷新秒数]
命令示例如下：
[root@localhost ~]#top   -d   1    # 每秒刷新一次
```

该命令按大写 P 进行 CPU 排序，按大写 M 进行内存排序。

2. 使用 pgrep 命令查找进程

pgrep（Process Grep）命令用于根据指定条件查找系统中的进程。

pgrep 命令的基本格式如下：

```
pgrep [选项]… 查询条件
```

助学答疑

pgrep 命令的常用命令选项为 -l，作用为输出进程名，而不仅仅是 PID，如下所示：

```
[root@nb ~]#pgrep    -l    a     # 显示进程名包含 a 的进程
[root@nb ~]#pgrep    -l    sys   # 显示进程名包含 sys 的进程
```

4.3.6 进程前后台的调度

在 Linux 操作系统中，进程可以在前台和后台之间进行切换，以便更有效地管理任务。以下是一些常用的命令和操作，用于在前台和后台之间调度进程。

（1）& 符号：将正在运行的进程放入后台。

（2）Ctrl + Z 组合键：挂起当前进程（暂停并转入后台）。

（3）jobs 命令：查看后台任务列表。

（4）fg 命令：将后台任务恢复到前台运行。

（5）bg 命令：激活后台被挂起的任务。

命令示例如下：

```
[root@localhost ~]#sleep 2000
^Z                               # 按 Ctrl+Z 组合键暂停放入后台
[1]+  已停止                   sleep 2000
[root@localhost ~]#jobs          # 查看后台进程信息
[1]+  已停止                   sleep 2000
[root@localhost ~]#bg 1          # 让后台编号为 1 的进程继续运行
[1]+ sleep 2000 &
[root@localhost ~]#jobs
[1]+  运行中                   sleep 2000 &
[root@localhost ~]#fg 1          # 让后台编号为 1 的进程恢复到前台
sleep 2000
^C                               # 按 Ctrl+C 组合键结束

[root@localhost ~]#sleep  3000  &    # 将正在运行的进程放入后台
[1] 35470
[root@localhost ~]#jobs
+  运行中                   sleep 3000 &
```

助学答疑

```
[root@localhost ~]#fg 1        # 让后台编号为 1 的进程恢复到前台
sleep 3000
^C                          # 按 Ctrl+C 组合键结束
```

4.3.7 终止进程的方法

在 Linux 操作系统中，有时需要终止或“杀死”进程以释放资源或解决系统问题。以下是几种常用的终止进程的方法。

（1）使用 Ctrl+C 组合键中断当前命令程序。

（2）使用 kill [−9] PID、⋯ 、kill [−9] % 后台任务编号终止指定 PID 或后台任务编号的进程。

（3）使用 killall [−9] 进程名⋯⋯终止匹配指定进程名的进程。

（4）使用 pkill [−9] 查找终止所有匹配指定查找条件的进程。

命令示例如下：

```
[root@localhost ~]#sleep 3000 &
[1] 35490
[root@localhost ~]#sleep 3000 &
[2] 35491
[root@localhost ~]#jobs
[1]-  运行中                 sleep 3000 &
[2]+  运行中                 sleep 3000 &
[root@localhost ~]#killall  -9  sleep
[1]-  已杀死                  sleep 3000
[2]+  已杀死                 sleep 3000
[root@localhost ~]#
```

4.3.8 使用 systemd 管理服务

systemd 是现代 Linux 操作系统中用于初始化系统组件和管理系统服务的标准工具。它提供了一种统一的方法来管理服务的启动、停止、重启及设置开机自启动等操作。

systemd 方法的具体实现如下：用户通过 systemctl 命令通知 systemd 上进程，然后 systemd 读取服务启动配置文件，运行对应的服务程序。服务启动配

助学答疑

置文件通常不需要手动编写，安装服务的软件时，这些文件一般会自动生成。

服务启动配置文件通常位于 /lib/systemd/system/ 目录下。

常用的 systemctl 命令如下：

```
格式及功能如下：
systemctl   restart     服务名       # 重启服务
systemctl   start       服务名       # 开启服务
systemctl   stop        服务名       # 停止服务
systemctl   status      服务名       # 查看服务当前的状态
systemctl   enable      服务名       # 设置服务开机自启动
systemctl   disable     服务名       # 设置服务禁止开机自启动
systemctl   is-enabled  服务名       # 查看服务是否开机自启动
```

命令示例如下：

```
]#yum -y install httpd
]#systemctl  restart  httpd         # 重启 httpd 服务
]#systemctl  status  httpd          # 查看服务 httpd 状态
]#systemctl  enable  httpd          # 设置 httpd 开机自启动
Created symlink from /etc/systemd/system/multi-user.target.
wants/httpd.service to /usr/lib/systemd/system/httpd.service.
]#systemctl  is-enabled  httpd      # 查看 httpd 是否开机自启动
]#systemctl  disable  httpd         # 关闭 httpd 开机自启动
Removed symlink /etc/systemd/system/multi-user.target.
wants/httpd.service.
]#systemctl  is-enabled  httpd      # 查看 httpd 是否开机自启动
```

4.3.9 系统运行模式（运行级别）

在 Linux 操作系统中，根据需要启动的服务数量和类型，系统可以运行在不同的模式下，这些模式通常被称为运行级别。Linux 操作系统提供了两种主要的运行模式：字符模式（multi-user.target）和图形模式（graphical.target）。

如果想节省资源，可以选择字符模式，Linux 操作系统就会关闭图形的服务。如果想要使用图形环境，可以选择图形模式。

切换到字符模式的命令如下：

```
]#systemctl isolat multi-user.target  # 也可以使用命令 init  3
```

助学答疑

切换到图形模式的命令如下：

```
]#systemctl  isolate  graphical.target    # 也可以使用命令 init  5
```

大多数服务器都会使用字符模式，以节省资源，而我们可以使用 Windterm 软件管理服务器，这时无论使用何种模式，都不会有太大影响。

如何让服务器每次开机都进入字符模式呢？下面使用 DeepSeek 进行解答。

提问：

> 如何让服务器节省资源，每次开机都进入字符模式呢？

解答：

```
查看每次开机默认进入模式
[root@nb /]#systemctl   get-default

设置永久策略，每次开机自动进入字符模式
[root@nb /]#systemctl  set-default  multi-user.target
Removed /etc/systemd/system/default.target.
Created symlink /etc/systemd/system/default.target → /usr/lib/systemd/system/multi-user.target.
[root@nb /]#systemctl  get-default
```

4.4　DeepSeek 智探日志：洞察故障智慧排查

4.4.1　日志概述

日志就像系统和程序的“日记本”，用于记录系统、程序运行中发生的各种事件。通过查看日志，可以了解及排除故障，它就像信息安全控制的“依据”。

4.4.2　系统日志文件

在 Linux 操作系统中，日志文件是记录系统运行状态、错误信息和各种事件的重要工具。这些文件通常位于 /var/log 目录下，不同的日志文件记录不同类型的信息，帮助系统管理员监控和排除故障。下面讲解常用日志文件及

助学答疑

其用途。

1./var/log/messages

描述：记录系统整体运行情况、错误信息等。这些文件通常包含由系统服务（如 rsyslog 或 systemd-journald）管理的内核消息及各种系统程序消息。

用途：用于系统监控和故障排除，帮助管理员了解系统的整体运行状态。

2./var/log/boot.log

描述：记录系统启动过程中的所有消息。

用途：当系统启动失败或服务无法正常加载时，提供诊断问题的线索。

3./var/log/auth.log（在 Debian 和 Ubuntu 系统中）

描述：记录系统认证和授权相关的日志信息，如登录成功、失败、sudo 操作等。

用途：对于监控系统安全和检测未授权访问至关重要。

4./var/log/secure（在 Red Hat 和 RockyLinux、CentOS 系统中）

描述：记录系统的安全事件，如登录尝试、权限变更等。

用途：与 auth.log 类似，用于安全审计和监控。

5./var/log/maillog

描述：记录邮件服务器的邮件传输日志。

用途：用于监控邮件服务器的运行状态和邮件传输情况。

6./var/log/cron

描述：记录定时任务的执行情况。

用途：确保定时任务按预期执行，监控任务执行结果。

大多数 Linux 操作系统的日志文件通常位于 /var/log 目录下，但具体的位置和命名方式可能因不同的 Linux 发行版和配置而有所不同。

4.4.3 查看用户登录信息

在 Linux 操作系统中，查看当前登录用户的信息是一个常见的需求。这有助于了解系统的使用情况和进行用户管理。下面讲解几个常用的命令及其用途。

（1）users、who、w 命令：用于查看已登录用户的信息，详细度不同。

（2）last、lastb 命令：用于查看最近登录成功 / 失败的用户信息。

助学答疑

命令示例如下：

```
[root@nb /]#users
[root@nb /]#who
root     pts/0        2025-03-25 20:52 (192.168.139.1)
```

以上命令输出各项含义如下：

（1）用户：root。表示当前登录的用户是 root 用户，root 是 Linux 操作系统中的超级用户，拥有对系统的完全访问权限。

（2）终端：pts/0。pts/0 表示用户是通过一个伪终端（pseudo-terminal）登录的。伪终端通常用于远程登录会话（如通过 SSH）或图形界面终端。

（3）登录时间：2025-03-25 20:52。这表示用户 root 在 2025 年 3 月 25 日 20:52 登录到系统。

（4）登录来源：(192.168.139.1)。这表示用户是从 IP 地址 192.168.139.1 登录的。这个 IP 地址可能是一个局域网内的地址，表明用户可能是从同一网络内的另一台设备远程登录到这台服务器的。

```
[root@nb /]#last            # 登录成功的用户
[root@nb /]#lastb           # 登录失败的用户
```

4.4.4 使用 DeepSeek 分析日志

用户可以直接将日志文件的内容复制并粘贴到 DeepSeek 中，这样 DeepSeek 可以直接输出分析结果。

例如，将以下日志内容粘贴到 DeepSeek 中。

提问：

```
    [root@B ~]#tail  -f  /var/log/secure  # 实时跟踪日志消息
    Mar 25 22:06:26 B sshd[2318]: Accepted password for root from 192.168.139.134 port 43318 ssh2
    Mar 25 22:06:26 B sshd[2318]: pam_unix(sshd:session): session opened for user root(uid=0) by root(uid=0)
```

解答：

```
登录接收：
Mar 25 22:06:26 B sshd[2318]: Accepted password for root
```

from 192.168.139.134 port 43318 ssh2

这行日志表示在 2025 年 3 月 25 日 22:06:26，SSH 服务（sshd）接收了一个来自 IP 地址 192.168.139.134 的密码认证请求，并成功为 root 用户建立了连接。

port 43318 表示客户端使用的源端口号。

ssh2 表示使用的是 SSH 协议版本 2。

会话打开：

Mar 25 22:06:26 B sshd[2318]: pam_unix(sshd:session): session opened for user root(uid=0) by root(uid=0)

这行日志表示 PAM（pluggable authentication modules,可插拔认证模块）的 Unix 模块为 root 用户打开了一个会话。

uid=0 表示 root 用户的用户 ID（UID）是 0，这是 Linux 操作系统中超级用户的默认 UID。

by root(uid=0) 表示会话是由 root 用户打开的，这里通常意味着用户是通过直接登录（而不是通过 sudo 等方式）获得的 root 权限。

助学答疑

第 5 章　AI 赋能 Shell 脚本

5.1　DeepSeek 赋能：Shell 脚本变量管理新境界

5.1.1　探索 Shell 脚本

本章将带着读者探索新的内容——Shell。它通过简洁的命令行界面，高效执行着人类给它下达的指令。无论是自动化的任务，还是高效地管理服务器，Shell 总是起着至关重要的作用。

为什么 Shell 编程如此重要呢？在服务器管理过程中，用户经常会遇到很多需要反复执行的操作，如日志清理工作、数据备份等操作。而使用 Shell 编程，可以将这些重复性工作封装成脚本，只需简单运行即可完成。Shell 编程不需要有额外的编译环境，仅需几行代码就能实现文件处理、数据清洗、定时任务等功能。

5.1.2　Shell 基础应用

Shell 是 Linux 内核与用户之间的解释器程序，通常指的是 /bin/bash，负责向 Linux 系统内核翻译和传达用户 / 程序指令，如图 5.1 所示。

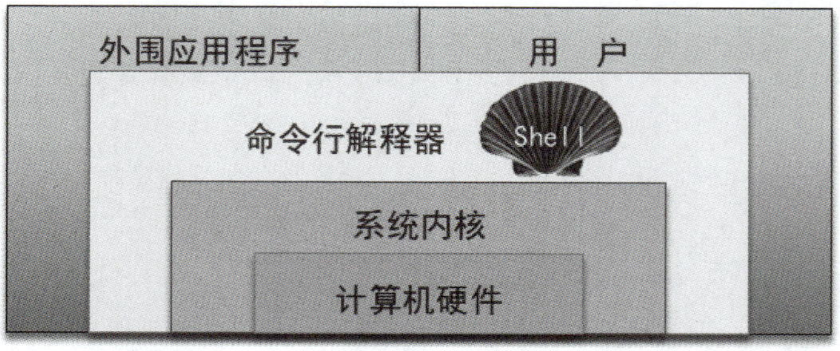

图 5.1

5.1.3 Shell 的使用方式

下面查看 Linux 操作系统中默认的解释器。命令如下：

```
[root@linux ~]#cat /etc/shells          # 查看所有解释器
/bin/sh
/bin/bash
/usr/bin/sh
/usr/bin/bash
[root@svr7 ~]#sh                         # 切换成 sh 解释器
sh-4.2#ls                                # 利用 sh 解释器输入命令
sh-4.2#exit                              # 退出 sh 解释器
```

在 Linux 操作系统中，也可以安装其他解释器：

```
[root@linux ~]#yum -y install ksh       # 若没有 ksh 解释器，则安装
[root@linux ~]#cat /etc/shells          # 查看结果
/bin/sh
/bin/bash
/usr/bin/sh
/usr/bin/bash
/bin/ksh
/bin/rksh
/usr/bin/ksh
/usr/bin/rksh
```

若要临时使用其他 Shell 命令行环境，可以直接执行对应的 Shell 解释器程序。例如，只要执行 ksh 解释器，即可切换到 ksh 命令行环境：

```
[root@linux ~]#ksh              # 进入新解释器
#pwd
/root
#ls /
bin   dev home lib64 mnt proc run   srv tmp var
boot etc lib   media opt root sbin sys usr
#exit
[root@linux ~]#useradd -s /bin/ksh tom # 指定用户登录的解释器
[root@linux ~]#grep tom /etc/passwd
tom:x:1000:1000::/home/tom:/bin/ksh
```

助学答疑

/bin/bash 解释器作为常用的解释器，可以实现的功能也比较多，如 tab 键、快捷键、历史命令、支持别名、管道、重定向等。

/bin/bash 解释器常用的重定向功能有以下几种：

（1）>：重定向标准输出。

（2）2>：重定向错误输出。

（3）&>：重定向所有输出。

/bin/bash 解释器的重定向功能示例如下：

```
# 重定向标准输出到文件
[root@linux ~]#touch a.txt
[root@linux ~]#ls a.txt                    # 查看，结果在屏幕显示
a.txt
# 把结果重定向到 log 文件内，屏幕不显示
[root@linux ~]#ls a.txt > log
[root@linux ~]#cat log                     # 在 log 文件内查看结果
a.txt
# 重定向错误输出到文件
[root@linux ~]#ls xx                       # 查看一个不存在的文件
ls: cannot access 'xx': No such file or directory
[root@linux ~]#ls xx 2> log1  # 把错误输出到文件，屏幕不显示
[root@linux ~]#cat log1                    # 在 log1 文件内查看结果
ls: cannot access 'xx': No such file or directory
# 重定向所有输出（标准输出和错误输出）到文件
[root@linux ~]#ls a.txt xx    # 查看正常存在的文件和不存在的文件
ls: cannot access 'xx': No such file or directory
a.txt
[root@linux ~]#ls a.txt xx &> log2 # 无论是正常存在的文件和不存
                                   # 在的文件，结果都不在屏幕显示
[root@linux ~]#cat log2                    # 在 log2 文件内查看结果
ls: cannot access 'xx': No such file or directory
a.txt
[root@linux ~]#rm -rf a.txt log*           # 清理，删除文件
```

5.1.4　简单 Shell 脚本的设计

Shell 脚本是提前写好可执行的语句，可以完成特定任务的文件按顺序、批量化执行。一个规范的 Shell 脚本包括：

助学答疑

（1）声明（需要的解释器）。

（2）注释信息（作者、步骤、思路、用途等）。注释信息可写可不写，如果想写，用 # 注释信息内容。

（3）可执行语句（操作代码）。

接下来，编写一个简单的 Shell 脚本，要求输出“Hello World”。脚本内容如下：

```
[root@linux ~]#vim first.sh                        #Shell 脚本以 sh 结尾
#!/bin/bash                                         # 解释器
echo 'Hello World'                                  # 输出 Hello World
[root@linux ~]#chmod +x first.sh                    # 添加执行权限
```

测试用不同方式执行脚本的效果。示例如下：

```
# 方式一：作为“命令字”，即指定脚本文件的路径，前提是有执行权限
[root@linux ~]#/root/first.sh                       # 绝对路径执行
Hello World
[root@linux ~]#./first.sh                           # 相对路径执行
Hello World
# 方式二：作为“参数”，即使用 bash、sh、source 来加载脚本文件
[root@linux ~]#chmod -x first.sh
[root@linux ~]#bash first.sh         # 使用 bash 程序执行，开启子进程
[root@linux ~]#source first.sh                      # 不开启子进程
[root@linux ~]#. first.sh                           # 不开启子进程
```

以上方式都是先启动一个程序，再使用程序执行脚本，当前这个脚本没有执行权限，有执行权限的是程序。

在了解了 Shell 脚本的基础用法之后，可以将前面章节所学内容通过写脚本实现，同时也可以使用 DeepSeek 来帮忙写脚本。

提问：

> 为本机快速配置 Yum 软件仓库的 Shell 脚本，软件仓库地址为 http://192.168.22.10/AppStream/，放到 /etc/yum.repos.d/ 目录下，名字为 AppStream.repo，检查完如果没有问题，手动删除这个文件

解答：

```
[root@linux ~]#vim myyum.sh
```

助学答疑

```
#!/bin/bash
echo "[AppStream]
name=Appstream
baseurl= http://192.168.22.10/AppStream/
gpgcheck=0" > /etc/yum.repos.d/AppStream.repo
[root@linux ~]#chmod +x myyum.sh                    # 添加执行权限
[root@linux ~]#./myyum.sh                    # 执行配置 Yum 软件仓库的脚本
```

检查配置结果：

```
[root@linux ~]#ls /etc/yum.repos.d/ # 已有 AppStream.repo 文件
删除 AppStream.repo 文件
[root@linux ~]#rm -rf  /etc/yum.repos.d/AppStream.repo
```

接下来，使用 DeepSeek 编写一个安装软件包的 Shell 脚本。

提问：

```
编写快速装配 ftp 服务的 Shell 脚本
```

解答：

```
脚本文件如下：   &> 用于重定向所有输出
[root@linux ~]#vim ftp.sh
#!/bin/bash
yum -y install vsftpd &> /dev/null                # 将不需要的信息扔黑洞
systemctl start vsftpd
systemctl enable vsftpd
[root@linux ~]#chmod +x ftp.sh                    # 添加执行权限
[root@linux ~]#./ftp.sh
[root@linux ~]#systemctl status vsftpd # 确认脚本执行结果，按 q 退出
```

5.1.5 使用 Shell 变量

1. 变量

变量是以固定名称存放可能会变化的值，可提高脚本对任务需求、运行环境变化的适应能力。

2. 变量格式

格式：变量名 = 变量值

示例：x=2，x 就是变量名，2 是对应的值。

助学答疑

3. 变量的分类及定义

变量分为自定义变量、环境变量、预定义变量和位置变量等。

（1）自定义变量：由用户自主设置、修改及使用。

```
# 新建 / 赋值变量
[root@linux ~]#x=10    # 等号两边不能有空格
# 查看变量（调用变量），通过命令“echo $ 变量名”可输出变量值
[root@linux ~]#echo $x
10
# 变量名称可以用数字、字母、下划线，不能以数字开头，不能用特殊符号
[root@linux ~]#a=1
[root@linux ~]#echo $a
1
[root@linux ~]#a1=2
[root@linux ~]#echo $a1
2
[root@linux ~]#a?1=2                          # 报错
-bash: a?1=2: command not found
[root@linux ~]#1a=2                           # 报错
-bash: 1a=2: command not found
# 查看变量时，若变量名称与后面要输出的字符串连在一起，则应该以 {} 将变量
# 名括起来以便区分
[root@linux ~]#echo $xRMB          # 无法识别变量名 x
[root@linux ~]#echo ${x}RMB        # 使用 {} 可以防止与后续字符混淆
10RMB
# 撤销自定义变量。若要撤销已有的变量，可将变量赋值为空或使用 unset 命令
[root@linux ~]#unset x          # 撤销变量 x
[root@linux ~]#echo $x          # 查看时已无结果
```

（2）环境变量：变量名通常都大写，由系统维护，用来设置工作环境，只有个别变量用户可以直接更改。

在以下脚本中，用户的环境变量 USER 记录了用户名、HOME 记录了家目录、SHELL 记录了登录解释器、HOSTNAME 记录了主机名、UID 是用户的 id 号。

助学答疑

```
[root@linux ~]#echo $USER  $HOME  $SHELL  $UID
```

```
root /root /bin/bash 0
[root@linux ~]#echo $HOSTNAME
linux
```

（3）预定义变量与位置变量。

预定义变量：用来保存脚本程序的执行信息，可直接使用这些变量，但不能直接为其赋值。

位置变量：在执行脚本时提供的命令行参数，格式为 \$n，n 为序号，如 \$1、\$2…\${10}、\${11}。位置变量的变量名和含义见表 5.1。

表 5.1

变量名	含义
$0	当前所在的进程或脚本名
$$	当前运行进程的 PID 号
$?	命令执行后的返回状态，0 表示正常，1 或其他值表示异常
$#	已加载的位置变量的个数
$*	所有位置变量的值

下面写一个测试脚本来展示位置变量的用法。

```
[root@linux ~]#vim test.sh
#!/bin/bash
echo $0                           # 脚本的名称
echo $1                           # 第一个参数
echo $2                           # 第二个参数
echo $*                           # 所有参数
echo $#                           # 所有参数的个数（参数有几个）
echo $$                     # 执行脚本的进程号（或者说当前进程的进程号）
[root@linux ~]#chmod +x test.sh       # 添加执行权限
```

执行脚本 test.sh。

```
[root@linux ~]# ./test.sh     # 直接执行脚本
./test.sh
```

助学答疑

```
0
2294
[root@linux ~]#./test.sh a b c #改成这样即可有值，显示不同的结果
./test.sh
a
b
a b c
3
2292
```

从输出结果可以看到：$1、$2 显示的值是空的，因为执行脚本时后面没有跟参数，但 $1，$2 是位置变量，在执行脚本时要有对应的值进行传参；$* 没有内容显示，因为它显示所有位置变量的值，位置变量没有值，自然也不会显示。

$? 可以不在脚本中测试，直接在命令行界面中测试即可。

```
[root@linux ~]#ls xxx
[root@linux ~]#echo $? #上一命令的返回状态码，0 为成功，非 0 为异常
[root@linux ~]#ls /
```

接下来，编写一个创建账户 alice，密码为 123456 的脚本。具体内容如下：

```
[root@linux ~]#vim user.sh
#!/bin/bash
useradd alice
echo "123456" |passwd --stdin alice
[root@linux ~]#chmod +x user.sh
[root@linux ~]#./user.sh alice 123456
Changing password for user alice.
passwd: all authentication tokens updated successfully.
```

虽然以上脚本的执行结果没有问题，但脚本中的用户名、密码是固定的。若要创建新的用户名和设置新的密码，则需要更新脚本。那么有没有一种方法可以不更改脚本内容，就能创建不同的用户呢？下面借助 DeepSeek 来实现。

提问：

对以下脚本内容进行优化，想要实现不更改脚本内容也能创建不同的用户并设置密码。

助学答疑

```
#!/bin/bash
useradd alice
echo "123456" |passwd --stdin alice
```

解答：

```
[root@linux ~]#vim user.sh
#!/bin/bash
useradd $1
echo "$2" |passwd --stdin $1
[root@linux ~]#chmod +x user.sh
[root@linux ~]#./user.sh alice 123456
Changing password for user alice.
passwd: all authentication tokens updated successfully.
```

5.1.6 Shell 变量的扩展应用

下面介绍 Shell 变量的扩展应用。

（1）双引号（" "）：允许扩展，以 $ 引用其他变量，可以界定一个完整字符串。

```
[root@linux ~]#x=a b c
-bash: b: command not found                    # 未界定时赋值失败
[root@linux ~]#x="a b c"                       # 界定后成功
[root@linux ~]#echo $x
a b c
```

（2）单引号（''）：禁用扩展，即便 $ 也视为普通字符单引号的应用，用于界定一个完整的字符串，并且可以屏蔽特殊符号。

```
[root@linux ~]#test=11
[root@linux ~]#echo "$test"
[root@linux ~]#echo '$test'
```

（3）反撇号（``）：将命令的执行输出作为变量值，可以将命令执行的结果作为字符串存储，因此称为命令替换。

助学答疑

```
[root@linux ~]#a=`date`                  # 将 date 执行结果赋值给 a
[root@linux ~]#a=$(date)                 # 效果同上
[root@linux ~]#echo $a
Sun Mar 3 17:30:53 CST 2025
[root@linux ~]#touch `date +%F`.txt
[root@linux ~]#ls
2025-03-03.txt
```

使用 tar 命令把 /etc 目录备份，备份时加上日期。命令如下：

```
[root@linux ~]#tar -czf etc-`date +%F`.tar.gz /etc
[root@linux ~]#ls
etc-2025-03-03.tar.gz
```

（4）read 命令：用于从键盘读取变量值（只定义变量，不赋值，需要自行输入具体的值）。命令如下：

```
[root@linux ~]#read str
123                                 # 随便输入一些文字，按回车键提交
[root@linux ~]#echo $str            # 查看赋值结果
123
```

为了提高用户体验，推荐结合 -p 选项给出友好提示。命令如下：

```
[root@linux ~]#read -p "请输入一个整数：" i
请输入一个整数：240
[root@linux ~]#echo $i
240
```

下面结合 user.sh 脚本，创建一个 jim 用户，并在创建用户名和设置密码时给出友好提示。代码示例如下：

```
[root@linux ~]#vim user.sh
#!/bin/bash
read -p "请输入用户名：" name
read -p "请输入密码：" pass
useradd $name
```

助学答疑

```
echo "$pass" | passwd --stdin $name
[root@linux ~]#./user.sh
请输入用户名： jim
请输入密码： 123456              # 此时密码可以看到
Changing password for user jim.
passwd: all authentication tokens updated successfully.
```

此时，在脚本中设置的密码是能被看到的，在实际应用中，所输入的密码是看不到的。如果想要解决输入密码不被看到的问题，可以借助 DeepSeek 来实现。

提问：

```
我写了一个脚本，如何做到在输入密码时看不到密码呢？实例如下：
[root@linux ~]#vim user.sh
#!/bin/bash
read -p "请输入用户名：" name
read -p "请输入密码：" pass
useradd $name
echo "$pass" | passwd --stdin $name
[root@linux ~]#./user.sh
请输入用户名： jim
请输入密码： 123456
```

解答：

```
可以使用 stty 终端显示控制：
    stty -echo：将回显功能关闭
    stty echo：将回显功能恢复
[root@linux ~]#vim user.sh
#!/bin/bash
read -p "请输入用户名：" name
stty -echo
read -p "请输入密码：" pass
stty echo
useradd $name
echo "$pass" | passwd --stdin $name
[root@linux ~]#./user.sh
```

助学答疑

```
请输入用户名 : tedu
请输入密码 :                # 密码看不到
Changing password for user tedu.
passwd: all authentication tokens updated successfully.
```

（5）export 命令：用于发布全局变量。

默认情况下，自定义的变量为局部变量，只在当前 Shell 环境中有效，而在子 Shell 环境中无法直接使用。代码示例如下：

```
[root@linux ~]#a=11
[root@linux ~]#echo $a                  # 查看变量 a 的值，有值
[root@linux ~]#bash                     # 开启 bash 子进程
[root@linux ~]#echo $a                  # 查看变量 a 的值，无值
[root@linux ~]#exit                     # 返回原有 Shell 环境
[root@linux ~]#echo $a                  # 再次查看，有值

# 若希望定义的变量能被子进程使用
[root@linux ~]#export a=11              # 使用 export 定义全局变量
[root@linux ~]#echo $a                  # 查看变量 a 的值，有值

# 验证发布的全局变量
[root@linux ~]#bash                     # 进入 bash 子 Shell 环境
[root@linux ~]#echo $a                  # 查看全局变量的值
[root@linux ~]#exit                     # 返回原有 Shell 环境
```

5.2 DeepSeek 智控：Shell 脚本逻辑判断

5.2.1 条件测试操作

本小节主要讲解如何让 Shell 脚本获得识别能力，为命令的执行提供最直接的识别依据；从而让脚本实现用户需求，如识别文件或目录的读 / 写等状态，比较数值的大小、比较字符串是否匹配、多条件组合，以及实现系统用户超过几人登录自动把信息写入到日志文件等。

助学答疑

1. 条件测试操作

语法格式：test 表达式 或者 [表达式]

常见的测试操作如下。

（1）字符串比较：[字符串 1 操作符 字符串 2]。

操作符：

–z：字符串的值为空。

–n：字符串的值不为空（相当于 ! –z）。

（2）整数值比较：[整数值 1 操作符 整数值 2]。

操作符：

–eq：等于。

–ne：不等于。

–gt：大于。

–ge：大于或等于。

–lt：小于。

–le：小于或等于。

（3）文件 / 目录状态识别：[操作符 文件或目录]。

操作符：

–e：判断对象是否存在，存在则结果为真。

–d：判断对象是否为目录，是则为真。

–f：判断对象是否为一般文件，是则为真。

–r：判断对象是否有可读权限，是则为真。

–w：判断对象是否有可写权限，是则为真。

–x：判断对象是否有可执行权限，是则为真。

（4）多条件组合：

格式 1：命令 1 操作符 命令 2……

格式 2：[条件 1] 操作符 [条件 2]……

操作符：

&&：给定条件必须都成立，整个测试结果才为真。

||：只要其中一个条件成立，整个测试结果就为真。

助学答疑

2. 条件测试基本用法

条件测试操作不显示任何信息。用户可以在测试后通过查看变量 $? 的值来做出判断，使用 [表达式] 时，注意空格不要缺。

（1）字符串比较。

1）判断字符串是否为空，也可通过变量判断。脚本示例如下：

```
[root@linux ~]#a=22
[root@linux ~]#[-z "$a"]              # 判断 $a 为空
[root@linux ~]#echo $?                # 结果错误，$a 不为空，变量中有值
1
[root@linux ~]#[-z "$b"]              # 判断 $b 为空
[root@linux ~]#echo $?                # 结果正确，$b 为空，变量中无值
0
[root@linux ~]#[! -z "$a"]            # 判断 $a 不为空，或者使用 [-n "$a"]
[root@linux ~]#echo $?                # 结果正确，$a 不为空，变量中有值
0
```

2）判断字符串是否相等。[字符串 1 操作符 字符串 2]== 两个字符串相同。脚本示例如下：

```
[root@linux ~]#a=hello
[root@linux ~]#b=hello
```

（2）多条件组合。脚本示例如下：

```
[root@linux ~]#a=22
[root@linux ~]#[! -z "$a"] && echo Y # 判断 $a 不为空，条件成立，
                                     # 执行 echo Y，显示结果为 Y
Y
[root@linux ~]#[-z "$a"] && echo Y   # 判断 $a 为空，条件不成立，
                                     # 不执行 echo Y，结果不显示
[root@linux ~]#[-z "$a"] && echo Y || echo N #判断$a为空,条件不成立,
                                     # 不执行 echo Y，执行 echo N
N
[root@linux ~]#["$a" == "$b"] && echo Y || echo N
Y
[root@linux ~]#b=world
```

助学答疑

```
[root@linux ~]#["$a" == "$b"] && echo Y || echo N
N
!= 两个字符串不相同
[root@linux ~]#["$a" != "$b"] && echo Y || echo N
Y
```

（3）整数值比较。脚本示例如下：

参与比较的必须是整数（可以调用变量）。

1）-gt（大于）。

```
[root@linux ~]#[2 -gt 3] && echo Y || echo N
N
[root@linux ~]#[20 -gt 3] && echo Y || echo N
Y
```

2）-ge（大于或等于）。

```
[root@linux ~]#[5 -ge 3] && echo Y || echo N
Y
```

3）-lt（小于）。

```
[root@linux ~]#[20 -lt 3] && echo Y || echo N
N
```

4）-le（小于或等于）。

```
[root@linux ~]#[3 -le 3] && echo Y || echo N
Y
```

5）-eq（等于）。

```
[root@linux ~]#[3 -eq 3] && echo Y || echo N
Y
```

6）-ne（不等于）。

```
[root@linux ~]#[3 -ne 3] && echo Y || echo N
N
```

（4）文件 / 目录状态识别。脚本示例如下。

1）-e：判断对象是否存在（不管是目录还是文件）。

助学答疑

```
[root@linux ~]#[-e "/etc"] && echo Y || echo N
Y
[root@linux ~]#[-e "/etc/hosts"] && echo Y || echo N
Y
```

2）-d：判断对象是否为目录（存在且是目录）。

```
[root@linux ~]#[-d "/etc"] && echo Y || echo N
Y
[root@linux ~]#[-d "/etc/hosts"] && echo Y || echo N
N
```

3）-f：判断对象是否为一般文件（存在且是文件）。

```
[root@linux ~]#[-f "/etc"] && echo Y || echo N
N
[root@linux ~]#[-f "/etc/hosts"] && echo Y || echo N
Y
```

4）-r：判断对象是否有可读权限。

```
[root@linux ~]#[-r "/etc/hosts"] && echo Y || echo N
Y
```

5）-w：判断对象是否有可写权限。

```
[root@linux ~]#[-w "/etc/hosts"] && echo Y || echo N
Y
```

6）-x：判断对象是否具有可执行权限。

```
[root@linux ~]#[-x "/etc/hosts"] && echo Y || echo N
N
[root@linux ~]#[-x "/root/warn.sh"] && echo Y || echo N
Y
```

基础测试完成后，接下来是一个具体的案例，按照要求编写脚本：判断登录的用户数，如果用户超过 2 人，则在屏幕上显示警告信息，并把脚本加入到计划任务，每隔一分钟检测一次。脚本示例如下：

```
[root@linux ~]#who
root     pts/0        2024-11-10 14:22 (192.168.88.254)
```

助学答疑

```
[root@linux ~]#who | wc -l# 需要另外开几个终端多次登录主机，让登录的用户变多
1

[root@linux ~]#who | wc -l            # 再次执行就会看到有变化
3
```

使用获取的值和 2 进行比较，获取的值比 2 大，就会显示信息。脚本示例如下：

```
[root@linux ~]#vim warn.sh
#!/bin/bash
[3 -gt 2] && echo "警告，登录人数超过 2 人"
[root@linux ~]#chmod +x warn.sh
[root@linux ~]#./warn.sh
警告，登录人数超过 2 人
```

但是需要注意，现在这个获取值是固定的，只能进行这次的比较；如果后期登录的用户变少了，或者变得更多，再用这个值比较就会出错，此时可以借助 DeepSeek 来优化。

提问：

> 我现在要编写一个脚本：判断登录的用户数，如果用户超过 2 人，就在屏幕上显示警告信息

解答：

使用 $() 把之前写的具体的值换为命令，$() 获取命令的执行结果等效于 ``

```
[root@linux ~]#vim warn.sh
#!/bin/bash
[$(who | wc -l) -gt 2] && echo "警告，登录人数超过 2 人，请注意"
[root@linux ~]#chmod +x warn.sh
[root@linux ~]#./warn.sh
警告，登录人数超过 2 人，请注意
```

还要把脚本加入计划任务，每隔一分钟检测一次。脚本示例如下：

```
[root@linux ~]#crontab -e
* * * * *   /root/warn.sh   #* * * * * 这几个 * 分别代表分、时、日、月、周
```

助学答疑

5.2.2 if 判断

Shell 脚本中的 if 判断可以根据预设条件自动选择执行不同的操作，让脚本具备思考能力。

Shell 脚本中的 if 判断包括 if 单分支、if 双分支、if 多分支三种情况。

（1）if 单分支表示条件成立时执行命令序列，否则不执行任何操作。

if 单分支语法格式：

```
if 条件测试; then
    命令序列
fi
```

示例：判断用户的 UID 是否等于 0，如果是，则输出“你是管理员”，否则就没有反应。

编写脚本如下：

```
[root@linux ~]#vim a1.sh
#!/bin/bash
if [$UID -eq 0] ; then
        echo " 你是管理员 "
fi
[root@linux ~]#chmod +x a1.sh
[root@linux ~]#./a1.sh
你是管理员
```

（2）if 双分支表示条件成立时执行命令序列 1，否则执行命令序列 2。

if 双分支语法格式：

```
if 条件测试; then
    命令序列 1
else
    命令序列 2
fi
```

示例：检测 /root/tarena 目录，若存在，则输出“已存在”，否则就创建目录。

```
[root@linux ~]#vim tarena.sh
#!/bin/bash
if [-d /root/tarena] ; then
```

助学答疑

```
    echo “已存在”
else
    mkdir -p /root/tarena
fi
[root@linux ~]#chmod +x ./tarena.sh
[root@linux ~]#./tarena.sh                # 屏幕没显示内容，创建目录
[root@linux ~]#ls                         # 查看结果
tarena

[root@linux ~]#./tarena.sh                # 再次执行脚本，显示已存在
已存在
```

（3）if 多分支相当于 if 语句嵌套，针对多个条件分别执行不同的操作，可以有多个不同的条件，用 elif 表示。如果第一个条件匹配，就执行命令序列 1，否则就继续找第二个条件；如果第二个条件匹配，就执行命令序列 2，不符合继续往下。

if 多分支的语法格式：

```
if 条件测试 1 ；then
    命令序列 1
elif 条件测试 2 ；then
    命令序列 2
else
    命令序列 n
fi
```

示例：从键盘读取一个数值，猜 10（包括 10）以内的数字大小，使用 RANDOM 的变量（系统自带的变量）输出随机数，每次获取的值都不同，由于是猜 10（包括 10）以内的数字大小，因此可以使用产生的随机数除以 10，求余数。这就涉及 Shell 中的运算，在 Shell 中可以进行加、减、乘、除及取余运算，Shell 中的运算如下：

```
# 运算符号：+ - * / %   # 加、减、乘、除、取余
# 使用 $(()) 或 $[] 表达式，可结合 echo 命令输出
[root@linux ~]#echo $[3+2]
5
```

助学答疑

```
[root@linux ~]#echo $[3-2]
1
[root@linux ~]#echo $[3*2]
6
[root@linux ~]#echo $[10/2]
5
[root@linux ~]#echo $[10%3]
1

[root@linux ~]#echo $((3+2))
5
```

介绍完运算之后，通过随机数获取 10（包括 10）以内的数。代码示例如下：

```
[root@linux ~]#echo $RANDOM #使用 RANDOM 的变量（系统自带的变量），
输出随机数，每次获取的值都是不一样的
25246
[root@linux ~]#echo $[RANDOM%10]              #由于是猜 10 以内的数
  #字大小，可以使用产生的随机数除以 10，求余数，此时获取到的是 0~9 的值
2
[root@linux ~]#echo $[RANDOM%10]
1
[root@linux ~]#echo $[RANDOM%10+1]            #获取 1~10 的值
8
```

脚本编写参考如下：

```
[root@linux ~]#vim run.sh
#!/bin/bash
num=$[RANDOM%10+1]
read -p "我有一个 1~10 的数字，你猜是什么：" cai
if [$cai -eq $num] ;then
    echo "猜对了"
elif [$cai -gt $num] ;then
    echo "猜大了"
else
```

助学答疑

```
    echo "猜小了"
fi
[root@linux ~]#chmod +x run.sh
[root@linux ~]#./run.sh
我有一个 1~10 的数字，你猜是什么：1
猜对了
```

5.3 DeepSeek 加速：Shell 脚本循环

本章主要讲解循环。在编写 Shell 脚本时，循环结构使 Shell 脚本可以重复执行特定任务，尤其适合处理大量相似数据。例如，处理上千个文件改名时，若没有循环，则需逐个手动命名，这是一项烦琐且极易出错的艰巨任务。而有了循环，只需编写一次代码，Shell 脚本就能自动对每个文件执行相同操作，极大地提高了工作效率。同时，循环也增强了脚本的灵活性与通用性。只要循环逻辑正确，Shell 脚本就能自动适应不同数据，无须人为干预。

Shell 脚本中的循环主要有 for 循环和 while 循环。

1. for 循环

for 循环是遍历 / 列表式循环，根据变量的不同取值，重复执行命令序列。

for 循环语法结构如下：

```
    for  变量名  in  值列表
    do
         命令序列
    done
```

（1）通过 for 循环批量显示 5 个 hello。脚本示例如下：

```
#in 后面的值列表可以写多个值，值的数量决定循环任务的次数
[root@linux ~]#for i in 1 2 3 4 5
do
    echo “hello”
done
hello                                  # 结果显示
```

助学答疑

```
hello
hello
hello
hello
```

（2）通过 for 循环批量显示 10 个 abc。脚本示例如下：

```
# 如果对应的值比较多且是连续的，可以写到 {} 中，如 {1..10}，代表 1~10
[root@linux ~]#for i in {1..10}
do
    echo "abc"
done
abc                                   # 结果显示
abc
abc
abc
abc
abc
abc
abc
abc
abc
```

（3）通过 for 循环批量创建 / 删除 10 个文件。脚本示例如下：

```
# 批量创建文件
[root@linux ~]#for i in {1..10}
do
    touch $i.txt
done
# 批量删除文件
[root@linux ~]#for i in {1..10}
do
rm -rf $i.txt
done
```

介绍完基础的 for 循环，接下来，做一个综合的实验练习，即编写一个批量创建用户的脚本，这些用户已经存放在一个文件中，文件内容如下：

助学答疑

```
[root@linux ~]#cat name.txt# 存放用户账号的文件，此文件可以提前准备
tedu1
tedu2
tedu3
tedu4
```

如果没有提前准备存放用户的文件，可以用前文介绍的 for 循环来创建用户。脚本示例如下：

```
[root@linux ~]#vim adduser.sh
#!/bin/bash
for i in tedu1 tedu2 tedu3 tedu4
do
    useradd $i
done
[root@linux ~]#chmod +x adduser.sh
[root@linux ~]#./adduser.sh                    # 执行没有问题
[root@linux ~]#id tedu1                        # 可以看到结果
uid=1000(tedu1) gid=1000(tedu1) groups=1000(tedu1)
[root@linux ~]#id tedu2
uid=1001(tedu2) gid=1001(tedu2) groups=1001(tedu2)
[root@linux ~]#id tedu3
uid=1002(tedu3) gid=1002(tedu3) groups=1002(tedu3)
[root@linux ~]#id tedu4
uid=1003(tedu4) gid=1003(tedu4) groups=1003(tedu4)
```

如果用户已经提前写入文件中，还想使用循环的方式创建用户，该如何解决呢？下面借助 DeepSeek 来实现。

提问：

编写一个批量创建用户的脚本，这些用户已经存放在一个文件中，如何读取文件中的用户并创建出来

```
[root@linux ~]#cat name.txt
tedu1
tedu2
tedu3
tedu4
```

助学答疑

解答：

```
[root@linux ~]#vim adduser.sh
#!/bin/bash
for i in $(cat name.txt)# 使用 $() 获取命令的执行结果，循环批量创建
                        #name.txt 中的所有账户
do
    useradd $i
done
[root@linux ~]#chmod +x adduser.sh
[root@linux ~]#./adduser.sh
[root@linux ~]#id u1
uid=1004(u1) gid=1004(u1) groups=1004(u1)
```

2. while 循环

while 循环属于条件式的执行流程，会反复判断指定的测试条件，只要条件成立就执行固定的一组操作，直到条件变为不成立为止。所以 while 循环的条件一般通过变量来控制，在循环体内可以对变量值做相应的改变，以便在适当时退出，避免陷入死循环。

while 循环语法结构：

```
    while  条件测试
    do
        命令序列
    done
```

下面用 while 循环编写一个条件成立就无限执行的循环。脚本示例如下：

```
# 由于 3 一定小于 5，因此条件成立就会一直执行下去，按 Ctrl + C 组合键中断
[root@linux ~]#while [3 -le 5]
do
    echo hello
done
hello                        # 显示结果
hello
hello
hello
hello
```

助学答疑

```
hello
hello
hello
hello
hello
...
```

再编写一个条件不成立就结束执行的循环。脚本示例如下：

```
# 由于 3 小于 5，因此条件不成立，结束循环
[root@linux ~]#while [3 -ge 5]
do
    echo hello
done
```

在使用 while 循环时，如果想要循环无限执行，可以直接写一个死循环。脚本示例如下：

```
# 冒号可以表示条件为真，死循环可按 Ctrl+C 组合键终止
[root@linux ~]#while :
do
    echo abc
done
```

在了解了 while 循环之后，可以使用 while 循环优化前文的猜数字脚本，即实现多次猜数。脚本示例如下：

```
[root@linux ~]#vim run.sh
#!/bin/bash
num=$[RANDOM%10+1]
while :
do
      read -p "我有一个 1~10 的数字，你猜是什么：" cai
       if [$cai -eq $num];then
         echo "猜对了"
       elif [$cai -gt $num];then
         echo "猜大了"
       else
```

助学答疑

```
            echo " 猜小了 "
        fi
done
[root@linux ~]#./run.sh
我有一个 1~10 的数字，你猜是什么：3
猜小了
我有一个 1~10 的数字，你猜是什么：9
猜大了
我有一个 1~10 的数字，你猜是什么：6
猜小了
我有一个 1~10 的数字，你猜是什么：7
猜小了
我有一个 1~10 的数字，你猜是什么：8
猜对了
我有一个 1~10 的数字，你猜是什么：
```

此时已经实现了多次猜数字的功能，但是猜对之后，脚本还在执行。因此，这里需要做一个优化：猜对之后就结束脚本。下面借助 DeepSeek 来实现这个功能。

提问：

我写了一个猜数字的脚本，想要实现数字猜对之后就结束脚本，这个功能怎么实现呢？下面是我写好的脚本，请在这个脚本中优化：

```
#!/bin/bash
num=$[RANDOM%10+1]
while :
do
        read -p " 我有一个 1~10 的数字，你猜是什么：" cai
        if [$cai -eq $num] ; then
            echo " 猜对了 "
        elif [$cai -gt $num] ; then
            echo " 猜大了 "
        else
            echo " 猜小了 "
        fi
done
```

助学答疑

解答：

```
# 使用exit 退出脚本即可，结果如下
[root@linux ~]#vim run.sh
#!/bin/bash
num=$[RANDOM%10+1]
while :
do
        read -p "我有一个 1~10 的数字，你猜是什么：" cai
         if [$cai -eq $num];then
           echo "猜对了"
           exit                    # 添加 exit，猜对了之后退出脚本
         elif [$cai -gt $num];then
           echo "猜大了"
         else
           echo "猜小了"
         fi
done
[root@linux ~]#./run.sh
我有一个 1~10 的数字，你猜是什么：5
猜小了
我有一个 1~10 的数字，你猜是什么：8
猜对了
[root@linux ~]#
```

猜数字的脚本不推荐使用 for 循环，因为 for 循环是有固定次数的循环，所以循环的次数取决于事先设定的值。而 while 循环是无固定次数的循环，只要条件成立就会一直执行。因为猜数字的脚本不知道要猜几次才能猜对，所以次数不固定，推荐使用 while 循环。

5.4 DeepSeek 重塑：Shell 脚本函数设计与智能调用

在 Shell 脚本中，函数是一种非常重要的工具。它能将复杂的任务分解成一个个简单、可重复使用的模块。无论是简单的系统任务，还是复杂的多步骤任务，函数都能利用它独特的优势，为脚本编写带来极大的便利。

助学答疑

1. 函数的定义

在 Shell 脚本中，函数是一种可以重复使用的代码块。它可以将一些需要重复执行的操作定义为公共的语句块，然后通过一个简单的函数名来调用。

函数的定义通常以关键字 function 或者直接以函数名开头，后面跟着圆括号“()”，并在大括号“{}”中包含需要执行的命令。具体格式如下。

格式一：

```
function  函数名 {
命令序列
      ..
}
```

格式二：

```
函数名 () {
命令序列
      ..
}
```

调用函数：

```
    格式：函数名
```

注：在调用函数之前须先定义函数。

也可以给函数传参。

```
格式：函数名  值 1  值 2……
```

如果该函数能够处理位置参数，则可以使用这种方式。

2. 使用 Shell 函数

如果要在命令行界面中输出 abc、xyz、tedu、tarena 这四个内容，且每个内容输出三次，可以用前面介绍的知识点实现。命令示例如下：

```
[root@linux ~]#echo abc
abc
[root@linux ~]#echo abc
abc
[root@linux ~]#echo abc
```

助学答疑

```
abc
[root@linux ~]#echo xyz
xyz
[root@linux ~]#echo xyz
xyz
[root@linux ~]#echo xyz
xyz
[root@linux ~]#echo tedu
tedu
[root@linux ~]#echo tedu
tedu
[root@linux ~]#echo tedu
tedu
[root@linux ~]#echo tarena
tarena
[root@linux ~]#echo tarena
tarena
[root@linux ~]#echo tarena
tarena
```

如果将以上重复执行的命令定义为函数，则反复调用该函数即可。代码示例如下：

```
#定义函数 test，名字可以自己命名
[root@linux ~]#test() {
    echo abc
    echo xyz
    echo tedu
    echo tarena
    }
[root@linux ~]#test                #直接调用函数，可以调用多次
abc
xyz
tedu
tarena
[root@linux ~]#test
abc
```

助学答疑

```
xyz
tedu
tarena
[root@linux ~]#test
abc
xyz
tedu
tarena
```

定义函数时，根据需要可以向函数中传递参数，使函数的运用更加灵活。

下面编写一个脚本，定义一个 add() 函数，内容显示 hello。

如果 add() 函数不通过传参的方式实现，可以在脚本中直接定义和调用。代码示例如下：

```
[root@linux ~]#vim myadd.sh
#!/bin/bash
add() {
    echo hello
}

add                               # 在脚本中调用 add() 函数
[root@linux ~]#chmod +x myadd.sh
[root@linux ~]#./myadd.sh
hello
```

如果 add() 函数通过传参的方式实现，可以在该函数中写位置变量。代码示例如下：

```
[root@linux ~]#vim myadd.sh
#!/bin/bash
add() {
    echo $1                       # 写位置变量 $1
}

add hello                         # 调用函数，传参 hello
[root@linux ~]#./myadd.sh
hello
```

助学答疑

如果想要在调用 add() 函数时显示更多的数据，可以多次调用该函数，传入不同参数即可。代码示例如下：

```
[root@linux ~]#vim myadd.sh
#!/bin/bash
add() {
    echo $1
}

add hello                    # 多调用几次 add() 函数
add linux
add tom
add alice
[root@linux ~]#./myadd.sh
hello
linux
tom
alice
```

由以上代码可知，定义函数后，可以直接调用，也可以给函数传递参数，让函数的使用更加灵活。下面使用 DeepSeek 将输出结果赋予不同的颜色。

提问：

如果我想调用已经定义好的函数将结果以不同颜色显示，怎么实现？以下是已经写好的函数：

```
#!/bin/bash
add() {
  echo $1
}
add hello                    # 多调用几次 add() 函数
add linux
add tom
add alice
```

解答：

使用“\033[xxm 内容 \033[0m”解决 #xx 换成具体的数字，xx 代表的是字体颜色

助学答疑

```
[root@linux ~]#vim myadd.sh
#!/bin/bash
add() {
    echo -e "\033[32m$1\033[0m"
}

add hello
add linux
add tom
add alice
[root@linux ~]#./myadd.sh               # 此时看到的结果都是绿色
hello
linux
tom
alice

如果想让每一个结果都是不一样的颜色，可以通过位置变量传参
[root@linux ~]#cat myadd.sh
#!/bin/bash
add() {
    echo -e "\033[$1m$2\033[0m"
}

add 32 hello
add 33 linux
add 34 tom
add 35 alice

[root@linux ~]#./myadd.sh               # 每种颜色都不一样
hello
linux
tom
alice
```

助学答疑

5.5 DeepSeek 匹配：Shell 脚本正则表达式的智能解析

在 Shell 脚本中，正则表达式可用于文本处理。无论是简单的文本匹配，还是复杂的内容提取，正则表达式都能以强大的功能和灵活的用法，为用户带来极大的便利。

1. 正则表达式列表

正则表达式的基本符号见表 5.2。

表 5.2

正则表达式符号	描述
^	匹配行首
$	匹配行尾
[]	集合，匹配集合中的任意单个字符
[^]	对集合取反
.	匹配任意单个字符
*	匹配前一个字符任意次数 [* 不允许单独使用]

正则表达式的扩展符号见表 5.3。

表 5.3

正则表达式符号	描述
{n,m}	匹配前一个字符 n~m 次
()	组合为整体，保留
|	或者

2. 使用正则表达式

下面利用 grep 命令来熟悉正则表达式的基本用法。

（1）基本正则表达式。

测试 ^、$、[]、[^] 的用法，代码示例如下：

```
[root@linux ~]#cp /etc/passwd user# 准备素材，准备的素材文件不同，
                                   # 得到的结果可能不一样

[root@linux ~]#grep root user                  # 查找与 root 相关的行
root:x:0:0:root:/root:/bin/bash
operator:x:11:0:operator:/root:/sbin/nologin
```

助学答疑

```
[root@linux ~]#grep ^root user                # 查找以 root 开头的行
root:x:0:0:root:/root:/bin/bash
[root@linux ~]#grep bash$ user                # 查找以 bash 结尾的行
root:x:0:0:root:/root:/bin/bash
alice:x:1001:1001::/home/alice:/bin/bash
jim:x:1002:1002::/home/jim:/bin/bash
...

[root@linux ~]#grep ^$ user            # 查找空行
[root@linux ~]#grep -v ^$ user         # 取反，显示除空行以外的内容
root:x:0:0:root:/root:/bin/bash
bin:x:1:1:bin:/bin:/sbin/nologin
daemon:x:2:2:daemon:/sbin:/sbin/nologin
...
[root@linux ~]#grep "[root]" user  # 查找 r、o、t 任意一个字符
[root@linux ~]#grep "[rot]" user  # 查找 r、o、t 任意一个字符
[root@linux ~]#grep "[^rot]" user # 对集合取反，显示 r、o、t 以外的内容
[root@linux ~]#grep "[0123456789]" user    # 查找所有数字
[root@linux ~]#grep "[0-9]" user            # 查找所有数字
[root@linux ~]#grep "[^0-9]" user           # 显示数字以外内容
[root@linux ~]#grep "[a-z]" user            # 查找所有小写字母
[root@linux ~]#grep "[A-Z]" user            # 查找所有大写字母
```

测试“.”“*”的用法，代码示例如下：

```
# 查找任意单个字符，文档中每个字符都可以理解为任意字符
[root@linux ~]#grep "." user
[root@linux ~]#grep "r..t" user # 查找 r 和 t 之间有 2 个任意字符的行
[root@linux ~]#grep "r.t" user # 查找 r 和 t 之间有 1 个任意字符的行，
                               # 有匹配就输出，没有匹配就无输出
[root@linux ~]#grep "*" user #* 号是匹配前一个字符任意次数，不单独使用
[root@linux ~]#grep "ro*t" user # 找 rt，中间的 o 有没有都行，有几次都行
[root@linux ~]#grep ".*" user # 找任意字符，包括空行， . 与 * 的组合
                              # 在正则表达式中相当于通配符的效果
```

（2）扩展正则表达式。

测试 ()、{n,m}、| 的用法，并用 -E 启用扩展正则表达式。代码示例如下：

助学答疑

```
# 通过正则表达式过滤数据时，除了可以从文件中过滤，也可以把命令的执行结
# 果传递给 grep 过滤
[root@linux ~]#echo abaaaba | grep "a"          # 匹配 a
abaaaba
[root@linux ~]#echo abaaaba | grep "b"          # 匹配 b
abaaaba

[root@linux ~]#echo abaaaba | grep "(ab)" # 使用 () 把 ab 作为整
                                 # 体匹配，() 表示是组合为整体，但是发现匹配失败
[root@linux ~]#echo abaaaba | grep -E "(ab)"# 使用 -E 选项，启用扩展正则，可以成功
abaaaba

# 匹配 ab 字符 1~3 次，把 {n,m} 中的 n 和 m 替换为具体数字即可
[root@linux ~]#echo abaaaba | grep -E "(ab){1,3}"
abaaaba
[root@linux ~]#echo abcdef | grep -E "(ab|ef)"# 查找 ab 或者 ef
abcdef
```

熟悉了正则表达式的用法，下面通过一个具体的案例从一个名为 test.txt 的文件中过滤出相关的数据，此文件已经准备好。文件内容如下：

```
[root@linux ~]#vim test.txt# 准备其他的内容也可以，这个内容只作为参考
A@B#C$D%E^F&G*H(I)J+K-L=M_N<O>P?Q>R/S:T|U`V~W'X"Y,Z.{a}b[c]
d|e;f'g"h~i`j.k/l\m=n^o+p-q*r(s)t@u#v$w%x&y*z
9876543210!@#$%^&*()_+-=[]{}|;':",.<>?/~`
42!@#abcXYZ and symbols like *&^%$#@!
12345!@#ABCdef and more symbols like *&^%$#@!
User12345!@#has logged in with password P@ssw0rd.
*&^%$#@! and ABCdef12345.
1A2B3C!@#$%^ and symbols like *&^%$#@!
```

从此文件中查找与 and 相关的行。命令如下：

```
[root@linux ~]#grep "and" test.txt      # 查到的内容会高亮显示
42!@#abcXYZ and symbols like *&^%$#@!
12345!@#ABCdef and more symbols like *&^%$#@!
```

助学答疑

```
*&^%$#@! and ABCdef12345.
1A2B3C!@#$%^ and symbols like *&^%$#@!
```

从此文件中查找以 and 开头的行。命令如下：

```
[root@linux ~]#grep "^and" test.txt        # 没有结果
```

从此文件中查找与数字相关的行。命令如下：

```
[root@linux ~]#grep "[0-9]" test.txt
9876543210!@#$%^&*()_+-=[]{}|;':",.<>?/~`
42!@#abcXYZ and symbols like *&^%$#@!
12345!@#ABCdef and more symbols like *&^%$#@!
User12345!@#has logged in with password P@ssw0rd.
*&^%$#@! and ABCdef12345.
1A2B3C!@#$%^ and symbols like *&^%$#@!
```

从此文件中查找与小写字母相关的行。命令如下：

```
[root@linux ~]#grep "[a-z]" test.txt
A@B#C$D%E^F&G*H(I)J+K-L=M_N<O>P?Q>R/S:T|U`V~W'X"Y,Z.{a}b[c]
d|e;f'g"h~i`j.k/l\m=n^o+p-q*r(s)t@u#v$w%x&y*z
42!@#abcXYZ and symbols like *&^%$#@!
12345!@#ABCdef and more symbols like *&^%$#@!
User12345!@#has logged in with password P@ssw0rd.
*&^%$#@! and ABCdef12345.
1A2B3C!@#$%^ and symbols like *&^%$#@!
```

从此文件中查找与大写字母相关的行。命令如下：

```
[root@linux ~]#grep "[A-Z]" test.txt
A@B#C$D%E^F&G*H(I)J+K-L=M_N<O>P?Q>R/S:T|U`V~W'X"Y,Z.{a}b[c]
d|e;f'g"h~i`j.k/l\m=n^o+p-q*r(s)t@u#v$w%x&y*z
42!@#abcXYZ and symbols like *&^%$#@!
12345!@#ABCdef and more symbols like *&^%$#@!
User12345!@#has logged in with password P@ssw0rd.
*&^%$#@! and ABCdef12345.
1A2B3C!@#$%^ and symbols like *&^%$#@!
```

助学答疑

在以上示例中查找数字、小写字母、大写字母时，都是逐条指令查找的，如果想要一次性查找出来，可以借助 DeepSeek 来实现。

提问：

我想过滤以下文件中的数字、小写字母、大写字母，应该怎么做？文件内容如下：

```
A@B#C$D%E^F&G*H(I)J+K-L=M_N<O>P?Q>R/S:T|U`V~W'X"Y,Z.{a}
b[c]d|e;f'g"h~i`j.k/l\m=n^o+p-q*r(s)t@u#v$w%x&y*z
9876543210!@#$%^&*()_+-=[]{}|;':",.<>?/~`
42!@#abcXYZ and symbols like *&^%$#@!
12345!@#ABCdef and more symbols like *&^%$#@!
User12345!@#has logged in with password P@ssw0rd.
*&^%$#@! and ABCdef12345.
1A2B3C!@#$%^ and symbols like *&^%$#@!
```

解答：

```
[root@linux ~]#grep "[0-9a-zA-Z]" test.txt
A@B#C$D%E^F&G*H(I)J+K-L=M_N<O>P?Q>R/S:T|U`V~W'X"Y,Z.{a}b[c]
d|e;f'g"h~i`j.k/l\m=n^o+p-q*r(s)t@u#v$w%x&y*z
9876543210!@#$%^&*()_+-=[]{}|;':",.<>?/~`
42!@#abcXYZ and symbols like *&^%$#@!
12345!@#ABCdef and more symbols like *&^%$#@!
User12345!@#has logged in with password P@ssw0rd.
*&^%$#@! and ABCdef12345.
1A2B3C!@#$%^ and symbols like *&^%$#@!
```

5.6 DeepSeek 生成：Shell 脚本生成并优化

5.6.1 case 分支

前面章节介绍了 Shell 中的条件测试、for 循环、while 循环、if 判断等功能。其中，if 判断有 if 单分支、if 双分支、if 多分支等，可分别实现不同的功能。

if 多分支相当于 if 语句嵌套，可以根据多个条件分别执行不同的操作。

下面是一个用 if 多分支编写的脚本，用于判断用户执行脚本时的输入内容：

用户输入 redhat，脚本显示 Rocky Linux；

用户输入 tedu，脚本显示 Tarena；

助学答疑

用户输入 nsd，脚本显示 Cloud Computing。

如果输入的不是 redhat、tedu、nsd，则提示请输入 redhat、tedu 或 nsd。脚本如下：

```
[root@linux ~]#vim input.sh
#!/bin/bash
read -p "请输入一个字符:" input
if ["$input" == "redhat"] ; then
    echo "Rocky Linux"
elif ["$input" == "tedu"] ; then
    echo "Tarena"
elif ["$input" == "nsd"] ; then
    echo "Cloud Computing"
else
    echo "请输入 redhat、tedu 或 nsd"
fi
[root@linux ~]#chmod +x input.sh
[root@linux ~]#./input.sh
请输入一个字符:redhat
Rocky Linux
[root@linux ~]#./input.sh
请输入一个字符:tedu
Tarena
[root@linux ~]#./input.sh
请输入一个字符:nsd
Cloud Computing
[root@linux ~]#./input.sh
请输入一个字符:test
请输入 redhat、tedu 或 nsd
```

从以上脚本的输出结果可以看出，在 if 多分支中写条件时，需要一直做匹配，重复的代码比较多。下面将这个脚本用 case 分支进行优化。

case 分支也是一种判断，基于匹配执行的方式，针对指定的变量预先设置一个可能的取值，再判断该变量的实际取值是否与预设的这个值相匹配，如果匹配，就执行相应的一组操作，否则就执行预先设置的默认操作。

助学答疑

case 分支的语法结构如下：

```
 case 变量 in
模式 1)                                  # 要匹配的模式
命令序列 1 ；；                          # 匹配之后要执行的命令
模式 2)
命令序列 2 ；；
……
*)              #* 是默认的匹配，如果前面没有匹配，就执行默认的匹配
默认命令序列    # 最后一个双分号可带可不带
esac
```

下面对上述用 if 多分支编写的脚本进行优化，优化结果如下：

```
[root@linux ~]#vim case.sh
#!/bin/bash
read -p "请输入一个字符：" key
case $key in
redhat)
        echo "Rocky Linux"；；
tedu)
        echo "Tarena"；；
nsd)
        echo "Cloud Computing"；；
*)
        echo "请输入 redhat、tedu 或 nsd"；；
esac
[root@linux ~]#chmod +x case.sh
[root@linux ~]#./case.sh
请输入一个字符：redhat
Rocky Linux
[root@linux ~]#./case.sh
请输入一个字符：tedu
Tarena
[root@linux ~]#./case.sh
请输入一个字符：nsd
Cloud Computing
```

助学答疑

```
[root@linux ~]#./case.sh
请输入一个字符：test
请输入 redhat/tedu/nsd
```

5.6.2 中断和退出

在 Shell 脚本中，中断和退出是控制脚本执行流程的重要机制。无论是应对意外错误、提前终止脚本，还是在特定条件下正常退出，掌握中断和退出的技巧都至关重要。在前文讲解 while 循环、优化猜数字的脚本时，已经用过中断和退出，如数字猜对了就退出脚本。接下来，将详细介绍中断和退出的用法。

1. 中断和退出方式

在 Shell 脚本中，通过 break、continue、exit 可以实现中断和退出的功能。

（1）break：结束整个循环，继续循环体外的语句。

（2）continue：结束本次循环，继续下一次循环。

（3）exit：结束循环和整个脚本。

2. 测试中断和退出

下面在 for 循环中测试中断和退出。

（1）通过 break 方式实现 for 循环的中断和退出。代码示例如下：

```
[root@linux ~]#vim for.sh
#!/bin/bash
for i  in {1..5}
do
    [$i -eq 3]&& break#判断 $i 的值等于（-eq）3，条件成立执行 && 后
                      #面的内容，条件不成立则不执行
    echo $i
done
echo "Game Over"
[root@linux ~]#chmod +x for.sh
[root@linux ~]#./for.sh
1
2
Game Over
```

助学答疑

（2）通过 continue 方式实现 for 循环的中断和退出。代码示例如下：

```
[root@linux ~]#vim for.sh
#!/bin/bash
for i  in {1..5}
do
    [$i -eq 3]&& continue
    echo $i
done
echo "Game Over"
[root@linux ~]#./for.sh
1
2
4
5
Game Over
```

（3）通过 exit 方式实现 for 循环的中断和退出。代码示例如下：

```
[root@linux ~]#vim for.sh
#!/bin/bash
for i  in {1..5}
do
    [$i -eq 3]&& exit
echo $i
done
echo "Game Over"
[root@linux ~]#./for.sh
1
2
```

5.6.3　AI 智能生成脚本

基于前面章节对 Shell 的学习，用户在写脚本时可以直接问 DeepSeek 应该怎么写。

提问：

> 如果想要写一个脚本：实现循环创建用户的功能，如果用户存在，就提示已存在，如果不存在，就创建，输入 0 退出脚本，执行脚本时提示输入一个用户名。

助学答疑

解答：

```
#!/bin/bash

# 提示用户输入用户名
echo "请输入一个用户名（输入 0 退出脚本）："

# 循环读取用户输入
while true; do
    read username

    # 如果输入 0，则退出脚本
    if ["$username" == "0"]; then
        echo "退出脚本。"
        exit 0
    fi

    # 检查用户是否存在
    if id "$username" &>/dev/null; then
        echo "用户 '$username' 已存在。"
    else
        # 创建用户
        sudo useradd "$username"
        if [$? -eq 0]; then
            echo "用户 '$username' 创建成功。"
        else
            echo "创建用户 '$username' 时发生错误。"
        fi
    fi

    # 提示用户继续输入或退出
    echo "请输入下一个用户名（输入 0 退出脚本）："
done
```

还可以借助其他开发工具并结合 AI 编写脚本，如 VSCode（Visual Studio Code）。这是一款优秀的代码编辑器，支持多种编程语言，拥有强大的代码编

助学答疑

辑和调试功能，具备智能代码补全、内置终端等实用功能，能够满足大部分开发者的需求。

在使用这个工具之前，需要安装 VSCode 软件，可以在浏览器中直接搜索“VSCode 下载”，有 Windows 版本和 Linux 版本等，用户按照自己的需求下载完成后即可安装。

Linux 版本的 VSCode 包括多种软件包，如 RPM、TAR.GZ、DEB，用户按照自己的需求安装即可。如果下载的是 RPM，需要将其上传到 Linux 服务器，然后使用 yum 安装，如图 5.2 所示。

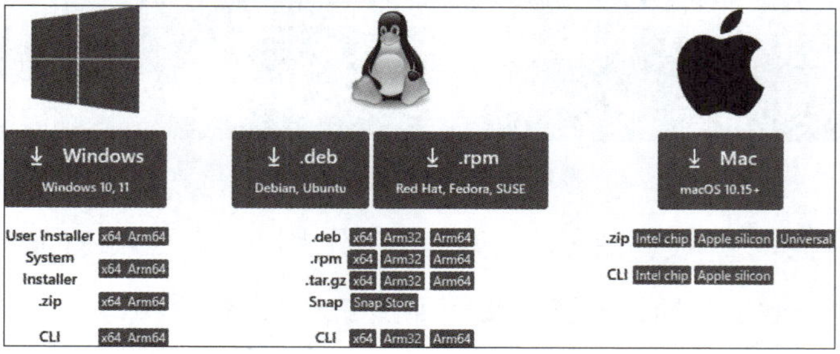

图 5.2

VSCode 安装完成后，界面是英文的，可以安装一些插件进行调整。具体的插件如下。

（1）shellman：自动补齐部分代码。

（2）shellcheck：检查脚本是否有语法错误。

（3）DeepSeek：AI 插件。

（4）Chinese：中文插件，重启生效。

（5）Code Runner：可以执行脚本。

安装插件后重启，界面将以中文字体显示。具体操作如图 5.3 和图 5.4 所示。

下面先以 Chinese 插件为例，介绍插件的具体安装步骤。

（1）在图 5.3 的插件列表中选择 Chinese，选择中文（简体），单击 Install 按钮。

（2）在弹出的界面中单击“Change Language and Restart”按钮，如图 5.4 所示。安装插件后需重启 VSCode 软件，界面将以中文字体显示。

助学答疑

图 5.3

图 5.4

然后，在“扩展：商店”界面中分别安装 Code Runner、shellman、shellCheck、DeepSeek 插件，操作步骤如图 5.5~ 图 5.8 所示。

图 5.5

图 5.6

图 5.7

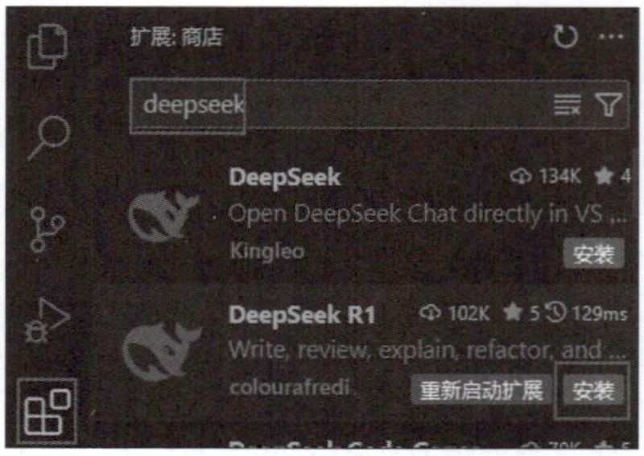

图 5.8

以上插件安装完成后，在侧边栏中会显示对应的图标。

接下来，在 VSCode 中创建一个名为 Shell 的文件夹，用于存放脚本文件。

助学答疑

先在图 5.9 中打开文件夹，然后在图 5.10 中创建 Shell 文件夹，单击 Open 按钮，弹出图 5.11 所示的资源管理器，在 Shell 文件夹中新建 test.sh 文件。

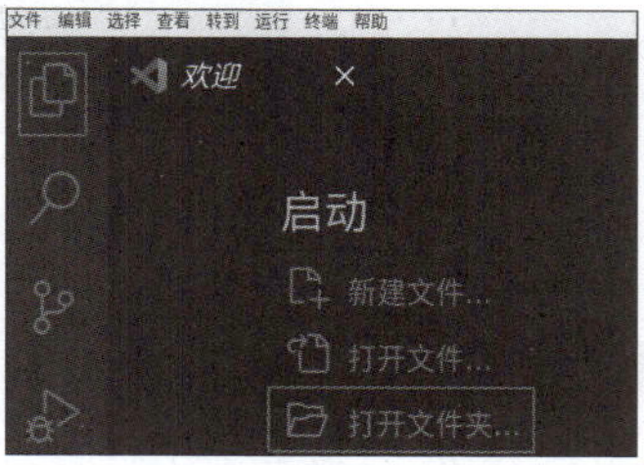

图 5.9

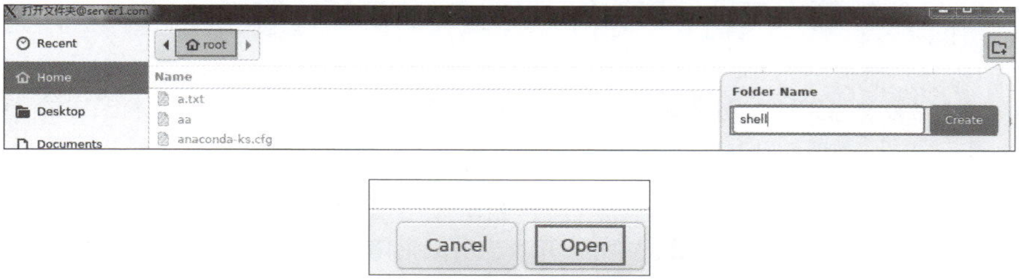

图 5.10

图 5.11

下面即可在 test.sh 文件中编写代码，此时可以看到命令补全，选择需要的格式，按回车键即可，如图 5.12 和图 5.13 所示。

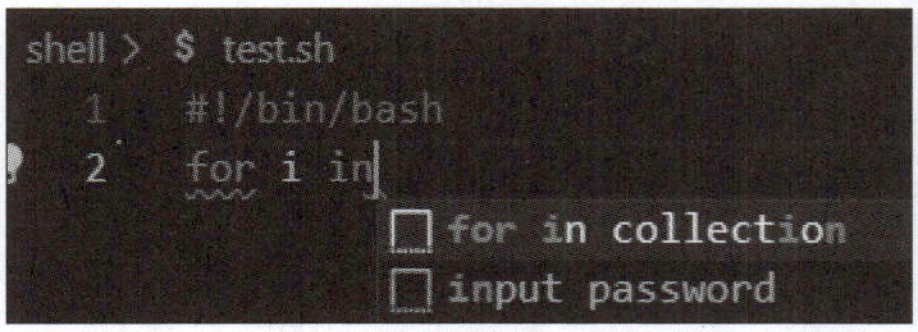

图 5.12

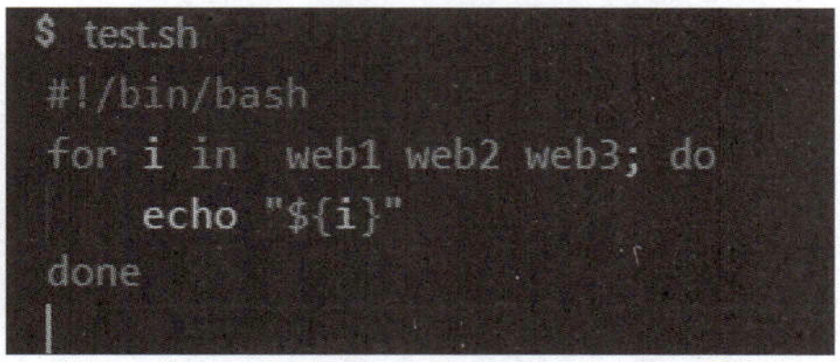

图 5.13

进入命令行终端运行脚本，如图 5.14 所示。输出结果如图 5.15 所示。

助学答疑

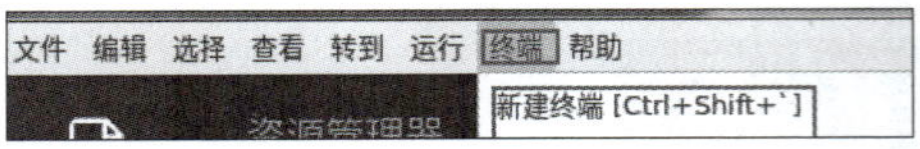

图 5.14

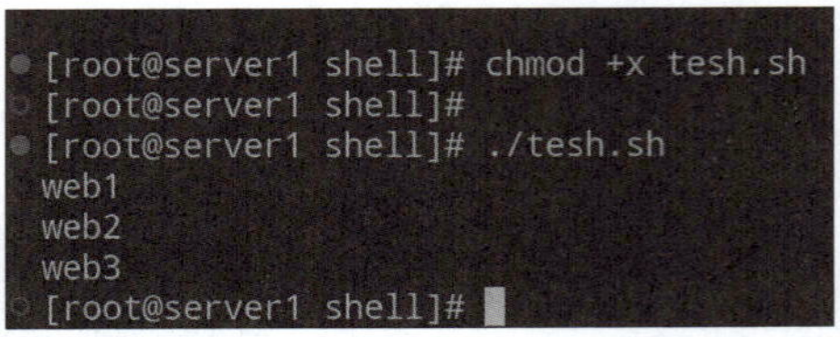

图 5.15

5.6.4 DeepSeek 错误矫正案例

在维护 Linux 服务器时，有很多隐藏数据，如果只想查看隐藏文件与隐藏目录里的数据，该如何实现呢？下面可以借助 DeepSeek 来实现。

提问：

> 在 Linux 系统中查看目录中的数据，如何实现只查看隐藏文件与隐藏目录中的数据

解答：

> Linux 隐藏数据的特点是以“.”开头，可以采用 ls 命令与通配符的结合。
>
> 例如，想要查看 /tmp 目录中的隐藏文件与隐藏目录里的数据，可以使用 ls /tmp/.*。

DeepSeek 给出的参数表面上看是正确的，并匹配以“.”开头的数据。下面可以先在测试机器上执行，查看执行结果。

```
[root@nb ~]#ls  /tmp/
test01  test02
[root@nb ~]#ls  -A  /tmp/   #-A 查看隐藏数据
test01  test02  .test03  .test04
[root@nb ~]#ls  /tmp/.*
/tmp/.:
test01  test02

/tmp/..:
afs  boot  etc   lib    media  opt   root  sbin  sys  usr
bin  dev   home  lib64  mnt    proc  run   srv   tmp  var

/tmp/.test03:
cloud.txt
```

助学答疑

```
/tmp/.test04:
mysql.txt
```

从执行结果可以看到，显示的不只是隐藏文件与隐藏目录中的数据，而是显示了全部数据，上层父目录中的数据也显示了。

这是什么原因造成的？通过学习正则表达式可知：“.” 表示单个任意内容，而 “.*” 表示多个任意单个内容，这样 “.” 与 “..” 也会被匹配，而在 Linux 操作系统中，“.” 与 “..” 分别代表当前目录、父目录，所以需要通过正则表达式进行优化。正确答案如下：

```
[root@nb ~]#ls -A  /tmp
test01  test02  .test03  .test04
[root@nb ~]#
[root@nb ~]#ls  /tmp/.[!.]*     # 匹配以 “.” 开头，第二个不是 “.” 的数据
/tmp/.test03:
cloud.txt

/tmp/.test04:
mysql.txt
[root@nb ~]#ls  -d  /tmp/.[!.]*
/tmp/.test03  /tmp/.test04

[root@nb ~]#rm -rf  /tmp/.[!.]*      # 仅删除隐藏的数据
[root@nb ~]#ls  /tmp/
test01  test02
[root@nb ~]#
```

由此可知，AI 智能工具只能是辅助，用户一定要进行审核，不能盲目地使用，它的回答不一定都是准确的。

试想一下，如果工单要求删除隐藏数据，直接使用删除 “.*” 的办法，就会直接将当前所有内容和父目录内容全部删除，造成严重后果。

因此，用户还是要有一定的知识储备，进行判断与测试。今后在使用 AI 工具时，一定要先审核，然后在测试服务器上测试运行，查看结果确认无误后，再到线上服务器运行。

助学答疑

第 6 章　AI 探索 Ubuntu 操作系统

6.1　Ubuntu 操作系统概述

6.1.1　Ubuntu 操作系统简介

Ubuntu 操作系统是一个基于 Linux 内核的开源操作系统，以其易用性、稳定性和安全性赢得了全球用户的广泛认可。以下是对 Ubuntu 操作系统的详细介绍：

名称由来：Ubuntu 的名称源自非洲南部祖鲁语或豪萨语的 ubuntu 一词，意为“人性”或“博爱”，体现了其开放、共享和协作的核心理念。

创始人：由南非企业家马克· 沙特尔沃思（Mark Shuttleworth）于 2004 年创立。

版本发布：Ubuntu 社区承诺每 6 个月发布一个新版本，每两年发布一个长期支持（LTS）版本。LTS 版本提供长达 3 年（桌面版）或 5 年（服务器版）的支持周期。

6.1.2　Ubuntu 操作系统的特点

Ubuntu 操作系统的特点如下：

（1）易用性：Ubuntu 提供了一个直观的图形用户界面（GUI），默认使用 GNOME 桌面环境，用户可以通过简单的单击和拖拽完成大部分日常操作。Ubuntu 也提供了强大的命令行工具，以满足高级用户的需求。

（2）稳定性：Ubuntu 经过严格的测试和验证，具有高度稳定性和可靠性。LTS 版本可以提供长期的技术支持和安全更新，确保系统的长期稳定运行。

（3）安全性：Ubuntu 内置了多种安全措施，如防火墙、病毒防护和加密文件系统，以保护用户的隐私和数据安全。Ubuntu 会定期发布安全更新和补丁，及时修复潜在的安全漏洞。

（4）丰富的软件资源：Ubuntu 拥有一个庞大的软件库，用户可以从 Ubuntu 软件中心或 APT 包管理工具中轻松安装各种应用程序、开发工具和游戏。这些应用程序大部分都是自由软件，可以免费下载和使用。

（5）强大的社区支持：Ubuntu 拥有庞大的用户社区和开发者社区，用户可以在论坛、聊天室和邮件列表中寻求帮助和解决方案。Canonical 公司也提供了专业的技术支持服务，确保能够及时解决用户在使用 Ubuntu 过程中遇到的问题。

6.1.3　Ubuntu 版本和衍生版

（1）Ubuntu 版本：Ubuntu 的主要版本包括 LTS 版本和非 LTS 版本。LTS 版本提供长期的技术支持和安全更新，适合需要长期稳定运行的用户。

（2）衍生版：Ubuntu 还拥有多个衍生版，如 Kubuntu（使用 KDE 桌面环境）、Xubuntu（使用 XFCE 桌面环境）等，满足不同用户的需求和偏好。

Ubuntu 操作系统以其易用性、稳定性、安全性和丰富的软件资源赢得了全球用户的广泛认可。无论是个人用户还是企业用户，Ubuntu 都能为其提供高效、稳定、安全的计算环境。随着开源技术的不断发展和完善，Ubuntu 将在未来继续发挥重要作用，推动信息技术的进步和创新。

6.2　Ubuntu 操作系统安装

6.2.1　下载系统安装镜像文件

下面通过 Ubuntu 官方网站下载。

首先进入 Ubuntu 官方网站首页，单击“Download Ubuntu”按钮，然后进入下载页面，单击“Download 22.04.1 LTS”按钮，下载 ubuntu-22.04.1-desktop-amd64 文件，即 Ubuntu 操作系统的安装镜像文件。

下载完成后，用户会得到 ubuntu-22.04.1-desktop-amd64 文件，这就是 Ubuntu 操作系统的安装镜像文件。

6.2.2　新建虚拟机

（1）打开 VMware Workstation Pro 软件，选择“文件”→“新建虚拟机”命令，如图 6.1 所示。

（2）在弹出的界面中，选择“自定义”，单击“下一步”按钮，如图 6.2 所示。

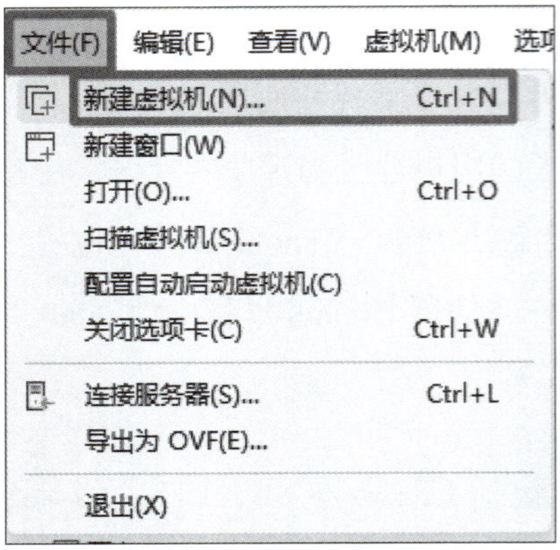

图 6.1

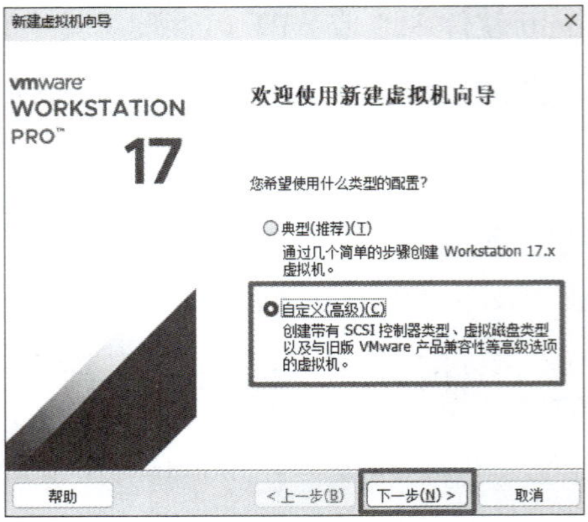

图 6.2

（3）在弹出的界面中，将“硬件兼容性”设置为 Workstation 17.x，单击“下一步”按钮，如图 6.3 所示。

（4）在弹出的界面中，选择“稍后安装操作系统”，单击“下一步”按钮，如图 6.4 所示。

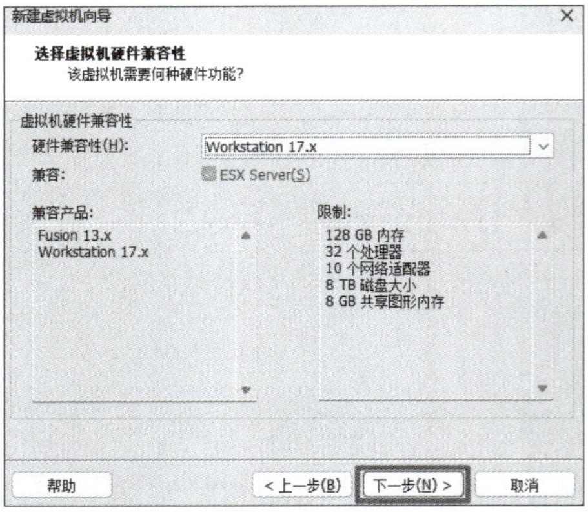

图 6.3

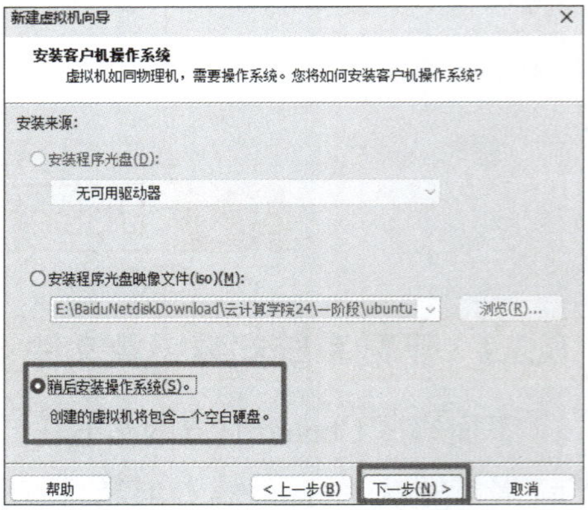

图 6.4

（5）在弹出的界面中，在“客户机操作系统”中选择 Linux，在“版本”中选择“Ubuntu 64 位”，单击“下一步”按钮，如图 6.5 所示。

（6）在弹出的界面中，设置“虚拟机名称”为“Ubuntu 64 位”，“位置”为“D:\Ubuntu”，单击“下一步”按钮，如图 6.6 所示。

助学答疑

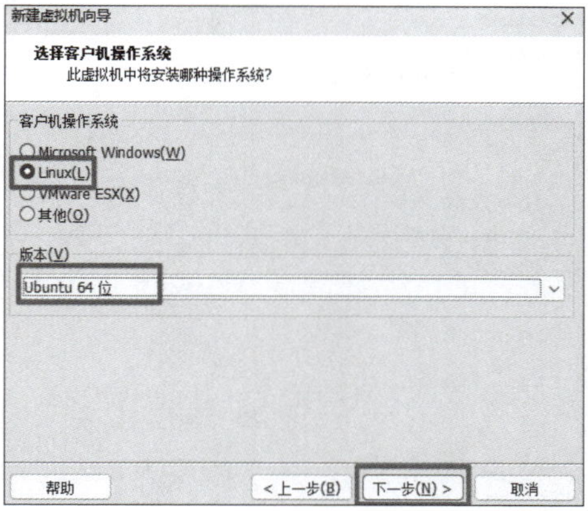

图 6.5

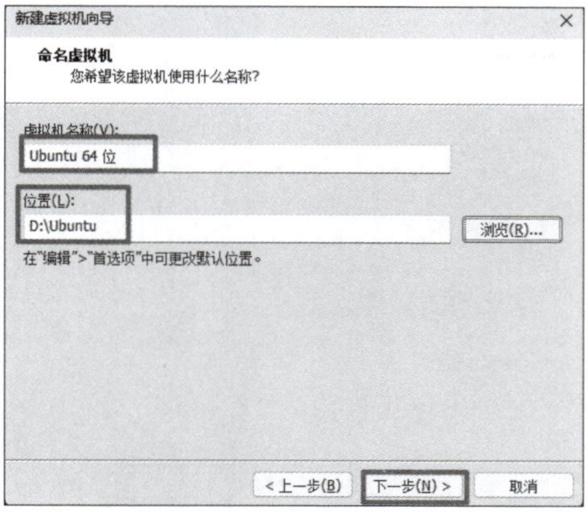

图 6.6

（7）在弹出的界面中，设置“处理器数量”为 2、“每个处理器的内核数量”为 1、“处理器内核总数”为 2，单击“下一步”按钮，如图 6.7 所示。

（8）在弹出的界面中，设置“此虚拟机的内存”为 4096MB，单击“下一步”按钮，如图 6.8 所示。

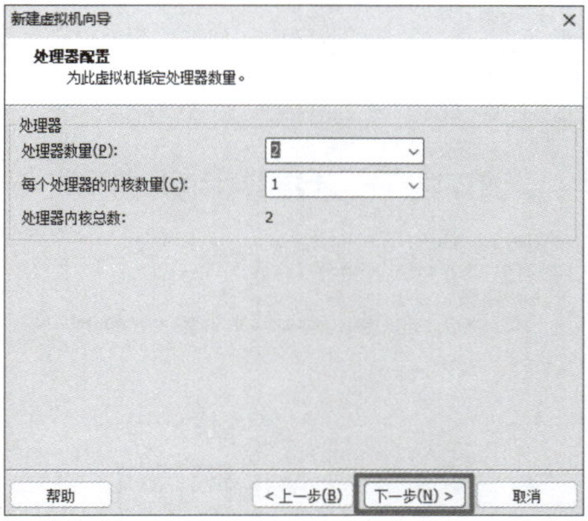

图 6.7

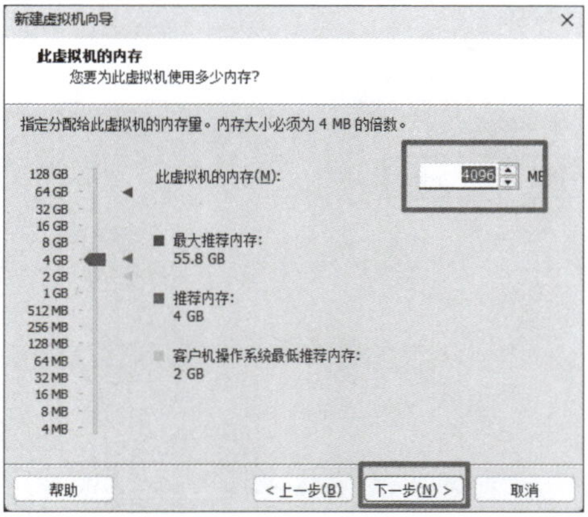

图 6.8

（9）在弹出的界面中，选中“使用网络地址转换”，单击“下一步”按钮，如图 6.9 所示。

（10）在弹出的界面中，选中“LSI Logic（L）”，单击“下一步”按钮，如图 6.10 所示。

助学答疑

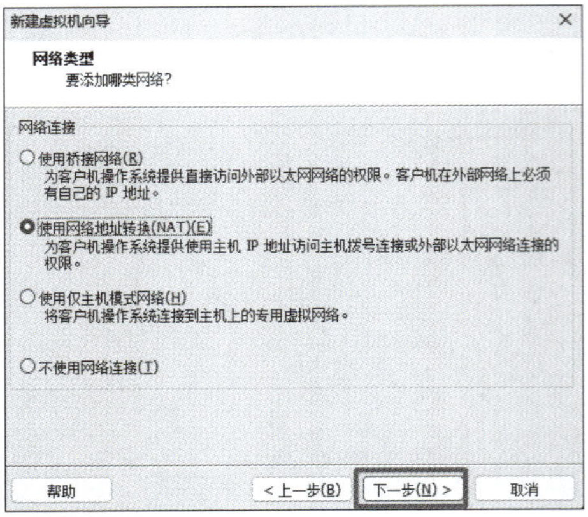

图 6.9

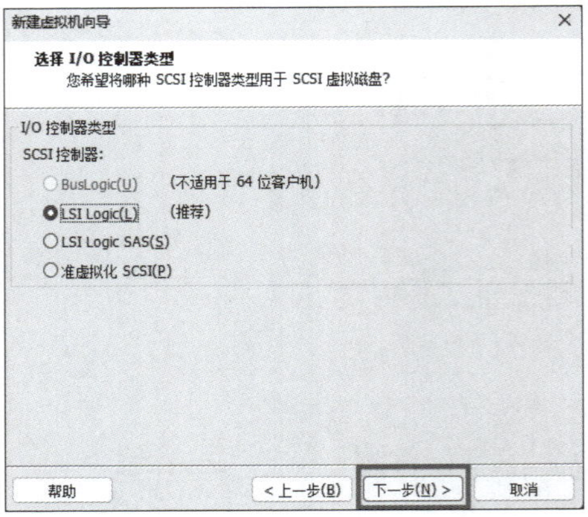

图 6.10

（11）在弹出的界面中，选中“SCSI（S）”，单击“下一步”按钮，如图 6.11 所示。

（12）在弹出的界面中，选中“创建新虚拟磁盘”，单击“下一步”按钮，如图 6.12 所示。

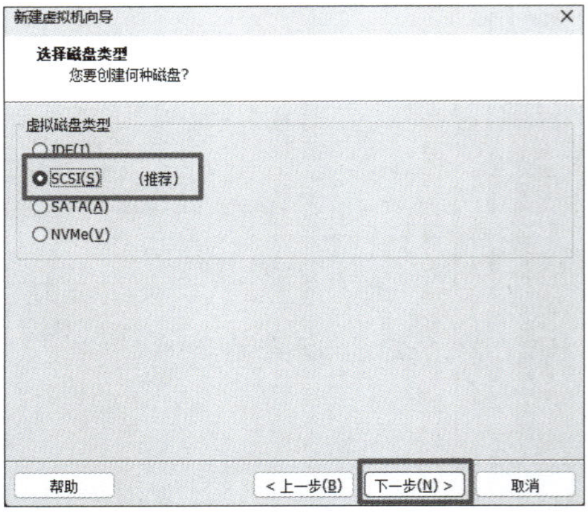

图 6.11

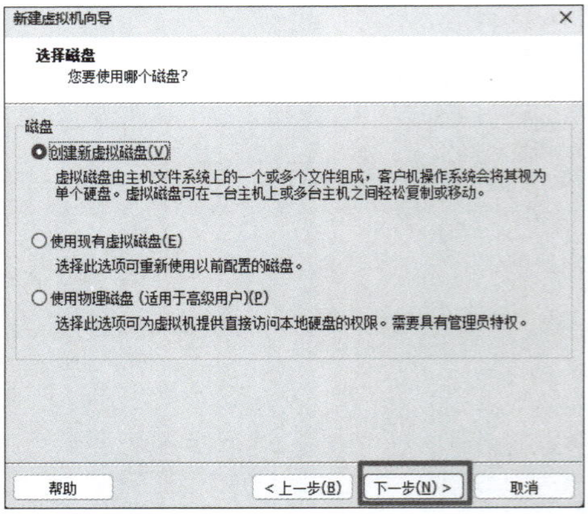

图 6.12

（13）在弹出的界面中，设置“最大磁盘大小”为 20，单击“下一步”按钮，如图 6.13 所示。

（14）在弹出的界面中，单击“浏览”按钮，选择磁盘文件，单击“下一步”按钮，如图 6.14 所示。

助学答疑

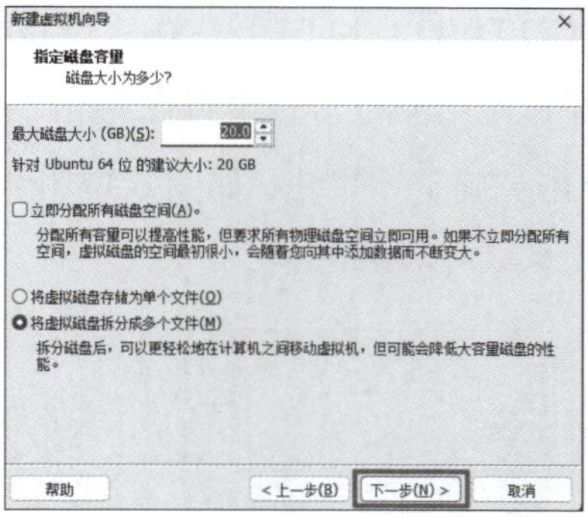

图 6.13

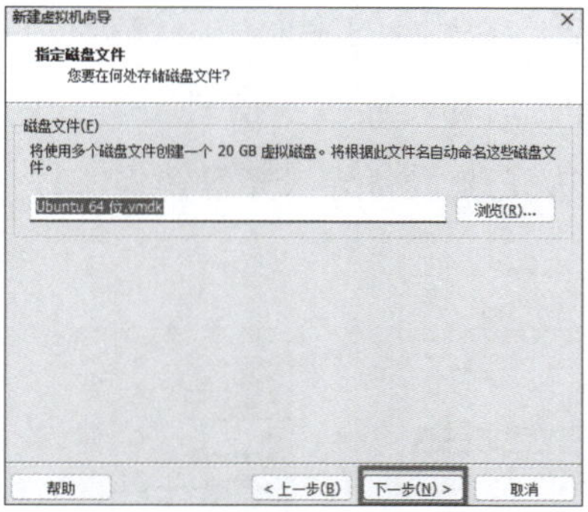

图 6.14

（15）在弹出的界面中，单击“完成”按钮，完成设置，如图 6.15 所示。

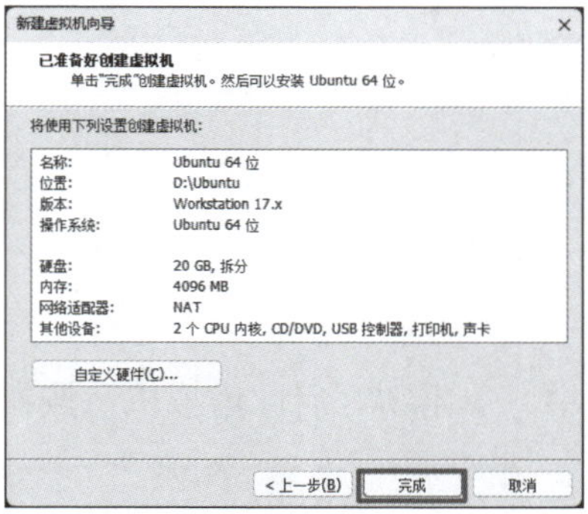

图 6.15

6.2.3　安装 Ubuntu 22.04.1 操作系统

下面详细讲解安装 Ubuntu 22.04.1 操作系统的步骤。

（1）打开 VMware Workstation Pro 软件，单击“编辑虚拟机设置”，如图 6.16 所示。

图 6.16

助学答疑

（2）在弹出的界面中，选择硬件“CD/DVD（SATA）”，在“设备状态”中选择“启动时连接”，在“连接”中选择“使用 ISO 影像文件”，单击“浏览”按钮，从光驱设备导入光盘镜像文件，单击“确定”按钮，如图 6.17 和图 6.18 所示。

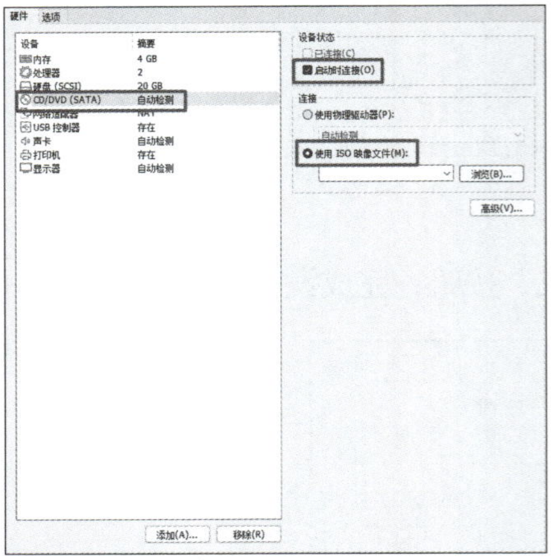

图 6.17

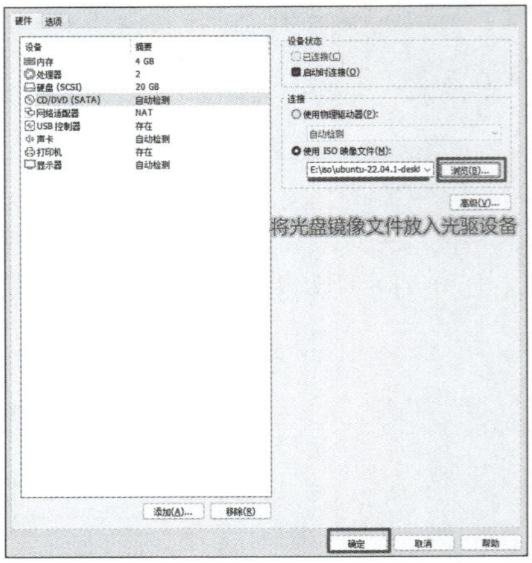

图 6.18

（3）在弹出的界面中，单击“开启此虚拟机”按钮，如图 6.19 所示。

图 6.19

（4）在弹出的界面中，选择第二个选项，按图形化方式安装 Ubuntu 操作系统，如图 6.20 所示。

助学答疑

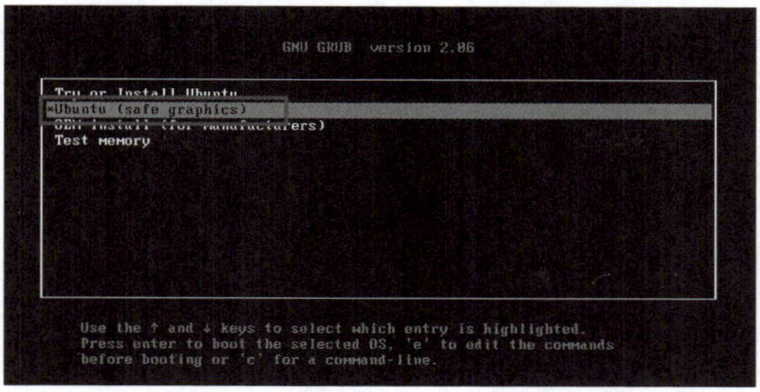

图 6.20

（5）在弹出的界面中，先在左侧列表中选择“中文”，然后单击“安装 Ubuntu”按钮，如图 6.21 所示。

（6）在弹出的界面中，在“选择您的磁盘布局”列表中选择 Chinese，单击“继续”按钮，如图 6.22 所示。

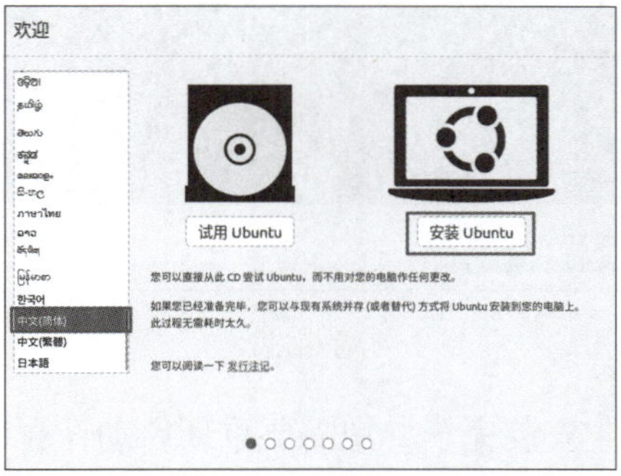

图 6.21

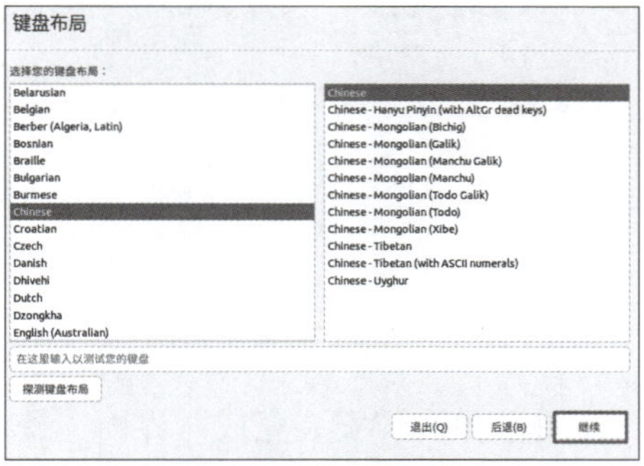

图 6.22

（7）在弹出的界面中，选择“正常安装”，单击“继续”按钮，如图 6.23 所示。

（8）在弹出的界面中，选择“清除整个磁盘并安装 Ubuntu”，单击“现在安装”按钮，如图 6.24 所示。

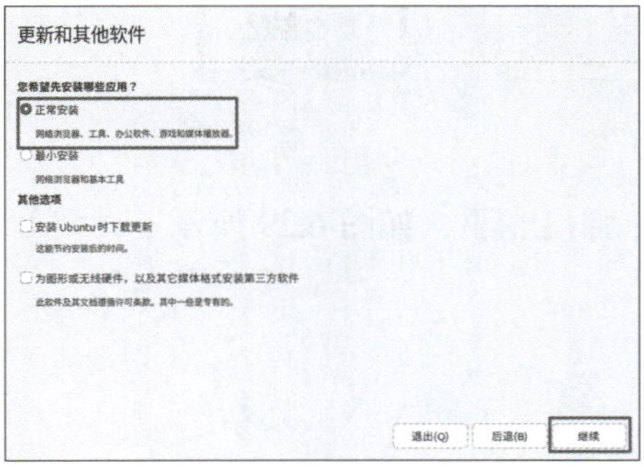

图 6.23

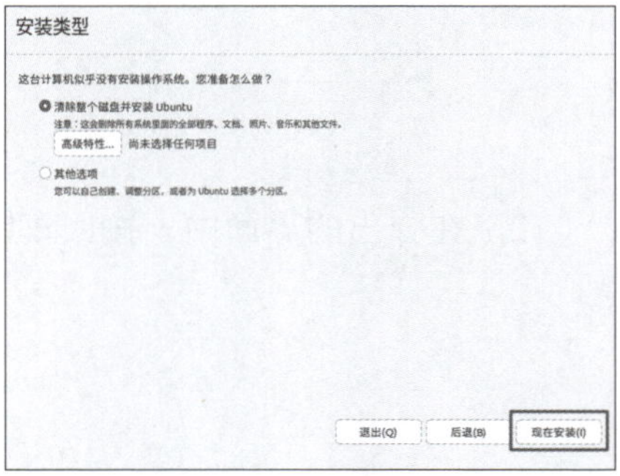

图 6.24

助学答疑

（9）在弹出的界面中，单击“继续”按钮，如图 6.25 所示。

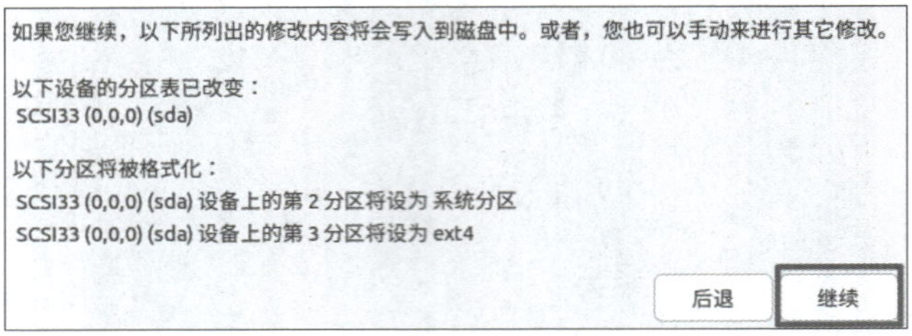

图 6.25

（10）在弹出的界面中，填写用户登录信息，单击“继续”按钮，开始复制文件，如图 6.26 和图 6.27 所示。

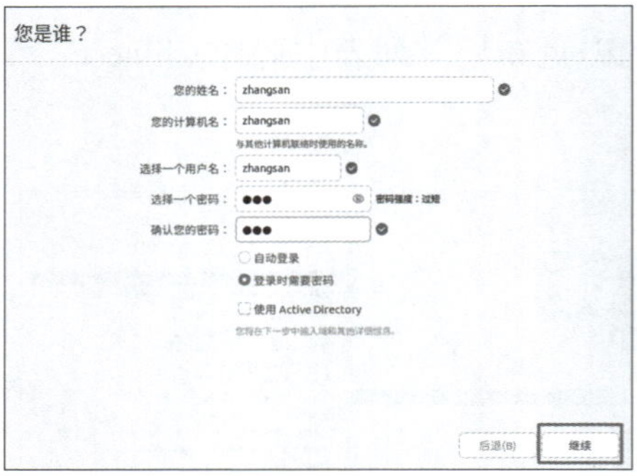

图 6.26

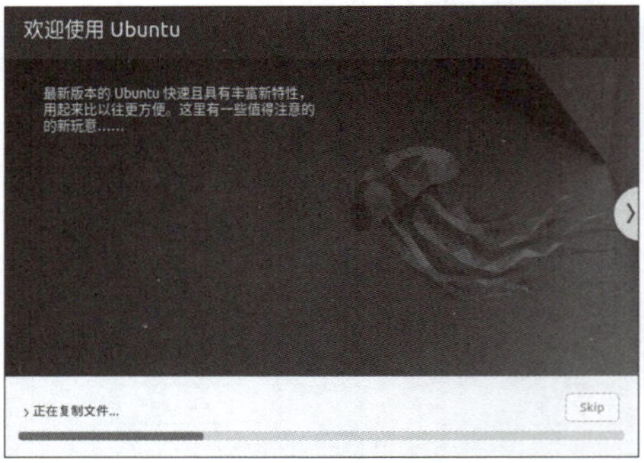

图 6.27

（11）弹出“安装完成”界面，提示：“安装完毕。您需要重新启动计算机以使用新安装的系统。”单击“现在重启”按钮，如图 6.28 所示。

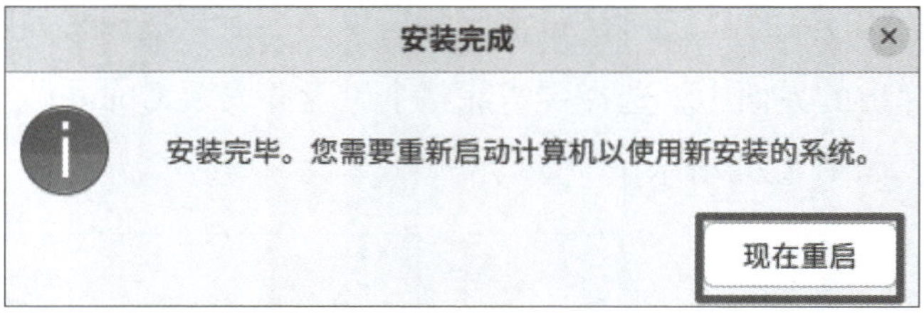

图 6.28

（12）在弹出的界面中，按回车键，弹出光驱，如图 6.29 所示。

助学答疑

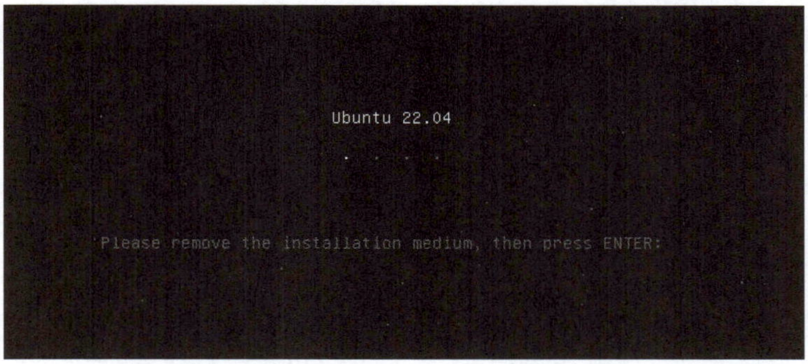

图 6.29

（13）在弹出的界面中，选择创建的普通用户（zhangsan），输入密码，登录 Ubuntu 操作系统，如图 6.30 和图 6.31 所示。

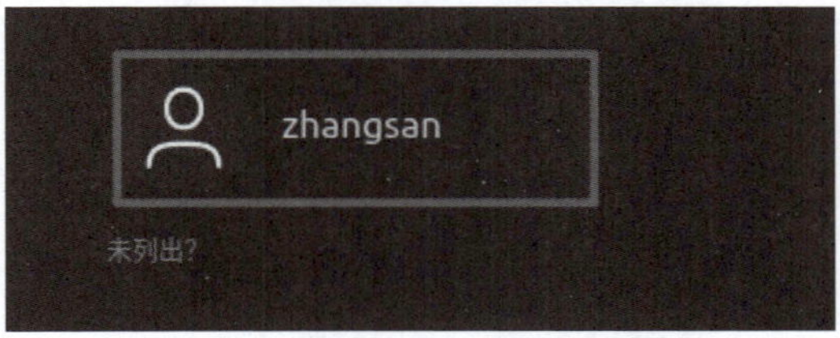

图 6.30

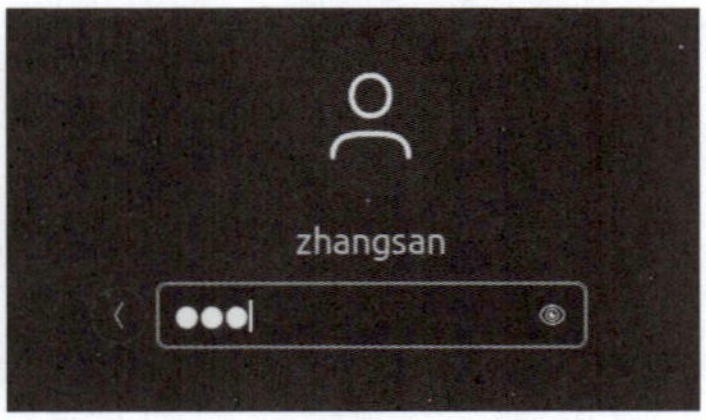

图 6.31

（14）在 Ubuntu 操作系统中，找到并打开“在线账户”设置，单击“Ubuntu 单点登录”按钮，选择在线用户登录，如图 6.32 所示。

图 6.32

（15）在 Ubuntu 操作系统中，单击“Set Up Livepatch...”按钮，开始设置 Livepatch。如果需要，可以单击“法律声明”按钮，查看相关的法律条款，如图 6.33 所示。

助学答疑

图 6.33

（16）Livepatch 设置完成后，在 Ubuntu 操作系统中打开“设置”应用，进入 Ubuntu 反馈界面，选择“为 Ubuntu 添砖加瓦”选项，如图 6.34 所示。

（17）在图 6.34 中，根据需要，可以单击“显示第一份报告”或“法律声明”按钮，查看相关的报告内容或法律条款。如果需要发送这些消息，可以选择“是，将系统信息发送给 Canonical”，否则选择“否，不发送系统信息”。这里选择前者，单击“前进”按钮。

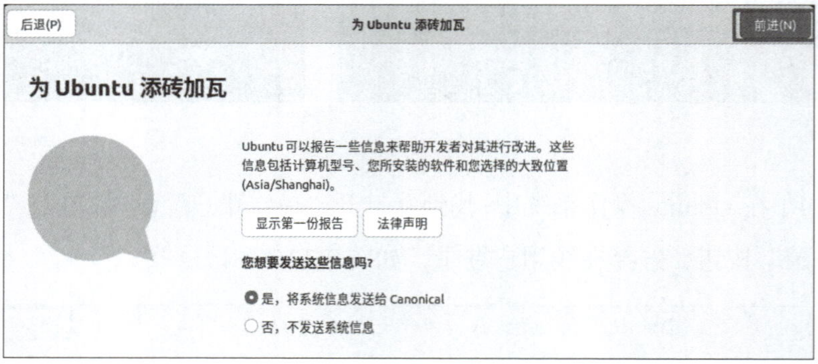

图 6.34

（18）在弹出的界面中，可以设置与隐私有关的“定位服务”，单击“前进”按钮，如图 6.35 所示。

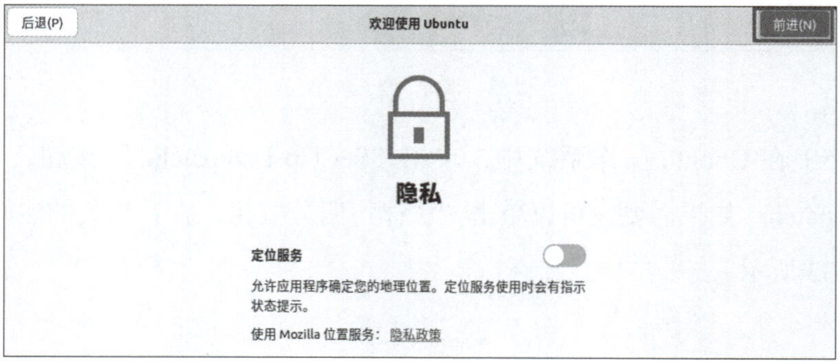

图 6.35

助学答疑

（19）在弹出的界面中，显示“您可以用‘软件’来安装包括如下的应用:”，如图 6.36 所示。用户可以先选择需要的软件，然后单击右上角的“完成”按钮，即可在新建虚拟机中安装需要的软件。

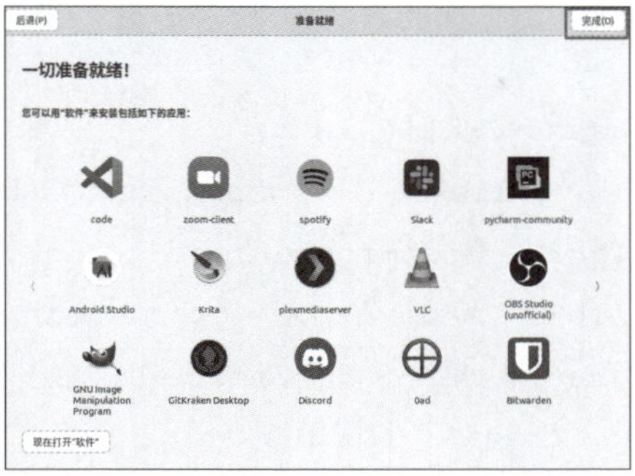

图 6.36

注意：Ubuntu 操作系统有时会提示用户是否要更新操作系统，用户选择不更新或不升级即可。

6.3 Ubuntu 操作系统的基本命令

6.3.1 开启命令行

在桌面空白处右击，选择“在终端中打开”命令，如图 6.37 所示，打开命令行界面，如图 6.38 所示。

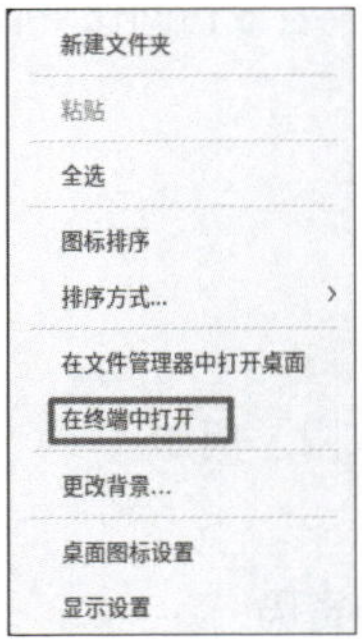

图 6.37

图 6.38

助学答疑

6.3.2 基本命令操作

Ubuntu 操作系统的基本命令与 Rocky Linux 操作系统相同，但在实际操作中会出现“权限不够”的问题。

例如：

```
zhangsan@zhangsan:~/桌面$ ls  /
bin    dev   lib    libx32      mnt   root  snap      sys  var
boot   etc   lib32  lost+found  opt   run   srv       tmp
cdrom  home  lib64  media       proc  sbin  swapfile  usr
zhangsan@zhangsan:~/桌面$ ls /root
ls: 无法打开目录 '/root': 权限不够
zhangsan@zhangsan:~/桌面$
```

从以上示例可知，zhangsan 是一个普通用户，其权限不够。但是有一些操作，确实想要执行怎么办呢？

下面使用 DeepSeek 来解决。

提问：

> 在 Ubuntu 操作系统中使用 ls 命令查看 /root 内容，提示权限不够，原因是什么？如何解决？

解答：

> 原因
>
> /root 目录是系统管理员（root 用户）的主目录，默认情况下，只有 root 用户或具有相应权限的用户才能访问该目录的内容。普通用户没有权限查看或访问这个目录，因为其中可能包含敏感的系统配置文件和管理工具。
>
> 解决方法
>
> 要解决这个问题，你有以下几种方法：
>
> 1. 使用 sudo 命令
>
> 如果你有 sudo 权限，可以在命令前加上 sudo 来临时提升权限。例如：
>
> ```
> zhangsan@zhangsan:~/桌面$ sudo  ls  /root
> [sudo] zhangsan 的密码:      # 输入用户 zhangsan 的密码
> snap
> zhangsan@zhangsan:~/桌面$
> ```
>
> 2. 切换到 root 用户
>
> 如果你有 root 用户的密码，可以使用以下命令切换到 root 用户，然后执行 ls 命令：

```
zhangsan@zhangsan:~/桌面$ sudo  su  - root
root@zhangsan:~#ls  /root
snap
root@zhangsan:~#
```

在 Ubuntu 操作系统中，普通用户（如 zhangsan）也可以登录使用，因为 Ubuntu 默认配置了 sudo 提权功能，即使用户本身没有某些权限，也可以通过 sudo 命令获取更高权限。

通过查看 sudo 提权的配置文件可以发现，Ubuntu 系统针对 sudo 组进行了完善的提权配置。安装系统时创建的普通用户默认属于 sudo 组，因此可以使用 sudo 命令进行提权操作。

例如：

```
zhangsan@zhangsan:~/桌面$ sudo cat  /etc/sudoers
……
#Allow members of group sudo to execute any command
%sudo   ALL=(ALL:ALL) ALL
……
zhangsan@zhangsan:~/桌面$ id zhangsan
uid=1000(zhangsan) gid=1000(zhangsan) 组=1000(zhangsan),4(adm),24(cdrom),27(sudo),30(dip),46(plugdev),122(lpadmin),134(lxd),135(sambashare)
zhangsan@zhangsan:~/桌面$
```

下面查看系统版本：

```
zhangsan@zhangsan:~/桌面$ lsb_release -a
No LSB modules are available.
Distributor ID:Ubuntu
Description:   Ubuntu 22.04.1 LTS
Release: 22.04
Codename:      jammy
zhangsan@zhangsan:~/桌面$
```

助学答疑

6.4 DeepSeek 助力 Ubuntu 软件包管理

6.4.1 Debian 软件包简介

1. 基本概念

Debian 软件包，通常称为 Debian 档案文件，是一个包含特定程序或一组相关程序的可执行文件、库文件、配置文件和文档的压缩包。这些软件包使用 .deb 作为扩展名，遵循 Debian 特有的存储格式。

2. 软件包管理

Debian 及其衍生发行版使用高级包管理工具（如 apt）来管理软件包。这些工具提供了更友好的界面和更强大的功能，如自动解决依赖关系、软件仓库管理、软件更新等。

6.4.2 查询软件信息

dpkg 命令类似于 Rocky Linux 系统中的 rpm 命令，是 Debian 软件包管理器，用于查询 Debian 软件信息。下面介绍 dpkg 命令的用法。

（1）查询已安装的软件。命令如下：

```
zhangsan@zhangsan:~/桌面$ sudo  dpkg -l   #列出已经安装的软件
zhangsan@zhangsan:~/桌面$ sudo  dpkg -l  zip #查看是否安装 zip 软件
期望状态=未知(u)/安装(i)/删除(r)/清除(p)/保持(h)
| 状态=未安装(n)/已安装(i)/仅存配置(c)/仅解压缩(U)/配置失败(F)/不完全安装(H)/触发 >
|/ 错误?=(无)/须重装(R) (状态，错误：大写=故障)
||/ 名称           版本           体系结构       描述
+++-==============-==================-=============-================================
ii  zip        3.0-12build2 amd64          Archiver for .zip files
开头的两个 ii 说明已经安装
zhangsan@zhangsan:~/桌面$ sudo  dpkg -l  vim
期望状态=未知(u)/安装(i)/删除(r)/清除(p)/保持(h)
| 状态=未安装(n)/已安装(i)/仅存配置(c)/仅解压缩(U)/配置失败(F)/不完全安装(H)/触发 >
```

助学答疑

```
|/ 错误 ?=(无)/须重装 (R) (状态，错误：大写 = 故障)
||/ 名称                版本            体系结构       描述
+++-==============================================================-==============
==================================
un  vim                 <无>            <无>               (无描述)
开头的 un 表示未知，没有安装
zhangsan@zhangsan:~/桌面$
```

（2）查询特定软件信息。命令如下：

```
zhangsan@zhangsan:~/桌面$ sudo  dpkg -s zip
```

（3）查询软件安装时产生了哪些数据。命令如下：

```
zhangsan@zhangsan:~/桌面$ sudo  dpkg -L zip
```

（4）查询程序是由哪个软件包产生的。命令如下：

```
zhangsan@zhangsan:~/桌面$ sudo  dpkg -S  /usr/sbin/useradd
passwd: /usr/sbin/useradd
zhangsan@zhangsan:~/桌面$
zhangsan@zhangsan:~/桌面$ sudo dpkg  -l  passwd
期望状态=未知(u)/安装(i)/删除(r)/清除(p)/保持(h)
| 状态=未安装(n)/已安装(i)/仅存配置(c)/仅解压缩(U)/配置失败(F)/
不完全安装(H)/触发 >
|/ 错误 ?=(无)/须重装(R) (状态，错误：大写 = 故障)
||/ 名称                版本                体系结构      描述
+++-==============================================================-==============
=================================>
ii  passwd            1:4.8.1-2ubuntu2 amd64          change and
administer password an>
zhangsan@zhangsan:~/桌面$
```

下面使用 DeepSeek 了解 dpkg 命令的更多用法。

提问：

```
Ubuntu 操作系统中 dpkg 命令的使用
```

解答：

```
# 查询已安装的软件包
```

助学答疑

```
dpkg -l

# 查看特定软件包的详细信息
dpkg -s 软件包名称

# 查看软件包的文件列表
dpkg -L 软件包名称

# 从本地 .deb 文件安装软件包
dpkg -i 文件名 .deb

# 卸载软件包但保留其配置文件
dpkg -r 软件包名称

# 完全卸载软件包，包括其配置文件
dpkg -P 软件包名称

# 查看特定软件包的依赖关系
dpkg -p 软件包名称

# 查看特定文件属于哪个软件包
dpkg -S /path/to/file

# 清理 dpkg 缓存中未使用的包文件
sudo apt-get clean

# 清理特定的包文件并自动移除不再需要的包
sudo dpkg --configure -a
sudo apt-get autoremove
……
```

6.4.3 软件仓库的使用

首先，确保 Ubuntu 操作系统能够连接到互联网，可以通过以下方式设置网卡 的网络参数：

（1）使用 nmtui 命令设置网卡的网络参数。

助学答疑

（2）使用图形界面设置网卡的网络参数。

1）选择网络设备，右击，选择“设置”，在弹出的界面中，选择“有线已连接”下拉列表中的“有线设置”，如图 6.39 所示。

2）在弹出的界面中，选择“有线设置”，如图 6.40 所示。系统会自动检测到可用的有线网络，显示当前的网络速度和连接状态，如果需要切换到其他网络，可以单击右上角的“+”按钮，添加新的网络连接，单击右侧的齿轮按钮，如图 6.41 所示。

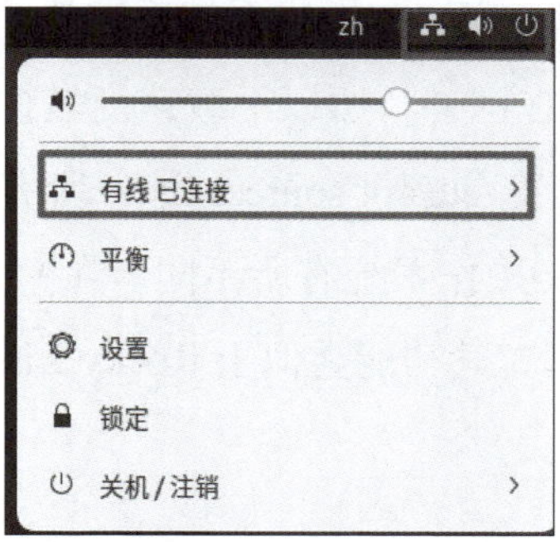

图 6.39

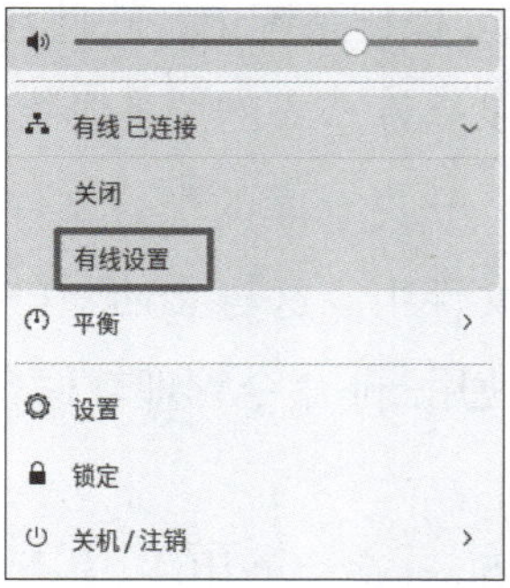

图 6.40

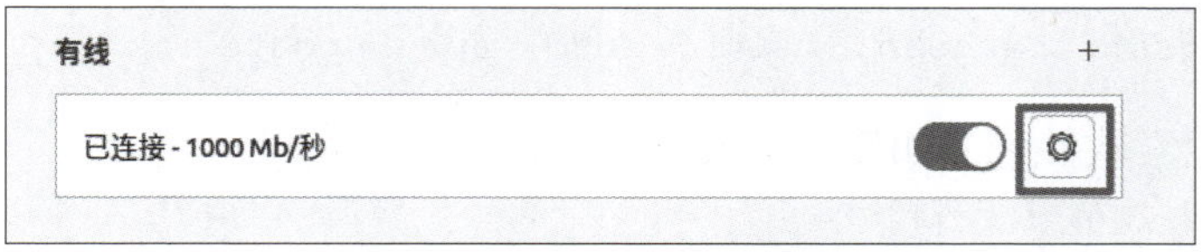

图 6.41

3）在弹出的界面中，可以设置 P 地址、子网掩码、网关。首先在“IPv4 方式”下选择“自动（DHCP）”；然后在“DNS”部分选择“自动”，“路由”也选择“自动”，保存当前网络设置，如图 6.42 所示。

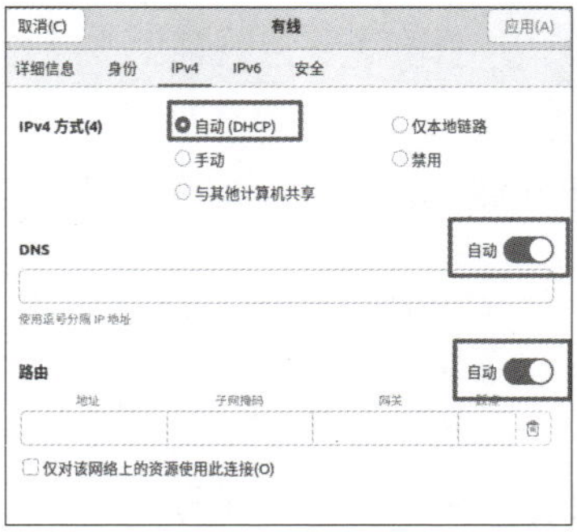

图 6.42

助学答疑

```
可用以下命令查看 IP 地址信息：
zhangsan@zhangsan:~/桌面$ ip  a  s   #查看 IP 地址信息
 ……
2: ens33: <BROADCAST,MULTICAST,UP,LOWER_UP> mtu 1500 qdisc
    ……
     inet 192.168.139.136/24 brd 192.168.139.255 scope global
dynamic
    ……
```

在 Ubuntu 操作系统中，软件仓库在安装完操作系统后默认即可使用。不过，因为提供软件仓库的服务器大多在国外，所以下载速度较慢，但仍然可以正常使用。软件仓库的配置文件位于 /etc/apt/sources.list，所有的仓库信息都要写到此文件中。这与 Rocky Linux 操作系统有所不同。在 Ubuntu 操作系统中，主要使用 apt 命令管理软件仓库，其功能类似于 Rocky Linux 系统中的 yum 命令。

下面介绍 apt 命令的用法。

（1）更新软件仓库信息。命令如下：

```
zhangsan@zhangsan:~/桌面$ sudo  apt  update
```

（2）搜索软件包，如搜索 vim 软件。命令如下：

```
zhangsan@zhangsan:~/桌面$ sudo  apt  search  vim
```

（3）安装软件包，如安装 vim 软件。命令如下：

```
zhangsan@zhangsan:~/桌面$ sudo  apt  install  vim
zhangsan@zhangsan:~/桌面$ sudo  apt  list  vim #列出仓库中 vim 信息
正在列表... 完成
vim/jammy-updates,jammy-security,now 2:8.2.3995-1ubuntu2.23
amd64 [已安装]
```

（4）卸载软件包，如卸载 vim 软件。命令如下：

```
zhangsan@zhangsan:~/桌面$ sudo apt  -y  remove  vim
zhangsan@zhangsan:~/桌面$ sudo apt  list  vim
正在列表... 完成
vim/jammy-updates,jammy-security,now 2:8.2.3995-1ubuntu2.23
```

助学答疑

```
amd64 [ 配置文件残留 ]
    zhangsan@zhangsan:~/ 桌面 $ sudo dpkg  -P vim  # 清除 vim 残留
    （正在读取数据库 ... 系统当前共安装有 204358 个文件和目录。）
    正在清除 vim (2:8.2.3995-1ubuntu2.23) 的配置文件 ...
    zhangsan@zhangsan:~/ 桌面 $ sudo  apt  list  vim
    正在列表 ... 完成
    vim/jammy-updates,jammy-security 2:8.2.3995-1ubuntu2.23
amd64
```

如果想要了解更多与 apt 命令相关的操作，可以使用 DeepSeek 来助力。

提问：

```
Ubuntu 操作系统中 apt 命令的使用
```

解答：

```
apt 常用命令汇总：

1. 更新软件包列表
   sudo apt update

2. 升级所有已安装的软件包
   sudo apt upgrade

3. 全面升级系统
   sudo apt full-upgrade

4. 安装指定的软件包
   sudo apt install package_name

5. 重新安装软件包
   sudo apt install --reinstall package_name

6. 删除软件包（保留配置文件）
   sudo apt remove package_name

7. 完全删除软件包及配置文件
   sudo apt purge package_name
```

助学答疑

```
8. 搜索软件包
   apt search keyword

9. 显示软件包信息
   apt show package_name

10. 列出所有已安装的软件包
   apt list --installed

11. 列出所有可升级的软件包
   apt list --upgradable

12. 清理软件包缓存
   sudo apt clean

13. 自动删除不再需要的软件包
   sudo apt autoremove

14. 修复损坏的依赖关系
   sudo apt -f install
……
```

6.4.4 DeepSeek 优化软件仓库

前面介绍 Ubuntu 操作系统的软件仓库默认是可用的，但是提供软件仓库的服务器大多数在国外，速度比较慢，那么如何解决呢？这里可以使用国内阿里云提供的软件仓库，这样既稳定又高效。下面使用 DeepSeek 来助力。

提问：

```
Ubuntu22.04.1LTS 版本系统，如何使用阿里云提供的软件仓库
```

解答：

> 一、备份现有的软件源列表
>
> 在修改默认的软件源之前，建议先备份现有的软件源列表，以便在出现问题时能够快速恢复。

助学答疑

```
sudo cp /etc/apt/sources.list  /etc/apt/sources.list.bak
二、编辑仓库配置文件
使用 nano 编辑器，按 Ctrl+O 组合键保存文件，然后按 Ctrl+X 组合键退出。
sudo  nano  /etc/apt/sources.list   #写入以下内容，其余内容全部删除
deb https://mirrors.aliyun.com/ubuntu/ jammy main restricted universe multiverse
deb-src https://mirrors.aliyun.com/ubuntu/ jammy main restricted universe multiverse
deb https://mirrors.aliyun.com/ubuntu/ jammy-security main restricted universe multiverse
deb-src https://mirrors.aliyun.com/ubuntu/ jammy-security main restricted universe multiverse
deb https://mirrors.aliyun.com/ubuntu/ jammy-updates main restricted universe multiverse
deb-src https://mirrors.aliyun.com/ubuntu/ jammy-updates main restricted universe multiverse
deb https://mirrors.aliyun.com/ubuntu/ jammy-backports main restricted universe multiverse
deb-src https://mirrors.aliyun.com/ubuntu/ jammy-backports main restricted universe multiverse
三、更新
sudo  apt  update
```

至此 Ubuntu 操作系统的软件仓库就由阿里云提供了。

Linux 的故事暂时结束了，但新的征程开始啦！

后记　千里之行，始于足下

Linux 操作系统学习圆满收官，但这仅仅是征程的起点！在波澜壮阔的互联网浪潮中，要想一骑绝尘、崭露头角，就必须迈向更高的巅峰！

云计算，那云端之上的浩瀚天地，蕴藏着无限可能，是未来数字世界的基石；

AI，犹如智慧的火种，点燃创新的引擎，让机器拥有灵魂，开启智能新时代；

Java 全链路，贯穿软件开发的每个环节，是构建庞大应用生态的黄金钥匙；

网络安全，守护数字世界的防线，捍卫每一寸信息疆土，保障数据的绝对安全；

C++ 物联网，连接万物的纽带，让设备互联互通，构建智能生活的宏伟蓝图。

向着这些前沿领域奋勇进发，用知识武装头脑，用技术铸就辉煌，让我们在互联网的星辰大海中，乘风破浪，书写属于自己的传奇！